Interdisciplinary Urban Ecosystem Initiatives Research

—— A Case Study of Qinzhou, Guangxi Zhuang Autonomous Region

广义城市生态创新研究
——以广西壮族自治区钦州市为例

宋雅杰　陈锦山　胡宝清　著

U0197568

科学出版社

北京

内 容 简 介

在城市人居新纪元来临之际，以生态学的视角分析、管理和发展城市成为一项重要的议题。本书基于包含社会、经济和资源环境三大生态系统的广义生态学视角，从城市生态、发展生态和教育生态三个方面出发，在联系实际的基础上创新理论，构建广义城市生态创新相关理论框架、研发路径和评估体系，运用现场调查和对比分析等方法，通过系统分析和综合研究，对城市规划设计、经营管理、改革创新和可持续发展等方面进行探讨。本书聚焦于中国南海之滨广西壮族自治区的钦州市，从城市生态学视角探讨"城市生态——魅力钦州"内涵；从发展生态学的视角分析"发展生态——实干钦州"模式；从教育生态学的视角探索"教育生态——智慧钦州"创新实践。

本书可供中外关心城市生态创新发展的政府机构、科研部门和有关院校师生阅读与参考。

图书在版编目（CIP）数据

广义城市生态创新研究：以广西壮族自治区钦州市为例/宋雅杰，陈锦山，胡宝清著.—北京：科学出版社，2018.2
ISBN 978-7-03-056642-3

Ⅰ.①广… Ⅱ.①宋… ②陈… ③胡… Ⅲ.①城市环境–环境生态学–研究–钦州 Ⅳ.①X21

中国版本图书馆 CIP 数据核字（2018）第 038082 号

责任编辑：石 卉 孙 宇 乔艳茹 / 责任校对：韩 杨
责任印制：张欣秀 / 封面设计：有道文化
编辑部电话：010-64035853
E-mail：houjunlin@mail.sciencep.com

科 学 出 版 社 出版
北京东黄城根北街 16 号
邮政编码：100717
http://www.sciencep.com

北京中石油彩色印刷有限责任公司 印刷
科学出版社发行各地新华书店经销
*

2018年3月第 一 版 开本：B5（720×1000）
2019年1月第二次印刷 印张：14 1/4
字数：272 000

定价：89.00元
（如有印装质量问题，我社负责调换）

前言

在城市人居新纪元来临之际，以生态学的视角分析、管理和发展城市成为一项重要的议题。在习近平主席系统提出"协调推进全面建成小康社会、全面深化改革、全面推进依法治国、全面从严治党，推动改革开放和社会主义现代化建设迈上新台阶"的战略布局以及构建"丝绸之路经济带"和21世纪"海上丝绸之路"（"一带一路"）的发展新形势下，"广义城市生态创新"研究项目应运而生。

本书基于"广义城市生态创新"（Interdisciplinary Urban Ecosystem Initiatives，IUEI）研究项目，用包含社会、经济和资源环境三大生态系统的广义生态学视角，从城市生态、发展生态和教育生态三个方面出发，在联系实际的基础上创新理论，构建广义城市生态创新相关理论框架、研发路径和评估体系，运用现场调查和对比分析等方法，通过系统分析和综合研究，对城市规划设计、经营管理、改革创新和可持续发展等方面进行探讨。本书聚焦于中国南海之滨广西壮族自治区的钦州市，从城市生态学视角，探讨"城市生态——魅力钦州"内涵；从发展生态学的视角，分析"发展生态——实干钦州"模式；从教育生态学的视角，探索"教育生态——智慧钦州"创新实践。

第1章为绪论。主要从研究背景与目的、研究进展、研究方法与主要内容、研究主体框架与"创新塔"、创新点、研究区概况及研究团队等各个方面介绍 IUEI研究项目。项目结合钦州社会、经济、资源环境实际，提出魅力钦州、实干钦州和智慧钦州等发展模式，以期促进钦州生态城市的协调可持续发展。

第2章为广义城市生态创新研究的理论基础。主要从社会、经济和资源环境发展的三大支柱视角解析广义生态学，剖析广义生态学的内涵、学科发展与定义，进而探讨广义生态学与城市生态学、教育生态学以及发展生态学三者的关系。

第3章为广义城市生态创新研究的背景。主要从钦州市广义生态系统现状，钦州广义城市生态理论与实践创新，钦州社会发展、经济发展及资源环境保护，钦州人居、文化、伦理生态系统共生的概述等方面阐述钦州具有发展广义生态城市所需的资源环境禀赋和良好的生态文明建设环境。

第4章为广义城市生态创新指标体系构建。主要介绍以可持续发展理论、城市生态系统理论、区域协调发展理论和科学发展观为依据构建的广义城市生态创新指标体系。该指标体系分为综合指标体系和专题指标体系两个层次。综合指标体系包含魅力钦州、实干钦州和智慧钦州 3 个方面，专题指标体系包括旅游、建筑、水资源、交通、城市功能和教育 6 个方面。

第 5 章为钦州城市生态系统的创新实践——魅力钦州。首先分析钦州城市生态结构的特点及现状，提出构建钦州区域生态共生模式。其次从规划思路、规划原则、布局思路、各组团内外部空间布局、教育生态用地分析及布局等方面出发，全方位地规划建设"富饶秀美、和谐安康"的钦州生态城市，实践魅力钦州。

第 6 章为钦州市发展生态系统的创新实践——实干钦州。阐述了发展生态学、科学发展观与可持续发展的概念、内涵与现实意义，梳理了三者的关系，为解决城市发展问题提供理论指导。针对钦州在城市发展过程中存在的生态问题和区域协同问题，提出注重社会生态系统政治和谐发展、做好产业规划顶层设计工作和提升北部湾城市群建设步伐等解决办法。

第 7 章为钦州市教育生态系统的创新实践——智慧钦州。首先从教育生态系统的概念和组成对教育生态学理论进行深究。其次，对钦州教育生态结构特点及现状、教育生态系统目前存在的关键问题、教育生态系统的平衡问题及教育机构的务实创新问题等进行探讨。最后，从教育生态系统机制的构建、教育生态学的实践、教育生态系统务实性的研究发展和教育生态学持续性的研究发展等方面入手实践智慧钦州。

第 8 章为广义城市生态创新国内外案例对比分析。选取近几年国内外具有代表性、可比性的生态城市（地区）案例，国内如深圳大鹏半岛、无锡惠山城铁新城、临安市以及贵阳观山湖区等，国外如温哥华、西雅图、新加坡、波特兰、马斯达尔和卡伦堡工业园等，与钦州"广义城市生态创新"进行分析和对照研究，从而借鉴、移植经验和教训，以钦州市人民利益为根本，探讨有效的、符合本地实际的政策制度、保障体系和管理模式，使 IUEI 项目具有更高的可操作性，为钦州生态城市和可持续发展建设提供建议、参考和科学依据。

宋雅杰

2018 年 1 月 28 日

目录

前言

第1章　绪论 /001

　　1.1　研究背景与目的 /001

　　1.2　研究进展 /001

　　1.3　研究方法与主要内容 /002

　　1.4　研究主体框架与"创新塔" /002

　　1.5　创新点 /003

　　1.6　研究区概况 /004

第2章　广义城市生态创新研究的理论基础 /005

　　2.1　广义生态学的概念解析 /005

　　　　2.1.1　社会支柱 /006

　　　　2.1.2　经济支柱 /008

　　　　2.1.3　资源环境支柱 /008

　　2.2　广义生态学的内涵、发展及定义 /009

　　　　2.2.1　广义生态学的内涵 /009

　　　　2.2.2　广义生态学的发展 /012

　　　　2.2.3　广义生态学的定义 /016

　　2.3　广义生态学与城市、发展、教育生态的关系 /017

　　　　2.3.1　城市生态学 /018

　　　　2.3.2　发展生态学 /020

　　　　2.3.3　教育生态学 /021

第3章　广义城市生态创新研究的背景 /024

　　3.1　钦州市广义生态系统现状 /024

　　　　3.1.1　钦州市自然地理概况 /024

  3.1.2 钦州市的广义资源 /024

  3.1.3 钦州市生态环境概况 /029

3.2 钦州广义城市生态理论与实践创新 /031

  3.2.1 钦州城市生态理论的渊源及内涵 /031

  3.2.2 钦州城市生态文明下的社会 /033

  3.2.3 钦州城市生态和谐下的企业共生 /034

3.3 钦州社会发展、经济发展及资源环境保护 /041

  3.3.1 钦州社会在广义生态系统下的进步 /041

  3.3.2 钦州经济在广义生态系统下的发展 /048

  3.3.3 钦州资源环境在广义生态系统下的节约利用 /056

3.4 人居、文化、伦理生态系统共生的概述 /060

  3.4.1 钦州市及其他北部湾沿海城市人居生态系统 /061

  3.4.2 钦州市及其他北部湾沿海城市文化生态系统 /061

  3.4.3 钦州市及其他北部湾沿海城市伦理生态系统 /065

  3.4.4 钦州市各广义生态领域之间的挑战、机遇与共生 /065

第 4 章 广义城市生态创新指标体系构建 /066

4.1 指标体系的构建依据 /066

  4.1.1 理论基础 /066

  4.1.2 构建原则 /067

4.2 综合指标体系 /069

  4.2.1 综合指标的构建思路 /069

  4.2.2 主要参考依据及标准 /070

  4.2.3 综合指标体系内容 /070

  4.2.4 指标解析 /073

4.3 专题指标体系 /075

  4.3.1 旅游专题指标体系 /076

  4.3.2 建筑专题指标体系 /079

  4.3.3 水资源利用专题指标体系 /088

  4.3.4 交通专题指标体系 /090

  4.3.5 城市功能专题指标体系 /093

  4.3.6 教育专题指标体系 /095

第 5 章　钦州城市生态系统的创新实践——魅力钦州　　/097

　　5.1　钦州城市生态系统的现状及问题　　/097

　　　　5.1.1　钦州城市生态结构特点及现状　　/098

　　　　5.1.2　钦州区域生态共生模式构建　　/108

　　5.2　钦州生态城市规划——实践魅力钦州　　/111

　　　　5.2.1　规划思路及原则　　/111

　　　　5.2.2　规划目标　　/112

　　　　5.2.3　布局思路　　/113

　　　　5.2.4　各组团内部空间布局　　/114

　　　　5.2.5　各组团间空间结构　　/115

　　　　5.2.6　钦州市教育生态系统用地分析与布局规划　　/116

第 6 章　钦州市发展生态系统的创新实践——实干钦州　　/117

　　6.1　从科学发展观到发展生态学　　/117

　　　　6.1.1　发展生态学　　/117

　　　　6.1.2　科学发展观与发展生态学　　/118

　　　　6.1.3　可持续发展与发展生态学　　/120

　　6.2　钦州市发展生态系统存在的问题　　/122

　　　　6.2.1　存在的问题　　/123

　　　　6.2.2　解决办法　　/130

第 7 章　钦州市教育生态系统的创新实践——智慧钦州　　/133

　　7.1　教育生态系统生态学理论研究　　/133

　　　　7.1.1　教育生态系统的概念　　/134

　　　　7.1.2　教育生态系统的组成　　/136

　　7.2　钦州市教育生态系统的现状及相关问题探讨　　/140

　　　　7.2.1　钦州市教育生态结构特点及现状　　/140

　　　　7.2.2　钦州市教育生态系统目前存在的关键问题　　/142

　　　　7.2.3　拟解决的关键问题及主要研究内容　　/143

　　　　7.2.4　关于钦州市教育生态系统平衡问题的相关探讨　　/144

　　　　7.2.5　关于钦州市教育生态系统教育机构务实创新问题的探讨　　/146

　　7.3　钦州市教育生态系统的创新——实践智慧钦州　　/149

　　　　7.3.1　教育生态系统机制的构建　　/149

　　　　7.3.2　教育生态系统生态学的实践与参与——实践智慧钦州　　/156

7.3.3 教育生态学持续性的研究和发展 /158

第 8 章　广义城市生态创新国内外案例对比分析 /161

8.1　国内典型案例 /161

8.1.1 深圳大鹏半岛 /161

8.1.2 无锡惠山城铁新城 /168

8.1.3 临安市生态文明建设 /178

8.1.4 贵阳观山湖区 UERI 研发项目 /184

8.2　国际典型案例 /185

8.2.1 温哥华生态城市建设 /187

8.2.2 西雅图生态城市建设 /187

8.2.3 新加坡生态城市建设 /188

8.2.4 波特兰生态城市建设 /189

8.2.5 马斯达尔生态城建设 /191

8.2.6 卡伦堡工业园建设 /192

8.3　案例对比、总结与启示 /194

8.3.1 国内相关案例的对比分析 /194

8.3.2 国际相关案例的对比分析 /205

8.4　国内外经验对钦州市广义生态城市建设的启示 /207

8.4.1 城市生态环境承载能力是城市发展的重要基础 /208

8.4.2 广义生态城市建设需要加强区域合作和城乡协调发展 /208

8.4.3 广义生态城市建设需要有切实可行的规划目标作保证 /208

8.4.4 广义生态城市建设需要以发展循环经济为支撑 /209

8.4.5 广义生态城市建设需要有完善的法律政策及管理体系
作基础 /209

8.4.6 广义生态城市建设需要有公众的热情参与 /209

参考文献 /212

后记 /217

第 1 章

绪　论

1.1　研究背景与目的

　　"广义城市生态创新"研究项目，是基于广义生态学理论创新及中国广西北部湾重镇钦州地区的实证研究，是在习近平同志系统提出"协调推进全面建成小康社会、全面深化改革、全面推进依法治国、全面从严治党，推动改革开放和社会主义现代化建设迈上新台阶"战略布局及构建"丝绸之路经济带"和"21世纪海上丝绸之路"（"一带一路"）的新发展形势下，推出的以"魅力钦州""实干钦州""智慧钦州"为标志的研究方案。IUEI 研究项目密切结合"魅力钦州"实际，提出"实干钦州""智慧钦州"并予以论证，以期促进钦州市社会、经济、资源环境的协调可持续发展。

1.2　研究进展

　　我们从广义生态学视角出发，对社会、经济及生态的发展进行全盘考虑，为了实现在保证环境健康的前提下，探索出社会经济系统高质量发展的新模式，需要引入广义城市生态学（urban ecology）的概念。目前约有 2 451 100 篇文献涉及城市生态学概念，50 620 篇文献涉及广义生态学概念，而准确提到广义城市生态学概念的文献仅有 15 篇，可以说广义城市生态学是一个较新的概念（表 1-1）。

表 1-1　IUEI 关键词谷歌检索结果　　　　　　　　　单位：篇

文献类别	城市生态学	广义生态学	广义城市生态学
国内文献	121 100	7 020	4
国外文献	2 330 000	43 600	11
总计	2 451 100	50 620	15

资料来源：GIESD IUEI-EEP 团队，经贾晶旭等查证（截至 2017 年 2 月 6 日）

在国内外学术会议上，尤其是在 2016 年 7 月生态文明贵阳国际论坛上，由积世德（GIESD）、中国西部开发促进会和 IUEI 项目研发组在"广义城市生态资源"主题论坛上对 IUEI 做了系统的介绍和推广，受到关心城市生态和生态文明发展的中外各界人士的高度关注。

1.3　研究方法与主要内容

IUEI 项目结合中外城市生态创新发展趋势，运用系统生态学理论和方法，研究城市生态系统资源环境、社会、经济三大支柱，在联系实际的基础上创新理论，运用现场调查和对比分析等方法，对城市规划设计、经营管理、改革创新和可持续发展等方面进行系统探讨。IUEI 项目研究围绕广义城市生态创新的相关理论框架、研究路径、评估体系和研究方法，通过系统分析和综合研究，针对钦州城市发展特点，聚焦于钦州滨海开发区的城市生态，从城市生态学的视角，探讨其"城市生态——魅力钦州"内涵；从发展生态学（development ecology）的视角，分析"发展生态——实干钦州"模式；从教育生态学（education ecology）的视角，探索"教育生态——智慧钦州"创新实践。

1.4　研究主体框架与"创新塔"

通过对国内外相关文献的检索、阅读和分析，以及对本项目研究聚焦地钦州滨海新区进行现场考察和研究，确定了构建城市生态可持续发展科学的社会、经济和资源环境三大基础，确定了本项目与钦州创新发展的密切关系，明确了在钦州开展的 IUEI 研究项目广义城市生态学下城市生态系统生态学（urban ecosystem ecology，UEE）、发展生态系统生态学（development ecosystem ecology，DEE）

和教育生态系统生态学（education ecosystem ecology，EEE）三个子生态系统构建的主体框架和 IUEI "创新塔"（图 1-1），引导推进并落实本项目的研发、产出、试点和推广。

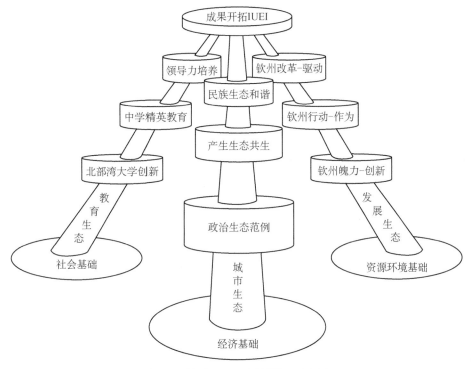

图 1-1　钦州 IUEI "创新塔" 示意图

1.5　创新点

在 IUEI 研发的体系中，项目团队对城市生态系统生态学进行了理论上的创新，同时对发展生态系统生态学及教育生态系统生态学提出了全新的内涵、定义、方法及应用。

可持续发展成为当前生态学领域的前沿课题，并在生态学内部开始逐渐衍化出新的分支——发展生态学。这个过程是实现生态学实用化的重要依据和条件。

教育生态系统生态学是社会生态学、人类生态学和城市生态学交叉的重要领域，是关系人才培养和以人为本发展的核心价值和利益的聚焦，有待创新开发和深入探讨。

此外，本书探讨了研究模式、指标体系和研究方法，与中外相关项目进行了对比，提出了广义城市生态创新发展的设想、建议与对策。

1.6　研究区概况

IUEI 项目研究地中国广西钦州，濒临中国南海，占据中国南海、北部湾地区重要位置，是中国古代海上丝绸之路的始发港之一，也是现在"一带一路"倡议涵盖的重要地点。钦州位于中国大西南经济合作区、泛珠江三角洲区域经济合作区和东盟区域经济合作区的交汇处，牵系东南亚区域的广义国际生态系统走向；同时，钦州是一个多民族聚居的地区，也是中国优秀的旅游城市。自然方面，钦州背靠大西南，面向北部湾，拥有丰富的矿产资源及海洋资源，特别是红树林及中华白海豚的分布使得钦州承担着生物多样性保护的重要任务。

显而易见，从经济、社会和生态方面考虑，钦州都具有广义城市生态创新系统所需的众多的资源和产出，具有多项广义生态产品的现实潜力，拥有巨大的发展机遇。

钦州经济系统在发展的过程中，也对社会和资源环境生态系统产生了巨大影响。发展钦州城市生态及生态文明的迫切任务之一，就是从广义城市生态视角，对社会、经济及资源环境生态的发展进行全面考虑，在平稳、协调、持续、健康的前提下，探索出这三方面高质量可持续发展的有效途径。

第2章

广义城市生态创新研究的理论基础

广义城市生态创新研究的理论基础是广义生态学理论，当前国内外对这一概念尚无明确定义。因而，本章拟通过社会、经济和资源环境三大视角解析广义生态学，探讨广义生态学与城市、教育、发展三者的关系，并最终提出广义生态学的定义。

2.1　广义生态学的概念解析

ecology（生态学）一词源于希腊语中 oikos（房屋、住所、生境）及 logos（研究、科学），并由这两个词根直接拼成，最早由 1866 年恩斯特·海克尔在其《有机体普通形态学》一书中提出。1935 年英国生态学家 Arthur Tansley 首次提出了生态系统的概念，即由生产者、消费者、分解者与非生物环境共同组成的有机整体，该概念高度概括了生物与环境共同构成的自然整体，这个概念的提出为后续自然环境及资源问题的研究奠定了坚实的基础。

广义生态学是生态学理论的提出、集成和应用，是当今生态理论和实践的重要创新和发展。人类与自然生态系统有着相互包容和共存的关系。中国古代哲学包含"天人合一"的思想，阐述人与自然的相互关系，譬如先秦诸子的"天人之辩"、汉代董仲舒的"天人合一"、宋明理学家的"万物一体"论等是中国古代论述广义生态理论的代表思想。人类在历史上不断改变生态系统，人类活动范围日渐扩大，构成人与自然包容的广义生态系统。

中国生态学先驱——马世骏（1984）在国内最早提出"社会-经济-自然复合生态系统"这一概念，系统阐述了社会-经济-自然复合生态系统的理论内涵，为中国社会生态学的发展奠定了重要基础。多年来，国内和国际生态学界对广义生态的提法和定义有不同探讨，名称也不尽一致，有复合生态、深生态、泛生态等多种叫法。2013 年初，王如松在《生态学报》发表重要文章，提出了"生态整合与文明发展"的重要思想，强调生态系统管理必须考虑人与社会的因素。社会系统与自然系统相互作用、共同进化，综述国内外研究进展，可以认为人类正处在新的生态与社会经济系统的复合影响中，这种影响从区域尺度扩展到全球尺度。

广义生态系统是由人类生态系统与自然生态系统所组成的，它是集自然、社会和经济三重属性于一体的客观存在。国内外学者在广义城市生态和谐劳动关系领域做了不少工作，但是从广义生态学的视角审视和构架其评估指标体系尚属尝试阶段。

自 20 世纪 60 年代以来，Pickett 等就社会生态学和人类生态框架（Human Ecosystem Framework，HEF）做出可喜的尝试，HEF 将人类生态系统定义为一个随着时间推移具有适应能力和自我调节能力的生物物理因子和社会因子的复合系统，并从多学科和跨学科视角调查社会和人类的问题。进入 21 世纪以来，Chapin 等也探讨了人与自然生态系统的概念，强调自然系统与社会系统的耦合关系，强调生态系统与居民的生存和发展密不可分，和谐的劳动关系促进人与自然包容性发展。我们认为，解决复杂的人与自然复合生态系统问题，不能仅从单一的学科角度着手，而应采用多学科交叉的方法进行。

之后，随着经济学、社会学、系统论、控制论等理论方法的不断引入，生态学研究的整体思想得到了巨大的发展，研究内容涵盖了社会、经济和资源环境领域。生态学从原有的单一学科，发展成为多个并行的两学科交叉学科，最后回归到统一的多学科交叉的综合性学科，形成广义生态学，经历了哲学上螺旋式上升的阶段，因此目前多学科融合的发展趋势，是符合事物发展的基本规律的。然而就当前情况看，广义生态学仍旧处于发展初期，其定义、内涵和研究范围在学界尚处于探讨阶段，并未达成共识；另外，多数研究尚处于理论探讨层面，少有可靠的实证研究作为支持。以下本书将从社会、经济和资源环境三个视角对广义生态学的概念进行解析与界定。

2.1.1 社会支柱

从社会视角而言，自 20 世纪上半叶开始，人们逐渐将生态学的研究方法推广到了其他领域，将生态学从单纯的以自然环境为研究对象的层面扩展到了人类社会层面，并统称为社会生态学（social ecology）。美国生态学家 E.P. Odum 在 1953 年出版的《生态学基础》一书中，更是将生态系统的概念从生物界全面推广到人类社会。叶峻（2012）将社会生态学概括为研究人类社会与环境之间相互关系和作用规律，以便优化社会、生态、经济系统结构与功能的学科，进而从人文社会科学的不同学科出发，派生出了各种门类的社会生态学，如生态心理学、生态教育学、生态政治学、生态经济学、文化生态学等。

社会生态系统理论把人的社会环境，如家庭、机构、团体、社区等，看作是一种社会性的生态系统，强调每个人的生存环境应该是一个完整的生态系统，即由一系列相互联系的因素构成的一种功能性整体。这种社会生态系统分为三种基本类型：微观系统（micro system）、中观系统（mezzo system）、宏观系统（macro system）。其中，微观系统是指个人系统，包括影响个人的生物、心理和社会等子系统，社会生态系统理论认为个人既是一种生物的社会系统类型，同时也是一种社会的、心理的社会系统类型；中观系统是指对个人有影响的小群体，包括家庭、单位和其他社会群体；宏观系统则是指比家庭等小群体更大的社会系统，对个人而言，较为重要的宏观系统主要有公共机构、组织、社区和社会文化等。在整个社会生态环境中，人类行为与社会环境相互联系、相互影响。具体来讲，微观系统的行为会受到中观系统如家庭成员、家庭环境和家庭氛围的影响，同时也会受到宏观系统如文化、社区、机构、制度、习俗等各方面社会因素的重要影响；反之，个人行为对这些系统同样也会产生重要影响。图 2-1 表示了社会环境中多重相互作用的系统。

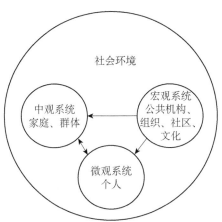

图 2-1　社会环境中多重相互作用的系统

因而，从人类社会视角来看，广义生态学可以定义为基于生态系统生态学理论和实践，研究与人类社会相关的教育、心理、政治、文化、伦理等社会因素生态化发展的一门科学。

2.1.2 经济支柱

从经济视角而言，美国海洋学家莱切尔·卡森（Rachel Carlson）在1962年出版的《寂静的春天》一书中，首次真正结合经济社会问题开展生态学研究。几年后，美国经济学家肯尼斯·鲍尔丁（Kenneth Boulding）在《一门科学——生态经济学》一文中正式提出"生态经济学"的概念及"太空船经济理论"等（唐建荣，2005）。1980年，联合国环境规划署（UNEP）召开了以"人口、资源、环境和发展"为主题的会议。会议充分肯定了上述四者之间是密切相关、互相制约、互相促进的，并指出各国在制定新的发展战略时对此要切实重视和正确对待。同时，联合国环境规划署在对人类生存环境的各种变化进行观察分析之后，确定将"环境经济"（即生态经济）作为1981年《环境状况报告》的第一项主题（庄贵阳，2005）。由此表明，生态经济学作为一门既有理论性又有应用性的新兴科学，开始为世人所瞩目。

广义生态学的经济支柱属性可以理解为经济生态化和生态经济化。前者是通过综合运用清洁生产、环境设计、绿色制造、绿色供应链管理等手段，实现社会经济效益最大化，资源高效利用、生态环境损害最小化的过程，是增加一个区域的生态成分，提升区域自然价值的渐进式发展过程；后者是开发利用一个区域上的生态资源来促进该区域社会经济增长和人类福利增加，提升区域社会经济价值的过程。

因而，从经济视角出发，广义生态学也可以定义为研究以生态化手段实现经济发展与生态环境可持续发展的一门科学。

2.1.3 资源环境支柱

从资源环境视角出发，广义生态学与生态学定义近似。德国生物学家恩斯特·海克尔于1866年首次提出"生态学"（ecology）概念：生态学是研究生物体与其周围环境（包括非生物环境和生物环境）相互关系的科学。目前生态学已经发展为"研究生物与其环境之间的相互关系的科学"（Haeckel，1866）。生态学是有自己的研究对象、任务和方法的比较完整和独立的学科。它的研究分为描述—实验—物质定量三个过程。系统论、控制论、信息论的概念和方法的引入，促进了生态学理论的发展。

因而，从资源环境视角来看，广义生态学是一门研究生物及其所涉及的自然、社会、伦理、文化等各类环境之间相互关系的科学。

2.2　广义生态学的内涵、发展及定义

如前文所述，生态学从 1866 年诞生以来，通过和经济、社会、人文等学科不断结合，经历了发展成为多个并行的两学科交叉学科，最后回归到统一的多学科交叉的综合性学科的漫长过程。目前，关于多学科交叉的生态学概念尚未形成统一表述。人类生态学（周鸿，2001）、产业生态学（袁增伟，2006）、广义生态经济学，以及以非人类中心主义和整体主义为主体、关注整个自然界福祉的深生态学，包括本书的广义城市生态系统等概念都具有交叉学科的鲜明特性。

本书探讨的广义生态系统是以生态学原理为基础逐步发展出的多学科交叉类的新兴学科。其主要目的是运用传统生态学、经济学、社会学、政治学、人类学等多个学科的相关方法，审视可持续发展三大支柱——社会、经济与资源环境的内部运行机理及相互关联和相互作用的机制。不但要从具体领域出发，深入探讨各系统的运行机制、务实地解决具体问题，更要站在更高的视角，统领全局，把握三大支柱之间的联系及冲突，确保整个系统健康、安全、有序地运行。

由于综合了各个学科的主要研究方法和主要目标，广义生态学照顾到了广大公众的利益，可以说是各领域的"最大公约数"。然而，要达到照顾各领域利益的目的，就必须制定严格的规制框架。从某种程度上来说，由于受到严格的制约，广义生态学也可能成为不同领域或相关公众的"敌人"。因此，对整个社会来说，广义生态学既能带来巨大的社会、经济和生态效益，又带来了挑战。

2.2.1　广义生态学的内涵

2.2.1.1　城市生态学的解析——经济视角

以城市生态为研究对象的城市生态学，发端于 20 世纪 80 年代，其中城市生态系统成为研究的热点之一。城市生态系统由"社会、经济、自然三个亚系统交织在一起"（马世骏，1984），具有生产、生活、还原三种系统功能。在城市生态的研究中，一些学者先后提出了城市发生学说（刘云刚，2002）（如城市生态演替的边缘效应说）、城市引力学说（蓝万炼，2004）（如向心-离心力

学说)、城市空间扩展学说(如同心圆学说、扇形学说、多核心学说等)(徐东云,2009)、城市中心地理论、城市生态位势理论、城市生态调控原理等学说与理论。

以城市生态为研究对象的城市生态学,将城市规划、经济发展、人口资源、环境保护、社会问题、生态文化、社会生态系统等作为研究内容,以实现社会生态平衡与优化,促进城市生态经济协调统一与可持续发展为其研究的任务与目的。城市生态学丰富与深化了城市发展的物质基本原理,并促成了两个世界、两类科学和两种文化的交叉整合,具有重要的科学理论与社会现实意义。

长江三角洲经济区处于中国绵长的海岸线中点,太平洋西岸和东亚经济区的中心,倚靠亚洲大陆,面向太平洋和太平洋上诸多重要的经济强国或地区,如日本、韩国,中国的台湾、香港地区,以及东南亚诸国。这种对内蝶状强辐射和对外扇形开放的经济地理区位格局及潜在的动态发展空间结构,赋予长江三角洲经济圈发展独一无二的理论内涵和区位意义。然而目前,长江三角洲大都市群各成员城市之间仍存在诸多行政区经济现象,人为地分割了原本具有紧密社会经济联系、相对完整的经济单元,严重制约了长江三角洲都市群所具有的城市群体效应,难以发挥整体性竞争优势。不少学者围绕区域经济一体化发展战略、区域协调发展的机制与模式、区域城市化与城市群发展等一系列重要议题进行了深入的研究,形成了一批有独到见解的理论观点和政策建议。

但是,这些观点都集中在传统的区域经济理论上,没能够很好地解决城市群发展中城市分工不明确、城市发展面临生态系统制约等诸多问题。有没有一种新的理论可以为城市群的发展提供指导,成为广大研究城市群发展的专家期待解决的问题。在 20 世纪 80 年代后期产生的一门新的学科——经济生态学(Faber,2008),为城市群的发展提供了新的研究方向与思路。生态系统中不同生物占据不同的生态位,在其生态环境中发挥各自不同的作用。把生态学中的生态位现象引入城市的发展中就产生了城市生态位。不同的城市在城市群中城市之间的生态位应该是各不相同的,因为不同的城市在地理环境、资源禀赋、地域文化、技术优势、辐射区域方面都大不相同。本书正是基于以上背景,从经济生态学和城市群理论融合的角度出发,试图把经济生态学的研究范围从企业层面拓宽到城市和城市群层面,为城市群的发展研究提供一种新的理论支持和研究框架。

2.2.1.2 发展生态学的解析——资源环境视角

可持续发展已经与生物多样性和全球变化一起,成为当前生态学的前沿课题，并在生态学内部开始逐渐衍化出一门新的分支——发展生态学（Morrison，2016）。

发展生态学可以定义为：以社会经济发展阶段和经济格局为参照系，以人类生存与发展为宗旨，采用动态的、系统的思想方法，借助于生态学理论与方法，研究不同经济发展阶段上生态环境问题产生、变化的规律，寻求解决问题的现实的（并非泛化的、理想化的）方法、途径和策略，最终为解决不同类型区资源开发和生态建设及世界重大生态问题提供理论依据。

发展生态学的重要组成是根据其过程的质量和在时空的程序确定的三个重要的阶段，即创新阶段、运用阶段和调整阶段，如图 2-2 所示。

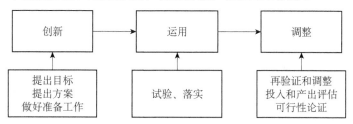

图 2-2　发展生态学的进化三过程

各个阶段是根据其性质，为实现具体目标所必需包括的具体内容。在创新阶段，包括提出具体目标、具体方案及做好实现该方案的相应准备等工作。在运用阶段，将对提出的目标和方案进行试验和落实，验证目标和方案的正确性。在调整阶段，将对运用的内容进行再验证和调整，使其更符合初定的生态目标、计划和方案。必要的投入和产出评估，以及深入的可行性论证也是调整阶段的重要内容。

2.2.1.3　教育生态学的解析——社会视角

人类对其自身与自然、社会环境的关系有一个逐步深化认识的过程，所以人类与自然和社会环境的关系定位经历了从个体关系、群体关系、系统关系到自然、社会、经济复合生态系统这样一个过程。生态学是综合研究生物环境和社会的系统科学，生态学和教育学在社会发展重大问题面前的结合和借鉴也是人类在不断利用更加深邃的思想解读自然、认识社会的需要，这为未来社会的发展提供了可持续的依据和希望。教育生态学以教育学和生态学为理论基础，并将教育与生态环境联系起来，揭示教育的生态结构、教育的生态功能、教育的生态原理、教育的生态规律、教育的行为生态、教育的生态演替等方面的内容（吴鼎福，1988）。此外，应认识到教育的生态功能不同于教育功能，但也有重叠的部分。本书将在

第 7 章从教育生态系统生态学理论的国内外研究现状、目前存在的问题及拟解决的关键问题三个方面进行阐述。

2.2.2 广义生态学的发展

随着人口的急速膨胀，对自然资源的需求愈加强烈，而日益提高的科学技术更是克服了自然资源开采的各种障碍，由此引发了严重环境问题甚至生态危机，最后导致人类面临退化、饥饿和死亡的威胁。在此背景下，生态学从多学科各自发展，回归到当前各学科的交叉融合，经历了多方面的转变与过渡。根据叶峻的总结，这种转变和过渡包括了"从生物圈到智慧圈""从自然到社会""从生态主人到生态系人"三大方面内容。这种转变充分说明了生态学在当前时代背景与可持续发展的需求下，不断发展、优化和不断深化的过程。本小节将对广义生态学提出的背景进行总结和梳理。

2.2.2.1 人类生态学

人类生态学的概念是由美国社会学家 R.E. Park 在《社会学导论》(*Introduction to the Science of Sociology*)中提出的。芝加哥学派代表人物 R.E. Park、E.W. Burgess 和 R.D. McKenzie 等主要从人与城市关系及土地空间利用形式角度出发，将人类生态学定义为以自然生态学概念作为基本理论，以社区为研究的基本单元，研究人与社会机构的结构秩序及形成机制的科学。

20 世纪 50 年代的 A.H. Hawley 等进一步发展了人类生态学，他们主张创建社会宏观方法研究空间布局和劳动分工，确定物理、生物及社会三类变量间的关系。70 年代以后随着生态学与物理、数学等自然科学，以及以经济学、人口学为代表的社会科学的紧密融合，人类生态学得到了大踏步的发展，特别是 1972 年召开的联合国人类环境会议及 1985 年成立的国际人类生态学学会，标志着人类生态学的发展对于人类社会的进步起到了举足轻重的作用。作为多学科交叉学科的代表之一，人类生态学结合了传统生态学、人类学、心理学、经济学、地理学等多个学科，因此对其中的关系进行系统性的整合便显得尤为必要。进入 21 世纪以后，人类生态学得到更加系统的发展，特别是 Machils 人类生态系统框架的建立，不但丰富了人类生态学的概念内涵，更首次系统性地理清了人类生态系统各部分的相互关系。该框架将人类生态系统分为关键资源及社会系统两大部分，其中关键资源包括生物物理、社会经济及文化三方面内容；社会系统由社会制度、社会循环及社会规范组成，其作用关系见图 2-3。

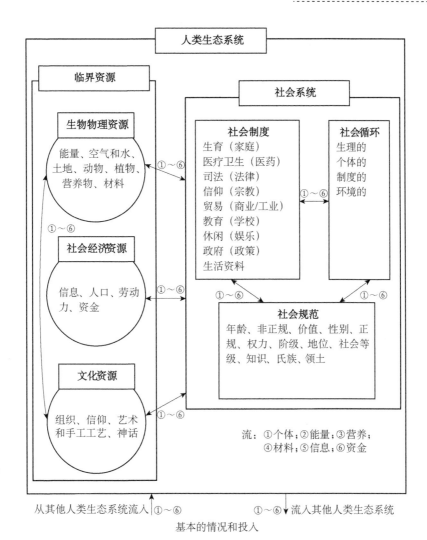

图 2-3 人类生态系统结构

根据 Machils 人类生态系统框架重新构造

2.2.2.2 复合生态系统

随着 20 世纪能源、环境问题的相继爆发，人们逐渐意识到社会、经济和自然虽然性质、结构和功能都各不相同，但在面临若干重大威胁人类发展的问题时，将这三个系统独立探讨显然存在很大问题，基于以上背景，马世骏主张将若干系统相结合，从更高的层面分析和解决问题，于是提出了"社会、经济、自然复合生态系统"的概念（孙儒泳和陈永林，1991）。马世骏主张以复合生态系统的观点研究各子系统之间物种、能量和信息的变动规律，以及其效益、风险和机会之间的动态关系，并绘制出了复合生态系统子系统的作用关系图（图 2-4）。此外，马世骏还给出了复合生态系统的研究框架，通过选定分析指标、展开本地调查、系统分析及模拟过程，即可为规划管理部门提供决策依据。

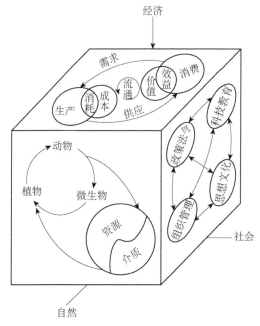

图 2-4 社会-经济-自然复合生态系统示意图

2.2.2.3 产业生态学

产业生态学（industrial ecology）是 20 世纪 90 年代以后兴起的边缘交叉的应用型整合学科，主要探讨产业及其产品与自然环境的相互作用。产业生态的概念在 20 世纪 70 年代就已经提出了，1989 年 R.A. Frosch 将自然界生物代谢过程的概念引入工业，首次提出了"工业代谢"的概念（Frosch，1992），标志着产业生态学的正式兴起。中国学者王如松等（2004）认为，产业生态学是研究人类产业活动与自然环境相互关系的综合性强的跨学科应用科学。它在可持续发展的要求下，引入了复合生态系统的理念，采用工业代谢、生命周期评价和区域生态建设的方法对生产活动的全过程进行定性描述和定量模拟，从以生态安全与经济繁荣目标为代表的国家层面、以产业部门和城市规划为代表的中观层面及以企业为代表的微观层面对各产业进行管理，同时用经济学视角追求经济、生态和社会效益的统一。

由此可见，作为一门应用性极强的综合学科，产业生态学集合众多学科的优势，对产业生产具有很强的指导意义。

2.2.2.4 政治生态学

政治生态学（political ecology），是在生态学和政治学相互渗透、相互交叉、相互结合的基础上形成和发展起来的，政治生态学虽然年轻，但已成为政治学科中一门重要的新兴学科（蔡泽东，2009）。随着世界环境危机的凸显，生态问题得到全球的重视，生态学的发展为政治生态学的研究提供了强大的动力，通过政治生态学的研究与探讨，融合生态学理论的视角、方法来研究政治学问题。

政治生态学是政治研究的一个新视角，它源于西方的生态运动，产生于生态学的进一步发展和人们对生态学的进一步认识，是当代科学发展的必然趋势。政治生态学的发展大致可分为结构主义阶段和后结构主义阶段。20世纪80年代和90年代早期，政治生态学注重详细的生态分析，属于结构主义阶段。90年代，政治生态学与之前有了不同的研究方向，在此阶段，生物物理生态学的地位不再显得那么重要，重点转向环境变迁的局部研究及政治学和权力、知识的结构关系上。

中国理论界对政治生态学的研究尚处于萌芽期，且呈碎片化状态，有待理论上的完善与实践上的运用。政治生态学不局限于政治体制框架，将政治看作一个生命有机体，置于社会这个大环境中进行经验性的观察及实践，同时，还要进行政治体制深层规律的探索。在政治的发展过程中，还必须与社会经济文化的发展相适应，既不能滞后于社会经济文化条件，也不能脱离社会经济文化的现实条件，以渐进式的政治体制改革，维持政治生态系统的稳定。政治系统的和谐发展有利于社会系统和谐发展的实现，政治、社会的全面和谐发展有利于自然和谐的实现，最终有利于促进人与人、人与社会、人与自然三者间的和谐发展。由此可见，良好的政治生态系统，不仅要求政治内生态系统能够良性运转，同时需要和谐、协同进化的外生态系统，只有这样，才能保证整个政治生态系统的正常运行和顺利进化。

2.2.2.5 广义生态经济学

如前文所述，经济与生态学在20世纪上半叶就已建立联系，但侧重点是将生态环境纳入经济学的研究范畴，着重对生态经济系统本身进行分析研究。其目的是使人类经济系统和地球生态系统可持续发展。其主要研究方法是用经济学的方法对生态系统进行定性分析和定量描述。

徐春（2010）将上述生态经济学称为狭义生态经济学，与之相对，他还阐释了广义生态经济学的内涵。他认为，广义生态经济学以经济生态、政治生态、人文生态、社会生态为基础，结合耗散结构论、协同学、突变论、模糊系统理论等科学理论，分析经济、社会和生态三个子系统内部的本质规律及相互作用规律，旨在指导人类经济、政治、社会、科学、文化实践有序发展。刘广孝认为广义生态经济学的优势在于它可以解决传统经济学中无法耦合生态、经济、社会三个子系统的问题。根本原因在于前者将这三个子系统看作广义生态系统的组成部分，三个子系统都是耦合开放的，而后者将其看作封闭系统。其中，广义生态经济观包括广义生态经济的哲学和广义生态经济的方法论，是广义生态经济学与唯物辩证哲学连接的桥梁。

尽管广义生态经济学综合了多个学科的研究内容，并且在理论上取得了很大突破，但就目前来看，依旧停留在理论探讨方面，因此需要更多的实践基础和实证研究。

2.2.3　广义生态学的定义

如前文所述，生态学从1866年诞生以来，通过和经济、社会、人文等学科不断结合，经历了发展成为多个并行的两学科交叉学科，最后回归到统一的多学科交叉的综合性学科的漫长过程。目前，关于多学科交叉的生态学概念尚未形成统一。前文已经梳理过的人类生态学、产业生态学、广义生态经济学，以及以非人类中心主义和整体主义为主体、关注整个自然界福祉的深生态学，包括本书的广义城市生态系统等概念都具有交叉学科的鲜明特性。

广义生态学的应用主要体现在解决生态、社会和经济等一系列问题的过程之中。它为可持续发展提供了理论基础，与科学发展观的理论内在相同。广义生态经济学解释了万事万物的普遍联系，要掌握事物演变发展的本质规律，必须了解与之联系的其他事物的发展规律。生态子系统无法脱离经济子系统和社会子系统而孤立存在，它处于经济子系统循环中的起始与终结位置。经济发展的资源来自生态子系统，经济发展过程中产生的污染最终要通过生态子系统消化。社会子系统研究意识形态流和国家内部及国家之间政治利益的协调。从意识形态的角度看，社会子系统蕴含着不同人文社会科学，它们之间的交互机制构建了社会子系统的意识形态流。从政治角度说，政治利益的争夺基于人性的贪婪，国与国之间的政治博弈体现的是人类为满足自身需求对稀缺资源和经济利益的争夺。经济子系统研究在资源有限的条件下资源的最优配置，经济子系统作为社会子系统与生态子系统的桥梁，生态子系统与社会子系统之间的反馈作用均体现在经济子系统中。因此，广义生态经济学为可持续发展指导思想的建立提供了理论基础。从"生态与经济、社会协调"和"经济社会可持续发展"的关联来看，"生态与经济、社会协调"是实现可持续发展的基础和前提。因为只有在生态与经济、社会实现协调的情况下，才能继续发展经济，社会才能进步，即生态与经济、社会协调了，经济和社会的发展才可能持续；没有协调，就没有持续。可持续发展的实现要建立在生态与经济、社会协调的基础上。对此应当看到，"生态与经济、社会协调"包括纵向的协调和横向的协调,与之相对应的"可持续发展"的具体内涵也有狭义和广义两个方面。狭义的可持续发展通常着眼于纵向的生态与经济发展、社会进步的协调;而广义的可持续发展则必须同时包括纵向的生态、经济、社会协调,以及横向的生态、经济、社会协调,而其中横向生态、经济、社会协调又总是作为纵向生态经济协调的基础而存在。

科学发展观和 21 世纪"一带一路"的倡议为当代中国的发展提供了指导思想。广义生态经济学与科学发展观的理论是内在相通的。科学发展观的第一要义是发展,核心是以人为本,基本要求是可持续发展,基本途径是全面协调。从广义生态经济学的角度而言,生态经济系统是人们经济活动的实际载体,其中经济系统的活动是主导。人在生态经济系统中具有"自然的人"和"社会的人"双重属性,作为"社会的人",决定人在生态经济系统中的主导地位。人类社会的发展进入新的生态时代,生态与经济的矛盾是当代的基本矛盾,其运行必然指引可持续发展的方向。"生态与经济、社会协调"是生态社会的基本特征,生态与经济、社会协调是可持续发展的基础和前提。广义生态经济学立足于经济子系统,注重生态子系统、社会子系统的反馈机理,注重对边界条件的反馈与影响;注重系统内部与系统之间的能力、信息交换;注重各经济体的产生、发展、衰减、崩溃规律;注重政策导向作用及政策产生的机理;注重各经济体的战略意图与发展环境关系;注重经济模型的建立与适应性;注重信息、思想、需求变化对经济的作用;注重各控制因素在不同条件、不同阶段的演变;注重实践。它研究生态子系统中的自然规律,人类的发展必须符合自然规律,在生态子系统可承载的范围内,经济子系统与社会子系统才能实现可持续发展。

2.3 广义生态学与城市、发展、教育生态的关系

现代生态学在与自然科学、系统科学等渗透融合的同时,也与人文社会科学相互交叉综合,由此诞生了物理生态学、化学生态学、生物生态学、数学生态学、系统生态学、人类生态学、行为生态学、心理生态学、文化生态学、经济生态学、城市生态学、发展生态学和教育生态学等许多新的分支学科,并迎来了从自然生态到社会生态的进化与发展,以及由自然生态学向社会生态学的必然跃迁,从而开创了当代生态科学深入发展的新阶段。本书的研究目标广义生态学聚焦于城市生态学,并且在理论与实践结合的过程中,三位一体地构建广义生态学的系统框架,开展以广西钦州为主的实证研究,因此,定义并解析三位一体的广义生态系

统中的城市、发展和教育自然成为首选探索领域。

2.3.1 城市生态学

城市是社会生产力发展到一定历史阶段的产物，是人类文明的结晶。纵观国内外城市的发展，城市化已逐步显现出正、负双向效应。一方面，城市化可以促进经济的繁荣发展和社会生活的进步；另一方面，城市化导致一系列严重的生态环境问题的产生，影响自然生态系统和人们的健康，由此世界各国都开始重视城市的生态建设问题，城市生态学也就应运而生。

从柏拉图的《理想国》到托马斯·莫尔（Thomas More）的《乌托邦》、康帕内拉（Campanella）的《太阳城》，从埃比尼泽·霍华德（Ebenezer Howard）的《田园城市》到道萨迪亚斯（C.A. Doxiadis）的《普世城》……人类从未停止过对理想生活的探索与追求，但真正将生态学的原理和方法运用到城市环境问题中进行深入研究，还是 20 世纪以来的事情。国际上，关注城市生态学启蒙研究的是 20 世纪二三十年代美国以罗伯特·帕克（R.E. Park）为代表的芝加哥学派。反映人们对生态环境的普遍关注的是 1962 年生态学家莱切尔·卡森发表的科普著作《寂静的春天》（*The Silent Spring*）及《生存的蓝图》（*A Blueprint for Survival*）（E. Goldsmith，1972）为代表的多部作品。20 世纪 70 年代初，罗马俱乐部发表的第一份研究报告《增长的极限》（D.H. Meadows，1972），对世界工业化、城市化发展前景所做的估计，进一步激起了人们从生态学角度研究城市问题的兴趣，为西方国家城市环境的改善和生态功能的强化奠定了科学基础。生态城市从 20 世纪 80 年代以来迅速发展起来，世界各国都在积极探索城市生态学的理论和生态城市的建设模式。其中，保罗·索莱里（Paolo Soleri）出版了著作《城市生态学——人类的理想城市》（P. Soleri，1999），首次详细阐述了城市生态学理论，并一直在实践其所提倡的城市理念，试图体现建筑学和生态学相融合的关于城市规划与设计的理论。

中国的城市生态学起步较晚，1984 年 12 月中国生态学学会在上海举行了首届全国城市生态科学讨论会（陈昌笃，1990）。会议探讨了城市生态学的目的、任务、研究对象和方法及在实际工作中的作用。会上成立了中国生态学会城市生态学专业委员会，标志着中国城市生态研究工作的开始。中国著名的生态学家马世骏和王如松指出，城市是典型的社会-经济-自然复合生态系统。以该理论为基础，王如松又深入地研究了城市问题和生态城市问题，并提出建设"天城合一"的中国生态城的思想。扬州市生态城市规划在其理论的指导下取得了显著成效，扬州市不仅成为"国家园林城市"，更荣获 2006 年"联合国人居奖"。20 世纪 90

年代，国内学者进行了大量的生态城镇、生态村的建设和研究，这些都极大地推动了国内生态城市理论的发展。胡俊（1995）认为，生态城市观强调通过扩大生态容量（如增加城市开敞空间和提高绿地率等）、调整经济生态结构（如发展洁净生产、第三产业，对污染工业进行技术改造等）、控制社会生态规模（如确定城市人口的合理规模、进行人口的合理分布等）和提高系统组织性（如建立有效的环保及环卫设施体系）等一系列规划手法，来促进城市经济、社会、环境协调发展；并认为，建立生态城市（绝不能仅仅理解为增建绿地）是解决当今城市问题的根本途径之一。黄光宇和陈勇（1997）认为，生态城市是根据生态学原理，综合研究社会-经济-自然复合生态系统，并应用生态工程、社会工程、系统工程等现代科学与技术手段而建设的社会、经济、自然可持续发展，居民满意、经济高效、生态良性循环的人类居住区，并提出"以生态学原理规划建设城市，城市结构合理、功能协调，保护并高效利用自然资源，可持续消费，建设绿色建筑"等十项原则。中国生态学学会 2002 年 8 月在深圳召开了国际生态城市大会，会上通过了《关于生态城市建设的深圳宣言》等。这些都对中国城市生态学的发展和生态城市建设产生了重大影响。

为了更好地解决城市问题，应扩大城市生态的研究范围，有计划地开展研究工作，在城市规划中有所作为。近年来，上海、天津等多个城市提出建设生态城市；海南、江苏等省提出了建设"生态省"的奋斗目标，并开展了广泛的国际合作和交流。王灵梅和张金屯（2003）以朔州生态工业园为实例，对生态学理论在发展生态工业园中的应用进行研究，提出生态工业园、生态工业网络不是对自然生态系统的简单模仿，而是集物质流、能量流、信息流等于一体的高效工业生态系统。朔州运用关键理论、食物链、生态位理论及生态系统耐受性理论等来指导构筑企业共生体、生态产业链，提高企业竞争能力和工业生态系统的稳定性，使朔州生态工业园成为一个高效的生态系统。2007 年，中国和新加坡合作建设中新天津生态城，这是两国政府为改善生态环境、建设生态文明的战略性合作项目，是继苏州工业园之后两国合作的又一亮点，显示了两国政府应对全球气候变化、加强环境保护、节约资源和能源的决心。2012 年，耶鲁大学宋雅杰（2014）针对中国城市生态危机管理情况，以深圳大鹏半岛为例，将广义生态学的理念与大鹏半岛地区的城市生态状况相结合，为深圳大鹏半岛地区城市生态危机管理提出了相应的战略规划、预警方案、防护处理和善后修复的举措等；针对城镇区域、单位企业和家庭个人不同的适用范围，提出了具体的对策及相关方案，并为后续研究提出了相关建议。

为推广并践行城市生态学理论，建设高效、和谐的城市生态系统，需要政府与公众的全面参与。要加大宣传力度来强化人们自觉的生态意识，使"绿色消费"

"绿色生活""绿色家园"的观念深入人心。在城市规划方面，在满足城市功能需求的基础上，尽可能地提高空间利用率、减少碳排放；在资源利用上，以太阳能、风能、生物质能等清洁能源为开发重点，力求达到节约土地资源和自然资源的目的。

2.3.2 发展生态学

"发展"最初来源于经济学中"经济增长"的概念，随着经济快速发展带来的一系列负面影响，"环境与发展"引起生态学家、经济学家、社会学家的注意，并逐渐成为发展问题的主流。随着"发展"内涵的变化，"发展"不仅表现为经济的增长，还包括了社会的进步、人与自然关系的协调等方面。生态学家利用自身的学科优势，在吸收社会学、经济学、地理学等相关学科的基础上，对发展和可持续发展问题进行了深入的思考，并对可持续发展理论、方法、实践等各个方面进行了较为系统的研究，已经成为可持续发展研究领域的一支重要力量。可持续发展已经与生物多样性和全球变化一起，成为当前生态学的前沿课题，并在生态学内部开始逐渐衍化出一门新的分支——发展生态学。

1972 年在斯德哥尔摩举行的联合国人类环境会议发出了"只有一个地球"的警告，有力地推动了资源与环境保护工作的开展，为可持续发展理论的孕育与发展奠定了基础。1987 年世界环境与发展委员会（WCED）发表了《我们共同的未来》的报告，对环境和发展、物种和生态系统、人口与资源等全球性重大问题做了全面的论述与分析，明确地提出了可持续发展的概念。1992 年 6 月在巴西里约热内卢举办的联合国环境与发展大会制定了《地球宪章》和《21 世纪行动议程》，表明整个世界已经认识到可持续发展是人类社会的共同利益和共同目标，并为这一目标的实现采取共同的行动。

早在 3000 多年前，中华民族就形成了一套鲜为人知的"观乎天文以察时变，观乎人文以化成天下"的人类生态理论体系，包括道理、事理、义理及情理等（许玮，2010）。20 世纪 80 年代初，马世骏等中国生态学家在总结了以整体、协调、循环、自生为核心的生态控制论原理的基础上，提出了社会-经济-自然复合生态系统的理论和时（届际、代际、世际）、空（地域、流域、区域）、量（各种物质、能量代谢过程）、构（产业、体制、景观）、序（竞争、共生与自生）的生态关联及调控方法，指出可持续发展问题的实质是以人为主体的生命与其栖息劳作的环境、物质生产环境及社会文化环境间的协调发展，它们在一起构成社会-经济-自然复合生态系统。1994 年中国政府继世界环境与发展会议后率先制定《中国 21 世纪议程——中国 21 世纪人口、环境与发展白皮书》，首次把可持续发展战略纳入国家经济和社会发展的长远规划。1997 年中共十五大把可持续发展战略确定为中国"现代化建设中必须实施"的战略。

运用发展生态学理念的实例很多，如日本 Murai Masanari 艺术博物馆，原建筑是一座木结构的生活和工作用房，建筑师 Kengo Kuma 将从老房子拆下来的零散而不规则的厚木板条重新设计到新建筑中，有间隔地排布在建筑外立面上，使材料得到最大限度的利用（张娟和杨昌鸣，2010）。刘玉安等（2006）针对新疆石河子地区特有的军垦旅游型、干旱绿洲荒漠区特种自然奇观型等旅游类型，给出了发展生态旅游的对策，即突出旅游特色，开发旅游资源的独特性，并兼顾多样性，如依托农业旅游资源，开展农业观光旅游；运用经济技术手段维护和治理旅游地生态环境，做到因地制宜；保护当地特色文化，如建设富有浓郁时代特征的军垦文化等，为石河子地区生态旅游的大力发展提供了科学依据。曹开军（2014）选取潘家田矿区进行实例分析，在对潘家田钒钛磁铁矿区概况及开采矿产资源对该地环境的影响进行分析后，给出了一些政策建议：建立和完善环境保护激励机制；改革该区的矿产资源产权制度，实现矿产资源的有偿使用；改革矿山企业原本的成本核算机制，逐步实施绿色核算，将矿产资源开发的负外部成本内化，调动矿山企业保护和恢复生态环境的积极性。

2.3.3 教育生态学

生态学是研究生命系统和环境系统之间相互作用的规律和机理的科学；教育学则研究教育发展的规律，以及社会对教育的影响和教育在社会发展中的地位和作用。教育生态学是 20 世纪 70 年代中期兴起的一门教育学分支学科，它是生态学原理与方法在教育学中渗透与应用的产物。教育生态学依据生态学原理，特别是生态系统、自然平衡、协调进化等原理，研究教育与其周围生态环境之间相互作用的规律和机理，它把教育与生态环境联系起来，并以其相互关系及作用机理为研究对象，研究各种教育现象及其成因，进而掌握并指导教育发展的趋势和方向（朱亚梅，2014）。

在古希腊，柏拉图提出，为身体的健康而实施体育，为灵魂的美善而实施音乐教育（高涵，2014）。亚里士多德创设了利森学院，聚集门生在绿荫下讲学。到了欧洲文艺复兴时期，以维多利诺、拉伯雷和蒙田为代表的一批人文主义教育家主张儿童通过观察、游戏和劳动等来理解事物并获取经验（王玲，2009）。这些观点都直接或间接体现了生态学的观点。教育生态学这一科学术语是由美国哥伦比亚师范学院院长劳伦斯·克雷明（Lawrence Cremin）于 1976 年在《公共教育》（*Public Education*）一书中最先提出的，他认为应以教育为主体，研究教育与生态环境的关系。随后，在 20 世纪 70 年代，国外学者开始逐步关注此领域，并逐渐产生了新兴的交叉学科——教育生态学。英国学者埃格尔斯顿（J. Eggleston）在其著作《学校生态学》中开辟了教育生态学研究的新思路，他提出教育生态学应该研究教育资源的分布及个体对教育资源分布的反应（邓小泉，2009）。费恩（L.J. Fein）和坦纳（R.T. Tanner）等都是这方面的著名学者。他们从生态学的角度阐述了教育资源的分布、教育与环境的关系等诸多方面的内容，为 20 世纪八九十年代教育生态学向纵深发展奠定了基础。1987 年，美国学者古德莱德（J.I. Goodlad）首次提出"文化生态系统"的概念，强调学校建设要从管理的角度入手，统筹各种生态因子，建立健康的生态系统，提高办学效率（邓小泉，2009）。

中国教育学家孔子是最早把生态意识与教育结合起来的学者，他把教育与社会环境结合起来论述教育的作用。《孟子·滕文公上》中强调的"后稷教民稼穑，树艺五谷，五谷熟而民人育"及"孟母三迁"的典故，也说明当时人们已经注意到教育与自然环境和社会环境的关系。台湾师范大学方炳林是中国最早研究教育生态学的学者，他在 20 世纪 70 年代所著的《生态环境与教育》一书中，提出以生态环境因子为主，研究各种生态环境与教育的关系及对教育的影响的体系。中国大陆对教育生态学的研究始于 20 世纪 80 年代初期，主要代表人物有吴鼎福、诸文蔚、任凯、范国睿、贺祖斌等。中国大陆最早研究教育生态的是南京师范大学的吴鼎福教授，继《教育生态学刍议》和《教育生态的基本规律初探》（张凤丽，2010）之后，1990 年他与诸文蔚共同出版了大陆第一本教育生态学专著，他们认为，应把劳伦斯·克雷明和方炳林两者的观点统一起来，从教育和周围的生态环境相互作用的关系入手，以教育系统为主轴，剖析教育的生态结构与生态功能，以教育的生态系统为横断面，然后扩展开去，建立起纵横交织的网络系统结构，从而集中地阐述其原理，揭示出教育生态的基本规律。华东师范大学的范国睿从文化、人口、资源及环境角度来阐述教育生态学，取得了较为显著的成就。广西师范大学的贺祖斌在《高等教育生态论》一书中采用生态学的原理和方法，分析了中国高等教育中存在的生态问题，提出了高等教育系统质量控制的方法和模型。近代教育学家陶行知的"生活即教育""社会即学校""教学做合一"的三大教育主张，体现了教育生态系统的关联性理念。邓小平的"三个面向"也是将教育与环境相结合的典范。中共十七大提出的"优化教育结构，促进义务教育均衡发展，加快普及高中阶段教育，大力发展职业教育，提高高等教育质量"，体现了教育的"生态链"思想（邱柏生，2009）。

教育生态学目前已经成为一种被越来越多的教学工作者广泛应用的教学理念和教学策略。刘煜等针对高校学生存在的道德认知迷茫、道德情感缺失、道德行为失范等失衡现象，提出应把生态学原理贯穿到"知、情、意、行"的整个德育过程之中，如用学生喜闻乐见的方式将德育渗透到整个学习和生活过程之中；构建"绿色人际关系"丰富学生积极的道德情感；加强教师与学生的思想交流和心灵沟通，在严慈相济中增强学生的道德意志等，促进高校德育的生态平衡。许阳运用教育生态学的基本原理，对大学英语课堂中存在的"哑巴英语""聋子英语"等生态失衡现象进行分析并提出了相应的改进措施（许阳，2014）。例如，在学习中，要注重英语学习与实际应用的结合，提高综合运用能力，建立和谐的师生关系，组织创造性的教学活动，激发学生的自主思维能力和交流能力，优化课堂生态环境等。以期促使教学生态的各个因子向最优化发展，从而有效提高课堂教学质量。

教育生态学已经有了一定的发展，但是还存在着一些问题，如人们更多地倾向于研究生态环境，而对教育生态系统的重要性认识不够深入。在教育生态的研究层次和结构上，多集中于学校生态和班级生态，而对教育外部生态和教育内部生态的研究较少；对学校结构研究较多，而对水平结构和年龄结构研究偏少。另外，存在对教育生态历史变迁的分析不够重视，对生态学原理的把握不够准确等问题。综上所述，教育生态学作为一门学科，还要走较长一段路程。

广义生态学具有丰富的含义，涵盖自然、社会经济方方面面的内容，本书不但研究广义生态学的总体概念，还将着重探讨发展生态学和教育生态学的基本内容，因此本小节也将对广义生态学与城市生态学、发展生态学和教育生态学的关系进行梳理。

首先，城市生态学、发展生态学和教育生态学是广义生态学的分支，分别属于广义生态学经济、资源环境和社会三个支柱属性。城市生态学作为广义生态学经济支柱的分支科学，主要是研究以城市建设为中心的广义城市生态系统规划、建设、评价等方面；发展生态学作为广义生态学资源环境支柱的分支科学，是以达尔文进化论与科学发展观相结合为中心，建立中国科学发展与西方进化论二者有机结合的可持续发展模式，以形成"中为西用，东西合并"的发展新思路，探索新型可持续发展道路；教育生态学作为广义生态学社会支柱的分支科学，结合了社会、政治、经济、文化的高速发展现状，以教育生态学为理论基础，同时将教育生态学系统化，具有创新性、实用性、理论性、时代性等特点，与中国国情相结合，建设完善中西合作教学新模式。

其次，城市生态学、发展生态学和教育生态学是对广义生态学理论的补充与发展，是广义生态学在经济、社会、资源环境三大支柱方面的具体体现。

最后，城市生态学、发展生态学和教育生态学在已有的广义生态理论的基础上，进行理论的提升与创新，并以钦州市为载体，将理论运用于实际，将理论与实际相结合。

第 3 章

广义城市生态创新研究的背景

3.1 钦州市广义生态系统现状

3.1.1 钦州市自然地理概况

在中国密如繁星的众多城市中，在北部湾北岸，有一座独具特色的滨海之城——钦州。钦州市地处中国西南沿海，位于北纬 20° 35′至北纬 22° 41′，东经 107° 72′至东经 109° 56′之间，全市总面积 10 895 平方千米，是广西北部湾经济区的中心城市，处于广西沿海的中心地带。钦江、茅岭江和大风江穿城而过，流入钦州湾出海。

钦州市位于广西南部沿海，地处北部湾北岸，处于广西南北钦防城市群的中心位置，北与南宁市接壤，东与北海市相连，西与防城港市毗邻，地处中国东部、中部、西部三大地带的交会点，是华南经济圈、西南经济圈与东盟经济圈的接合部，是大西南最便捷的出海通道，是广西北部湾经济区的交通枢纽，是中国-东盟自由贸易区的前沿城市。

3.1.2 钦州市的广义资源

广义资源一般是指自然界及人类社会中一切对人类有用的资源。在自然界及人类社会，有用物即资源，无用物即非资源。因此，资源既包括一切为人类所需要的自然物，如阳光、空气、水、矿产、土壤、植物及动物等；也包括以人类劳动产品形式出现的一切有用物，如各种房屋、设备、其他消费性商品及生产资源性商品；还包括无形的资源，如信息、知识和技术及人类本身的体力和智力。

广义资源，就是指保证资源开发利用中人、资源、生态三者能够协调发展的全部要素，包括自然资源、经济资源、社会资源三大部分。这三大部分的有机结合，构成了广义资源的内涵和外延。

钦州市的广义资源包括钦州的自然资源、社会资源、经济资源三大部分。

3.1.2.1　自然资源

自然资源是指在一定的技术条件下，自然界中对人类有用的一切物质和能量，如一切天然存在的自然物——土地资源、矿产资源、水利资源、生物资源、海洋资源、阳光、空气、雨水等。自然资源是生产、生活的原料来源。

1）生物资源

2016 年，钦州市有陆地野生植物 150 科 476 属 765 种。其中，被子植物 128 科 441 属 723 种，裸子植物 6 科 10 属 11 种，蕨类植物 16 科 25 属 31 种。以茶科、壳斗科、松科、桃金娘科、木兰科和禾本科为优势。属国家重点保护的珍贵植物有木沙椤、马蹄荷、格木、狭叶坡垒、福建柏、观光木、华南椎、蝴蝶果、假山龙眼、樟树、红椎等，主要分布在浦北县的六万大山、五皇岭及钦北区的王岗山。另在海河交汇处及浅海滩涂分布有热带海岸特有的植被——红树林，有 15 科 22 种，以桐花群落为主，其次为秋茄群落和白骨壤群落。

钦州最具特色的果类植物为荔枝、香蕉、龙眼等。灵山县是最适宜荔枝生长的黄金地带之一，有中国的荔枝之乡美誉。荔枝在当地的种植历史最早始于汉朝，现在荔枝种植几乎遍及所有村镇。主要品种是三月红、灵山香荔、桂味荔、妃子笑、糯米糍、黑叶荔、鸡嘴荔等。荔枝本是中华珍品、果中之王，灵山荔枝品质尤佳。钦州市浦北县素有"蕉乡"之称，盛产的香蕉蕉皮呈金黄色，蕉体长大、饱满、皮薄、肉嫩、味香，营养丰富，含有 16 种人体所需的氨基酸和多种维生素，含糖量高达 14.11%。

2016 年，钦州市自然分布的陆生野生脊椎动物 76 科 271 种。其中，两栖类 7 种，主要有青蛙、山蛙、沼蛙、蟾蜍等；爬行类 21 种，主要有眼镜蛇、金环蛇、银环蛇、百步蛇、三素锦蛇、水律蛇、蛤蚧、龟等；鸟类 186 种，主要有画眉、鹧鸪、鹩哥、鹦鹉、山雀、白鹭、大白鹭、牛背鹭等；哺乳类 62 种，主要有野猪、豪猪、果子狸、猪獾、抓鸡虎、松鼠、竹鼠等。国家公布的一级、二级陆生野生动物主要分布在浦北县的六万山、钦北区的王岗山及广西茅尾海红树林自治区级自然保护区。

钦州市海洋生物多种多样，近岸 10 米等深线内可供养殖面积 866.7 平方公里，浅海鱼类资源估量 4200 吨/年。20 米等深线内有虾类 35 种，蟹类 191 种，螺类 143 种，贝类 178 种，头足类 17 种，鱼类 326 种，其中主要经济鱼类 20 余种。面积 135 平方公里的茅尾海，是中国南方最大的天然蚝苗采苗和人工养殖基地，钦州四大名海产为大蚝、对虾、青蟹、石斑鱼。大蚝味美清甜，有"海上牛奶"之称；对虾富含蛋白质，味道鲜美；石斑鱼肉质细嫩，适宜红烧、清蒸等多种做法；青蟹个大肉鲜，营养丰富。

2）矿产资源

钦州市矿产种类繁多，有锰、钛铁、石膏、煤、铁、沙金、石灰石、重晶石、独居石、锆英石、金红石、石英砂、硅石、磷、黄铁矿、铅、铜、铀、花岗岩、黏土和稀土矿等 20 多种，其中以锰、石膏、钛铁矿等著称，开发潜力巨大。其中石膏矿主要分布在钦北区的大垌镇、平吉镇、青塘镇，以及灵山县的陆屋镇和三隆镇，统称钦灵石膏矿床，为大型石膏矿，累计查明资源储量 31 425.5 万吨，保有资源储量 31 386.5 万吨。锰矿主要分布在钦南区黄屋屯镇的大角村、那卜村，钦北区大直镇的天岩村、华荣山，板城镇的屯茂村、那必村，大垌镇的馒头麓，灵山县旧州镇的上井村，浦北县寨圩镇的丰门村一带，已探明小型矿床 14 座，累计查明资源储量 509.5 万吨，保有资源储量 257.4 万吨。

3）水资源

钦州市水资源总量 117.3 亿立方米，其中地表水资源量 76.27 亿立方米，地下水资源量 41.03 亿立方米。按县（区）划分水资源分布情况为：钦州市市辖区 57.81 亿立方米、灵山县 37.80 亿立方米、浦北县 21.67 亿立方米。多年平均入海水量钦江为 20.3 亿立方米，茅岭江为 25.9 亿立方米，大风江为 18.6 亿立方米。地表水资源的年内、年际分配不均匀，汛期或丰水年常发生灾害性洪水，而枯季或枯水年常出现大面积干旱。每年 4～9 月为汛期，10 月至翌年 3 月为非汛期，5～9 月，在台风的影响下，大雨暴雨频繁，这段时间是洪汛的高峰期，其雨量约占全年雨量的 80%。河流径流量的年内分配，汛期钦江占 83%，茅岭江占 77.2%，大风江占 87.9%；非汛期钦江占 17%，茅岭江占 22.8%，大风江占 12.1%。

4）港口资源

钦州港是天然深水良港，孙中山在《建国方略》中把钦州港规划为南方第二大港（孙中山，1998）。钦州港拥有深水岸线 54 千米，可建 1 万～30 万吨级码头泊位 200 多个，建成后将形成 5 亿吨以上的吞吐能力。2017 年，钦州港已建成万吨级以上泊位 30 多个，开通了钦州港至天津港直航，至香港、台湾等国内班轮航线和至新加坡、泰国等国际班轮航线共计 26 条，港口吞吐能力达 1.14 亿吨。

3.1.2.2 社会资源

社会资源反映社会生产力的发展水平及其赖以存在的社会条件，如经济政策、经济体制、科技教育、信息及生态环境等社会资源，是资源综合开发的必备条件。

1）经济政策

钦州市享有多重政策叠加的优势，除了享有西部大开发、中国-东盟自由贸易区、民族自治区和广西北部湾经济区等优惠政策外，还拥有多个国家级平台和政策资源，是全国最优惠的政策洼地之一。例如，拥有中国-马来西亚钦州产业园区、保税港区、整车进口口岸、国家级经济技术开发区等，国务院批准钦州市口岸扩大对外开放，成为所有口岸全部开放的城市。

为加快钦州市的经济发展，钦州市出台了促进经济发展的相关政策（如加快推进"千百亿产业崛起工程"和承接产业转移的优惠政策）、钦州港工业区优惠政策、广西钦州市人才支持政策和北部湾税收优惠政策等，这些优惠的经济政策都助推着钦州经济的快速发展。

近年来，随着广西北部湾税收优惠政策的实施，钦州市一批西部大开发及高新技术企业得到了政策扶持。2008～2011 年，先后有 160 多户企业享受企业所得税减免 16 560 万元，城镇土地使用税、房产税减免 3000 多万元，累计减免税款超过 2 亿元，有力地助推了该市港口运输、电子电器、制糖等行业的发展。2009年，为贯彻落实广西壮族自治区"科学发展三年计划"，积极实施产业优先发展战略，加快把钦州市建成北部湾临海核心工业地、区域性国际航运中心和物流中心、承接加工贸易梯度转移重点承接地，钦州市制定了加快推进"千百亿产业崛起工程"和承接产业转移的优惠政策。例如，在税收优惠方面，自 2009 年 1 月 1日起至 2012 年 12 月 31 日，经批准实行减按 15%税率征收企业所得税的高新技术企业，享受国家减半征收税收优惠政策的软件及集成电路生产企业，其减半征收部分，均免征属于自治区和市级分享部分的企业所得税；财政扶持方面，鼓励企业创建品牌，企业落户钦州后首次获得中国驰名商标、中国名牌产品、中国出口名牌等国家级品牌的，享受由市政府给予一次性奖励 30 万元等多项经济政策。通过广西壮族自治区政府和钦州市政府出台的相关经济发展优惠政策，钦州市走上了快速发展的新道路。

2）文化资源

文化是民族的血脉，是人民的精神家园。没有文化的积极引领，没有人民精神世界的极大丰富，没有全民族精神力量的充分发挥，一个国家、一个民族不可能屹立于世界民族之林。钦州市应立足于对本土文化的自信，奋发进取。文化事业与文化产业两手抓，深化文化体制改革，以改革促发展，以创新求飞跃，在经济改革发展中展现钦州市文化发展的生动图景。

通过"中国钦州国际海豚节"来打造海豚之乡，使其成为具有号召力的钦州市文化品牌之一。钦州市传统历史文化中的"英雄文化"备受世人推崇，在传承刘永福和冯子材精神的同时更应增强钦州人自强不息的全民创业意识，激励自己聚精会神搞建设（刘阳，2012）。不断挖掘刘永福和冯子材精神，研究其中的文化内涵，从而不断丰富新时期的"钦州精神"，真正使刘永福和冯子材文化成为钦州市城市文化的一大品牌。钦州坭兴文化也体现了钦州人尊重历史、开拓创新的发展意识。从传统到现代，通过产业化运作，钦州市坭兴陶走出了一条探索市场发展的新路子，把坭兴陶文化打造成钦州市三大文化品牌之一，营造了钦州市浓郁的本土文化气息，全力提升了钦州市的城市品位。

同时，钦州市民间舞狮舞龙、民间体育比赛、民间童谣、太平天国女将领苏三娘故居遗址、旅游文化、节日文化、民间艺术等民间传统文化在传承钦州文化，发扬钦州精神方面起着重要作用。钦州市的民间活动、民间文化艺术都可以作为钦州文化资源，可对其进行深入挖掘，寻找深层的文化内涵，为文化强市打造坚实的基础。

3.1.2.3　经济资源

经济资源是指在人类的经济生活中，一切直接或间接为人类所需要并构成生产要素的、稀缺的、具有一定开发利用选择性的资源来源，如人力资源、产业资源及资本资源等。因此，生产要素的人类需求性、稀缺性、使用用途的可选择性，是经济资源区别于其他类型资源的特征。

1）人力资源

目前钦州有两所高等学府，即钦州学院和广西英华国际职业学院，一所中等职业学校，即北部湾职业技术学校。钦州学院已经成为目前广西应用科技型大学试点学校之一，根据应用科技型大学建设要求，学校正在进行转型发展，在专业设置、学校管理、学生培养方面都在做大幅度调整，注重对学生操作技能、实践动手能力的培养。转型后的钦州学院重点培养应用型人才，从而满足广西北部湾经济区的发展对人才的需求，特别是钦州学院的海洋科学、轮机工程、石油化工类专业作为重点学科专业，为钦州的新兴产业培养了优秀人才，为钦州经济发展提供了丰富的人力资源。

2）工业园区

钦州正在开发建设的工业园区（开发区、工业集中区）共四个，分别为钦州港经济技术开发区、河东工业园区、灵山工业区和浦北县工业集中区。四个工业园区总规划面积209.89平方千米。其中，钦州港经济技术开发区为国家级经济技术开发区，河东工业园区、灵山工业区和浦北县工业集中区属自治区 A 类产业园区。"十二五"期间，以钦州港经济技术开发区、钦州保税港区和高新技术产业开发区三大主要园区为龙头，以工业园区和工业集中区为载体和依托，带动中心集镇工业集聚区进行产业布局，同时在一些重点镇建设有产业特色的专业开发区。形成产业向园区集聚、县域经济依托园区发展的工业布局，使经济开发区和工业园区成为全市产业发展和县域经济的集聚地和增长极。

3）资金支持

为促进钦州市经济快速发展，广西壮族自治区政府、钦州市政府也为经济发展提供了资金支持。北部湾银行的成立为北部湾经济区的发展提供了更好的资本平台，为钦州市中小企业提供资金贷款优惠支持。同时，钦州市为促进滨海新城的发展，成立了钦州市滨海新城置业集团有限公司，整合相关资源推进钦州市滨海新城的建设。

4）区位与交通

钦州市背靠西南，面向东盟，地处华南经济圈、西南经济圈与东盟经济圈的接合部，是大西南最便捷的出海通道，是中国面向东盟合作的桥头堡。目前，出海、出边高速公路、高速铁路正在加快建设，共有七条铁路、五条高速公路交汇于钦州，与全国铁路干线、泛亚铁路及西南、中南、华南公路网联网互通。

经济基础决定上层建筑。社会存在决定社会意识。快速发展的钦州社会经济为文化自信提供了必要的前提，快速成长的钦州城市氛围为文化自信营造了良好的环境。随着钦州市技术密集型产业的发展，文化产业的发展空间得到拓展，同时也对城市文化提出更高的要求。钦州市应抓住地理位置和政策优势，大力发展海洋文化，建成临海型工业城市。同时，应该转变观念，迎合国际、国内发展的大趋势，重新审视自己。伴随广西北部湾经济区开放开发已经上升为国家战略和钦州保税港区的成立，钦州市所处的区域成为全国首个国际区域经济合作区，在这样的国际性的合作平台当中，钦州市不仅是中国的钦州，更是世界的钦州。钦州市正是通过打造海洋文化来提高全市人民海纳百川和融入世界文化经济发展的博大胸怀。钦州市应充分发挥自己的区位优势和开放合作优势，依据自己独特的文化元素，加快推动其经济社会发展，全方位地融入世界的多区域合作之中。

3.1.3 钦州市生态环境概况

3.1.3.1 钦州市生态环境情况

钦州市北枕山地，南临海洋，地势北高南低。地形有山地、丘陵、盆地、平原，沿海多有泥滩和沙滩或泥沙滩，西部海岸多为海蚀海岸、岛屿，海岸陡峭。钦州市属亚热带气候，具有亚热带向热带过渡的海洋性季风气候特点。年日照时数为 1800 小时左右,年平均气温为 22.5℃,绝大部分地区无霜期在 350 天以上,年降水量为 1600 毫米,雨量充沛,极适合农作物生长。

钦州市是绿色、低碳的宜商宜居滨海城市,其投资软环境调查评比连续三年排在广西第一名,四次荣膺"中国十佳投资环境城市"称号(林柏成,2014)。全市林地面积约为 5933 平方千米,森林覆盖率 52.88%,中心城区绿化覆盖率 34.13%,人均绿地面积达 7.05 平方米。钦州市近海能看到野生中华白海豚。钦州市深入实施"园林生活十年计划",努力创建国家生态园林城市。加快建设集"江、海、湖、山、岛"为一体的 110 平方千米的滨海新城,将其打造成为北部湾产业服务中心、滨海旅游休闲度假基地、高品位时尚居住区,成为一座推窗见海、出门见水、山青岸绿、低碳环保、宜商宜居的魅力之城、生态之城。

钦州市冬暖夏凉,气候宜人,依山临海,古迹众多,文化灿烂,自古以来就成为桂南著名旅游胜地。它以其独特的优势和丰富的旅游资源,吸引了不少旅客。宋代文学家、诗人苏东坡曾"遨游钦灵";1891 年,俄国皇太子尼古拉(后来的沙皇尼古拉二世)仰慕冯子材抗法战功特来钦州访问;1909 年,著名画家齐白石游览钦州时,绘了荔枝图,并赋诗"此生无计作重游,五月垂丹胜鹤头。为口不辞劳跋涉,愿风吹我到钦州";1962 年,戏剧家、诗人田汉来钦州游览时也留下不少诗句。

钦州市旅游景点有 30 多处,主要有三娘湾旅游区、八寨沟旅游区、冯子材故居、刘永福故居、大芦村民族风情、六峰山、五皇山、王岗山、椎林叠翠、麻蓝岛等。近年来,全市建造了一批星级宾馆和涉外酒店,成立了一批旅行社,制作了许多旅游工艺品,初步形成了食、住、娱、购配套体系,吸引了大批旅客前来观光。其中,钦州市内主要宾馆有金湾大酒店、钦州宾馆、交通宾馆、银湾大酒店、白海豚国际酒楼等;主要的购物场所有钦州市百货大楼、商业大厦、金湾商场、南珠商场、协盛、华润等。

3.1.3.2 钦州湾生态环境情况

钦州湾位于北部湾北岸、广西沿岸中段,东临钦州市钦州港区,西临防城港市企沙半岛,北与钦州市钦南区接壤,南临北部湾。该湾口宽约 29 千米,纵深约 39 千米,海湾面积约 380 平方千米。该湾由内湾和外湾构成,中间狭小,两端开阔,内外湾交界处为龙门湾,最窄处仅约 1 千米,为典型的亚热带溺谷型半封闭式海湾。

钦州湾的湾顶有茅岭江和钦江注入,其中钦江在入海口有多个支流。茅岭江干流全长 122 千米,流域面积有 2959 平方千米,多年平均年径流总量为 29 亿立方米。钦江干流全长 179 千米,流域面积为 2457 平方千米,多年平均径流量为

22.1 亿立方米。因此，钦州湾也是一个典型的受径流影响的河口型海湾。

钦州湾具有较好的区位优势及深海港资源，近 30 年来海湾周边经济开发建设的发展及养殖业日益兴起。北部湾经济区成立以来，钦州湾成为重点开发建设的海湾，海湾周边地区经济显示出突飞猛进的态势。在海湾东岸，以石化、能源、造纸、冶金、粮油加工为主的钦州港大型临海工业框架已经形成；在西岸，以钢铁基地为主的防城港企沙临海工业区和防城港核电站正在建设当中；在北岸，茅尾滨海是钦州市四大海产品大蚝、对虾、青蟹、石斑鱼的主要产区。

钦州湾环境特殊造就了其独特而丰富的生态环境特征。从湾顶到湾外，钦州湾涵盖了河口、海湾和近岸海洋及湿地等多种生态系统类型。同时，海湾的潮间带还分布着大面积红树林及少量的海草，有着红树林、海草床等重要的生态系统类型。2005 年广西壮族自治区政府将钦州湾和大风江口的红树林联合建立了广西茅尾海红树林自然保护区，总面积为 27.84 平方千米，分别由康熙岭片、坚心围片、七十二泾片和大风江片四大片组成。保护区有红树林植物 11 科 16 种，占全国红树林植物的 43.2%，其中有珍稀红树林植物老鼠簕 1 种、濒危红树林植物木榄和红榄 2 种，是全国最大、最典型的岛群红树林区。

钦州湾水质良好，大部分海区水质能达到二类，只有局部海区水质达到三类和四类。海湾水质超标因子主要为营养盐物质，包括无机氮和磷酸盐。

钦州湾有钦江和茅岭江注入丰富营养物质，天然饲料丰富，适合鱼、虾、贝、藻类的繁殖和生长，其近海的海鱼、虾、贝等种类丰富。茅尾海是中国南方最大的大蚝天然采苗基地。

钦州湾外湾海域也是"海上大熊猫"——海豚栖息的地方。在钦州湾的三娘湾海域经常能看到白海豚出没。

钦州湾的总体生态环境良好，但是海湾健康评价结果显示内湾明显处于亚健康状态，海湾生态系统健康仍存在较多问题。

3.2 钦州广义城市生态理论与实践创新

3.2.1 钦州城市生态理论的渊源及内涵

钦州市地处中国西南沿海，是中国古代海上丝绸之路的始发港之一，位于中国大西南经济合作区、泛珠江三角洲区域经济合作区和东盟区域经济合作区的交汇处，是大西南最便捷的出海通道，牵系着东南亚区域的广义国际生态系统走向。1919年，中国民主革命先行者孙中山在《建国方略》中把钦州规划为"中国南方第二大港"，这样钦州以西的地方，可比通过广州（南方大港）出海节省400英里①的路程，经济收益可观。20世纪90年代初，秉承"解放思想、抓住机遇、艰苦奋斗、奋勇争先"的精神，钦州人为实现其港口在南方的崛起而尽其所能，在人们的共同努力下，孙中山的梦想正逐步变成现实。从此钦州从封闭的农业城市逐步走向临海工业城市。2008年1月，国务院批准《广西北部湾经济区发展规划》；2008年5月，国务院又批复设立钦州保税港区；2010年11月11日，经国务院批准，钦州港经济开发区升级为国家级经济技术开发区。政府与市民互动，资源与资本等互动，使钦州港从一片荒海滩变成千帆竞发的"南方第二大港"，集装箱吞吐量在2009年就已超过40万标准箱，首次超过湛江港，港口作业达到国际先进和世界一流水平。伴随着钦州港的发展，钦州人民挖山开路，拓荒建厂、造城，招商引资，钦州人民的开拓精神和一区多元的产业模式铸就了钦州临海工业的辉煌。2013年7月，李克强在广西考察期间指出："把北部湾经济区建设好、发展好，不只对西南地区，而且对中南地区，甚至全国都具有战略意义，广西要成为西南、中南地区开放发展的新的战略支点。"（姜萍萍，2013）

钦州市几乎是在一穷二白的基础上开始向现代化滨海城市迈进的，因此有很大的空间来避免走边发展边为污染埋单的老路。钦州市坚持越是后发展越要先规划，越要重生态环保的理念，既要金山银山，更要绿水青山，积极发展绿色经济与绿色产业。在发展过程中，钦州市淘汰高耗能、高污染、低收益的小造纸厂、浸竹片厂等落后企业，转变生产和消费模式，大力发展生物质能、风能、潮汐能、非粮燃料乙醇等清洁能源和可再生能源，培育以林浆纸、能源、电子、粮油加工、冶金、物流项目为龙头的重点产业。在经济快速发展的同时，钦州市从未停止造林绿化，截至2016年，全市的森林覆盖率已达到54.2%。其中，钦州湾茅尾海康熙岭片红树林湿地已被列入中国重要湿地名录。伴随着北部湾经济区的发展，钦州市充分利用海洋资源，在生态保护和经济发展之间寻求平衡，寻求钦州湾生态经济系统可持续发展对策，促进生态与经济的同存共赢。

钦州市有着独特的地理位置和1400多年深厚的历史文化积淀，培育了独特的钦州精神。历史上有民族英雄刘永福援越抗法、赴台抗倭，一代豪杰冯子材挥师出关，取得镇南关大捷。通过保护、修缮刘永福、冯子材故居，不断挖掘刘冯精神，弘扬新时期钦州精神，使刘冯文化成为钦州文化的一大亮点（郭进松，2013），成为钦州人爱国精神的丰碑。1996年11月刘永福、冯子材故居被国家教育委员会、民政部、文化部、国家文物局、共青团中央、解放军总政治部命名为

---

① 1英里≈1.6千米。

百个"全国中小学爱国主义教育基地"，2001 年被国务院列为全国第五批重点文物保护单位（李秀兰，2007）。此外，还有自治区级文物保护单位 8 个，市级文物保护单位 25 个，县级文物保护单位 23 个。在文化教育方面，早在 1614 年，为国育才，钦州黄秋槐将祖传家业捐给儒学。历朝历代，钦州人都广修书院，教书育人。例如，钦南的绥丰书院、钦北的铜鱼书院、浦北的大成书院、灵山的海北书院。近年来，钦州二中、钦州学院等院校造就了大批优秀人才，钦州人乐学好学的精神得到进一步弘扬。钦州市前市委书记肖莺子曾强调要将推进北部湾大学建设作为重点，全面加大教育投入，改善办学条件，使高等教育、职业教育迈上新台阶，现在市委、市政府正全力筹建北部湾大学，将为钦州的教育事业注入新的活力。同时，要加快推进北部湾博物馆、科技馆、青少年活动中心等项目建设，加强与东盟国家的文化交流，确保"文化钦州"建设落到实处。利用文化资源，结合区域本身的优势，促进经济与文化的良性循环与共同发展。

钦州市城市生态理论内涵可理解为：以城市生态学、发展生态学和教育生态学等理论基础为依托，结合钦州的自然资源、历史文化、经济发展状况等现状，推动"广义生态创新理论"与现实的对接，为生态城市的建设提供理论参考，实现"美丽钦州""实干钦州""智慧钦州"的建设与发展。把钦州建设成大西南开发开放的前沿阵地，建设成经济充满活力、城乡协调发展、宜商宜居的现代化港口工业城市，建设成具有特色教育的滨海城市。

3.2.2　钦州城市生态文明下的社会

3.2.2.1　人口

根据公安部门统计，2016 年末钦州市户籍总人口为 409.13 万人，比上年增加 5.03 万人。其中，非农业人口为 60.48 万人，占总人口的 14.78%。在总人口中，男性人口为 223.49 万人，占总人口的 54.63%；女性人口为 185.64 万人，占总人口的 45.37%。按统计部门口径，2016 年钦州市常住人口为 324.3 万人。人口出生率为 14.7‰，人口死亡率为 5.3‰，人口自然增长率为 9.41‰。

3.2.2.2　城乡居民生活

2016 年全市农民人均纯收入 10 947 元，比上年增收 1237 元，增长 9.3%。农村恩格尔系数（居民食品支出占消费支出总额的比重）为 39.8%。全市农村人均住房面积为 40.49 平方米。

全市城镇居民 2016 年人均可支配收入 29 360 元，比上年增收 2079 元，增长 7.3%。城镇居民人均消费性支出 17 172.6 元，比上年增长 7.0%。城镇居民恩格尔系数（居民食品支出占消费支出总额的比重）为35.4%。全市城镇居民人均住房建筑面积 49.62 平方米。

3.2.2.3　社会保障体系

2016 年末全市各类福利院、敬老院共 60 个，床位 1429 张。全市参加基本养老保险参保人数 16.79 万人，比上年增加 0.37 万人；失业保险参保人数 9.24 万人，增加 0.44 万人；生育保险参保人数 11.21 万人，增加 0.76 万人；工伤保险参保人数 12.49 万人，增加 0.88 万人；城镇基本医疗保险参保人数 48.59 万人，减少 1.45 万人。

3.2.3　钦州城市生态和谐下的企业共生

近年来，钦州市大力发展以港口工业为龙头，以临海工业、海洋产业、高新科技产业、外向型产业为主导的工业体系，多元性、多层次的国际级、国家级、省级、桂台合作型、市级、县级、乡镇级等机构和非公有制企业在钦州市滨海新区云集、协同共生，是钦州经济、社会发展的重要推动力。国际合作园区，国家级、省市级园区是钦州政治生态和谐的重要载体和集中体现，同时也是吸引国际、省际外来投资的重要促因。

可见钦州政治与经济发展条件，具有北部湾沿海城市发展的典型特点，其政治生态和谐和多元企业共生的局面值得北部湾沿海城市借鉴，尤其是对东盟和南中国海区域的项目合作具有重要的现实意义。

3.2.3.1　大产业

钦州市抓住北部湾经济区开放的历史机遇，实施"千百亿产业崛起工程"，产值超千亿元的石化产业和产值超百亿元的能源、造纸、电子、粮油、冶金、物流六大产业集群正在加快形成，一批中小企业在县区工业园快速成长。"大企业顶天立地、小企业铺天盖地"是钦州市产业集群的显著特点。如今，放眼钦州港腹地的黄金海岸，石化、林浆纸、燃煤电力、粮油加工、铁合金、保税物流项目等支柱产业集群生机勃勃。

规划面积 35 平方千米的钦州石化产业园，已成为集聚石化产业的重要载体，规划布局乙烯及深加工、芳烃及深加工、碳四深加工、煤盐磷化工、生物化工等五条产业链。中石油广西石化一期工程投产后，正加紧建设二期工程第二条 1000 万吨炼油生产线，100 万吨乙烯、30 万吨原油码头及航道，规划建设石化产业链项目 55 个，总投资 860 亿元，将建成世界领先、中国一流的炼化一体化石化基地，年产值超 2000 亿元。

以国投钦州电厂构筑能源产业集群，是钦州港工业园区走集群式发展之路的杰作。迄今有总规模 720 万千瓦的燃煤电厂项目、新天德能源有限公司木薯酒精项目、中电投热电项目，以及商业储备油库、7 万吨煤炭储备基地等。县域强则市域强。钦州市以实施"县域工业突破工程"为突破口，全力推动县域经济"突围"。兴莱鞋业和桂合丝业、阿帕奇电动汽车、兴力达鞋业、新科药业、祥云飞龙等逾百家中小企业异军突起，形成众星拱月之势，成为推动全市经济跨越式发展的生力军。

金谷工业园中的勒沟作业区，是粮油加工类产业集中区。其中大洋粮油 80 万吨大豆综合加工项目，可年产油脂约 14 万吨、豆粕 66 万吨，工业产值 25 亿元；中粮钦州粮油加工项目总投资 30 亿元，年粮油加工能力超过 300 万吨，仓储能力达到 33.8 万吨，同时配备 5 万吨级码头泊位和铁路专用线等物流设施，预计年销量收入超 100 亿元。

3.2.3.2 大港口

钦州市的大企业聚集在海岸沿线，已成为钦州大港口的重要支撑。钦州港拥有全国为数不多的深水良港，区位优势明显，战略地位突出。约 100 年前孙中山在其《建国方略》中将钦州港规划为"中国南方第二大港"，今天，孙中山的梦想正逐步变成现实。钦州港三面环山，南部邻海，港池地形隐蔽宽阔，避风条件良好，航道水深，可挖性好，潮差大，回淤少，腹地广。钦州市拥有 240 多千米长的码头岸线，其中深水岸线 54 千米，可建 1～30 万吨级码头 200 多个，建成后可形成 5 亿吨以上的吞吐能力，是国家一类对外开放口岸及深水良港。截至 2017 年，已建成 30 万吨级码头及航道、8 个 10 万吨级集装箱码头、30 多个万吨级以上泊位，港口吞吐能力达到 1.14 亿吨。已开通了至香港、台湾等地的国内班轮航线和至韩国、新加坡、越南、马来西亚、缅甸等国家的国际班轮航线，面向东盟的集装箱干线港也正在加快培育。

3.2.3.3 大交通

钦州口岸被国家批准为一类口岸，配套设施齐全。钦州港区已同越南，以及中国的香港、海南等国家或地区的 20 多个港口有贸易往来。

钦州市区距广西壮族自治区首府南宁市 119 千米，距北海市和防城港市分别为 99 千米和 63 千米，是中国少有的集沿海沿江优势于一体的沿边经济开发区。南宁—防城、钦州—北海、黎塘—钦州、钦州—钦州港等铁路在钦州市区交汇；南宁—北海、南宁—防城、钦州—灵山、钦州—犀牛脚等九条高等级公路横贯钦州市区；北海、南宁机场距钦州均只有 100 千米左右。具有"一市连五南"（中国大西南、东南亚、越南、中国广西南宁、中国海南）之称。

3.2.3.4 大物流

钦州市依托港口和交通优势条件，以物流园区的建设为核心，以国家物流为重点，以区域物流为重要补充，以港口物流为主体，兼顾公路、铁路、内河运输等其他运输方式，积极采用先进的物理管理技术和装备，建立多层次的、与国际通行规则接轨的社会化、专业化的现代物流体系，把钦州市建设成为中国-东盟自由贸易区现代物流枢纽城市。到 2015 年，港口吞吐量达 1 亿吨，集装箱 300 万标准箱，物流总收入 200 亿元。

根据钦州市物流业发展规划，今后一段时期，钦州市重点规划建设以下物流园区：港口综合物流园区、黎合江商贸物流园区、皇马综合物流园区等。

在规划范围内共布局三大物流园区：港口综合物流园区、黎合江商贸物流园区及皇马综合物流园区。这三大物流园区分别以公路、铁路、水路为依托，位于钦州市南北发展的主轴线上，三大物流园区的建设可以满足未来一段时间内进出和经钦州中转的物流需求，为钦州市的产业发展提供高水平的物流服务。

1）港口综合物流园区

港口综合物流园区为非集中型物流园区，主要分为西港物流区、保税港区、中港物流区。港口综合物流园区以钦州港为依托，以临港产业为支撑，发展港口物流、产业物流。为保税港区提供专业化的仓储、运输及相关配套服务，实现进出口货物的国际集散、中转功能；为金谷工业园和金光工业园内的石化、造纸、冶金、粮油加工、能源、修船造船等产业提供原材料输入和产品输出的物流服务。

（1）西港物流区。位于钦州港西港区金谷石化工业园区内部，东可依托金鼓江作业区，南可依托勒沟、果子山、鹰岭作业区，西可依托港区铁路编组站及樟木环、观音堂、龙门港作业区。西港物流区总用地面积为 9 543 928 平方米，主要由三个功能区组成：①依托石化产业园规划的物流仓储用地，建设石化物流区，构建石化交易平台，用地面积 3 852 068 平方米；②依托宏达物流，建设工业品及原材料物流区，用地面积 2 786 295 平方米；③依托港口集团、天盛煤码头等，建设燃煤和矿产品物流区，用地面积 2 905 565 平方米。

功能定位：石化产业配套服务功能，为石油化工、煤盐磷化工、生物化工等产业及其下游产业提供原料、辅料及产成品的专业仓储、配送、运输及流通加工等物流配套服务；能源及粮油加工产业物流服务功能，包括为进口煤炭、粮食提供运输、仓储与分拨服务；商贸服务功能，为原材料及产品提供展示交易服务；信息服务功能，包括物流调度及相关的供求信息指导功能；公共服务功能，包括生活、办公及其他配套设施服务功能。

服务范围：国内辐射西南地区、中部地区及珠江三角洲地区；国外辐射东盟地区。

服务对象：西港区的石化产业、能源产业、粮油及食品加工产业、修船造船产业。

货物种类：相关产业的原料、燃料、半成品、成品等。运入产品包括煤、原盐、粮食、植物油、甲醇、木薯、硅块、甲醛等；运出产品包括烧碱、环氧树脂、溶剂油、丙烯酸酯、异丙醇、邻苯二甲酸二辛酯（DOP）/邻苯二甲酸二丁酯（DBP）、芳烃汽油等产品。

（2）保税港区。位于钦州港大榄坪，距钦州城区 30 千米，是获国务院批准成立，继上海洋山保税港区、天津东疆保税港区、大连大窑湾保税港区、海南洋浦保税港区、宁波梅山保税港区之后的全国第六个保税港区，是中国西部沿海唯一的和距东盟最近的保税港区，是中国-东盟自由贸易区面向国际开放的区域性国际航运中心、物流中心和出口加工基地。保税港区北侧紧邻金光工业园的启动区，东侧为钦港铁路新线，与规划建设的综合物流加工区相邻。保税港区用地面积为 10 平方千米，主要由四个功能区组成：码头作业区、保税物流区、出口加工区、管理服务区。

功能定位：进出口货物及其他未办结海关手续货物存储功能；对所存货物进行流通性简单加工和增值服务功能；进出口贸易及转口贸易、国际采购、分销和配送、国际中转、检测、维修、商品展示功能；经海关批准的其他国际物流业务功能。

服务范围：辐射东南亚地区。

服务对象：保税港区相关产业。

货物种类：主要包括电气机械、精密机械、汽车及配件、特种钢材和有色金属、石油和化工产品、高档纸制品、食用油及农产品、家具木材和日用化工品（如农药、化肥、染料、清洁剂、食品添加剂等）。

（3）中港物流区。位于钦州港大榄坪港区，广西滨海公路以南、大榄坪二号路以东、鹿耳环江以西、钦州保税港区以北和以东区域。中港物流区近期选址以钦州港综合物流加工区为主，远期选址扩至滨海公路以南、第七大街以北的区域。中港物流区用地面积 18 平方千米，主要由三个功能区组成：物流加工区、综合物流区、仓储物流区。

功能定位：产业配套服务功能，为中港区的造纸等产业提供运输、仓储、包装、中转、配送、流通加工、装卸搬运及信息管理等相关物流配套服务；商贸物流功能，为工业品原材料和产成品提供展示、交易、结算及信息服务功能；集装箱运输配套服务功能，为集装箱运输提供装卸、拆拼箱、包装加工、货物多式联运、国际贸易与航运服务。

服务范围：国内包括钦州市及周边县市、西南地区、中南地区及珠江三角洲地区，国际上主要为东盟国家。

服务对象：为中港区造纸产业及工业品原材料和产成品交易服务。

货物种类：主要包括干散货（矿石）、液体危险品（原油、液化气、油品）及杂货。

2）黎合江商贸物流园区

黎合江商贸物流园位于金海湾东大街、钦陆一级公路和 325 国道交汇处东南的大田工业园内，进港铁路与南北高速交汇的东北侧。黎合江商贸物流园区用地面积为 2 087 406 平方米，主要由物流仓储区、城市配送区、商贸物流区、流通加工区和公共服务区五个功能区组成。

功能定位：商贸服务的功能，包括现货即期、中远期电子交易及结算、信息、融资、物流、商品展示和国际采购等全程式配套服务功能；城市物流服务功能，包括为市区及临近区域零售网点、超市卖场提供采购、分拨、配送服务，为流转货物提供公共仓储、配送及流通加工等物流配套服务；增值性加工功能，根据工业生产和商贸交易的需求对货物进行简单的流通加工和增值性服务；公共服务功能，生活、办公及其他配套设施功能。

服务范围：对内辐射钦州市域、周边市县及西南、中南、珠江三角洲地区，对外辐射东盟地区。

服务对象：为黎合江工业园内的汽配交易、五金建材、工艺品及小商品市场提供仓储、运输、配送流通加工等物流配套服务。

货物种类：五金建材、汽车整车配件、工艺品及小商品。

3）皇马综合物流园区

皇马综合物流园位于钦北区大垌镇皇马工业区内，紧邻皇马工业区铁路编组站和南北二级公路，规划的久隆至大寺四联高速公路从北侧经过。钦州湾大道与钦防铁路交会处的粮食储备库及市郊的木材交易市场在物流园区南部约 2 千米处。皇马综合物流园用地面积 1 444 638 平方米，主要由商贸物流区、流通加工区、物流配送区、物流仓储区和公共服务区五个功能区组成。

功能定位：涉农产品物流服务功能，包括农副产品、林木产品及农资农机产品的运输、仓储、配送及畜禽产品的流通加工等功能；产业配套服务功能，为综合性资源产业（包括矿产深加工、石油化工及下游的精细化工产业）、新型建材产业（依托本地区石膏矿、陶土资源优势，重点开发新型干法水泥、石膏装饰）、工艺品（包括陶瓷、木器制作及芒编等工艺）提供配套物流服务；商贸物流服务功能，包括农副产品、粮油产品、林木产品、农资农机产品、建材、工艺编织的展示和交易功能；部分生活配套服务功能；公共服务功能，包括生活、办公及其他配套设施服务功能。

服务范围：辐射钦州市及周边县市，西南、中南、珠江三角洲及东南亚地区，并依托"万村千乡市场工程""新网工程"，构筑农产品物流配送体系。

服务对象：主要为钦州市及市域范围内的涉农产业提供相关的物流支撑服务。

货物种类：农副产品、粮油产品、畜禽产品、农资（化肥、种子、农药等）、农机产品、林木产品。

同时，还在市郊及各县区规划布局一批物流中心和配送中心，作为大型物流园区的辅助和支撑。

3.2.3.5 大城建

1）滨海新城

滨海新城建设关系到钦州在北部湾经济区乃至中国沿海地区的发展地位。其三大定位是：北部湾沿海生产性服务中心；提供区域性文化、体育、技术培训等公共服务的中心；滨海宜居新城。"十三五"期间，重点开发白石湖中央商务区、沙井岛休闲旅游及创意研发区、茶山江科教产业园、辣椒槌生态宜居区四大功能片区，建设滨海休闲、健康养生、海上运动、科教等功能性项目，打造中国最美内海新城，使之成为现代生态滨海城市的核心区。预计到 2020 年，建成区面积 15 平方公里，吸纳人口 15 万左右，初步建成具有现代化特征和综合功能的城市新组团。

2）主城区

属钦州市的行政、文化、商业中心，临港产业配套工业、加工制造业基地。"十三五"期间，主城区将突出"一江两岸"空间布局，坚持新区开发和旧城改造并举，河东片区围绕形成充满活力的现代化城市新区，提升居住、商业服务、文化教育、医疗卫生等公共服务功能；河西片区重点推进旧城区保护与开发利用、城中村改造，凸显海上丝绸之路古城特色，提升城市软实力。预计到 2020 年，主城区人口将达到 50 万左右。

3）钦州港区

西港区以石化产业区为主，中港区主要为港口码头、临港工业及保税物流、贸易加工区和配套居住服务区，鹿耳环江东侧建设有三娘湾配套，为港区工业提供部分配套居住生活服务。"十三五"期间，按照港产城一体化的要求，重点建设钦州港行政商务中心，主要为临港产业、港航物流等提供综合性城市服务。预计到 2020 年，钦州港区人口将达到 18 万左右。

4）中马产业新城

"十三五"期间，按照产城融合的理念，建成金海湾东大街东延长线、北部湾大道东延长线及产业园区快速路网、地下综合管廊等项目,实现产业链与服务链、生活链融合互动,打造国际化特色城市新区。预计到 2020 年,中马产业新城人口将达到 5 万左右。

3.2.3.6 大旅游

以江海湖岛、自然山林、英雄文化和陶艺文化为特色,以海洋生态旅游、滨海休闲度假、山林养生旅游、民俗文化体验为主要功能的国际旅游目的地和泛北部湾重要滨海旅游集散中心。用"特色"创名牌吸引游客。突出钦州市的岭南风格和东南亚风情,将钦州建成特色鲜明、设施完善、服务一流的宜商宜居滨海旅游城市和旅游集散中心,建成国际滨海旅游名城。2016 年,旅游人数 1807.4 万人次,旅游总收入 173.6 亿元。

加强旅游品牌建设,重点构建山城、港湾、江海、湖岛旅游发展带,依托茅尾海国家海洋公园、中华白海豚之乡、千年古陶都三大品牌,突出海洋文化、历史文化、生态文化、民俗文化和东盟异域文化五大文化,加快建设钦州城市休闲历史文化体验旅游片区、茅尾海国际海上运动休闲度假旅游片区、三娘湾国际滨海生态休闲度假旅游片区、沙井岛东盟风情娱乐休闲旅游区、钦北山地森林生态休闲度假旅游片区、灵山乡村休闲民俗文化体验旅游片区、浦北山林湖泊生态休闲度假旅游片区七大片区,形成"一核一带两极五特七区"的旅游发展格局。

依托茅尾海、七十二泾、三娘湾、八寨沟、刘永福和冯子材故居、五皇山、六峰山、大芦村等打造一批旅游精品项目,进一步完善旅游基础设施和功能配套。建设扶持一批竞争力强的旅游企业。加强北部湾区域旅游合作,主动参与环北部湾大旅游圈建设,开辟跨区域旅游线路,促进区域旅游联动发展。加快旅游业国际化进程,加强与国际旅游机构特别是大型连锁企业的合作,提升钦州市旅游业经营和服务水平。加大旅游宣传推介和特色旅游商品研发力度,扩大钦州旅游城市知名度。

3.2.3.7 大招商

一是加大招商引资力度。以园区为载体,以项目为中心,引进一批有实力的国内外投资主体和战略投资者,开发优势资源,完善基础设施,发展临港工业、加工制造业和服务业,收购重组国有集体企业。在重点向沿海发达地区和东盟国家招商的同时,加强对世界 500 强和国内其他大企业的招商。积极利用国际金融组织和外国政府等国外优惠贷款。二是凸显特色优势资源。依托钦州市区位资源优势,在传统产业的基础上,积极发展特色产业集群。三是加强区域合作。加强与东盟国家的经贸合作与交流,积极参与推进北部湾经济区开放开发。积极参与泛珠三角经济区域合作，主动承接发达地区的产业转移。继续加强与西南地区及周边城市的联合与合作，共同推进西南出海通道和通往东盟的国际大通道建设。四是营造良好的投资环境。加强基础设施建设，制定和完善相关政策措施，健全投资服务体系，改善人居条件，营造亲商、安商、富商、便商的投资创业环境。

3.3 钦州社会发展、经济发展及资源环境保护

3.3.1 钦州社会在广义生态系统下的进步

3.3.1.1 优化中心城市布局

按照"东进南拓，向海发展"的城市发展方向，以滨海新城建设为龙头，主动对接南宁，基本形成滨海新城、主城区、港区、三娘湾旅游度假区"一城三区"的城市组团格局，将钦州市打造为具有岭南风格、滨海风光、东南亚风情的宜商宜居海湾新城。"十二五"期末，中心城市建成区面积 90 平方千米，人口 70 万。

1）滨海新城

大力实施滨海新城开发工程，坚持规划设计先行、基础设施先行、功能项目先行、生态环保先行、拆迁安置先行，重点开发建设 45 平方千米的白石湖中央商务区、沙井岛休闲旅游和创意研发区、辣椒槌生态居住区，努力建设成为宜商宜居海湾新城的核心区，成为北部湾生产性服务中心，成为推窗见海、出门见湖、山青岸绿、低碳环保、宜商宜居的美丽之城、生态之城、动感之城、幸福之城。"十二五"期末，滨海新城建成区面积 8 平方千米，人口 5 万。

（1）白石湖中央商务区：①路网，包括滨湖路、平山大街、望州路、嘉禾街、嘉兴街、滨江路、安州大道白石湖段、吉安路、祥安路、菩提路等；②公共服务项目，包括白石湖公园、齐白石文化广场、文化科技活动中心、北部湾国际人才创业基地、北部湾医疗服务中心、外国语学校、实验小学分校、安置小区等；③商贸服务项目，包括北部湾国际大酒店、五洲大厦、高投大厦、金融街、北美商贸会展中心等。

打造集商贸、金融、信息、商务办公、生态旅游于一体的北部湾经济区企业发展总部基地和临海工业配套基地。"十二五"期间，重点开发建设 6 平方千米的启动区，基本建成平山大街等 10 条主干道路，推进钦江整治、新城景观水系、白石湖公园等公共服务项目及北部湾国际大酒店、金融街等商贸服务项目建设。

2015年，建成区面积3平方千米，人口3万。

（2）沙井岛滨海旅游及创意研发区：①路网，包括新城大街、犁头咀大街、中央大道、安州大道沙井岛段、3号路、环岛路等；②公共服务项目，包括沙井岛安置小区、海洋学院、北部湾培训中心、广西北部湾博物馆（广西百年军事要塞遗址博物馆）、邮轮码头、红树林生态湿地公园、文化主题公园、沙井岛滨海浴场等；③商贸服务项目，包括奥特莱斯购物城、钻石海岸国际海鲜城、星级酒店群等。

打造集东南亚风情体验、滨海休闲度假、高端居住、海洋运动和特色购物五大功能为一体的特色功能区。"十二五"期间，重点开发建设9平方千米启动区，基本建成新城大街等6条主干道路；建设邮轮码头等公共服务项目，推进奥特莱斯购物城等商贸服务项目。2015年，建成区面积2平方千米，人口1万。

（3）辣椒槌生态居住区：①路网，包括龙海路（国际标准环海自行车赛道）、百川路等；②公共服务项目，包括茅尾海整治一期工程、茂盛安置小区、东盟生态园、海上体育运动公园；③商贸项目，包括国际会议中心、五星级皇冠假日酒店、海员俱乐部等。

打造集体育运动、生态居住、养生度假等功能于一体的滨海型宜居城市示范区。"十二五"期间，重点开发建设5平方千米启动区，建成龙海路（国际标准环海自行车赛道）等主干道路，建设茅尾海整治一期工程、国际会议中心、五星级皇冠假日酒店等功能性项目。2015年，启动区建成面积为3平方千米，人口为1万。

2）主城区

主城区是钦州市的政治、文化、商业中心。加强主城区市政设施建设，形成以"一江两岸"为轴心、城市综合服务功能完善的核心城区。加快开发河东新区，完善城市功能，提升城市品质。优化完善河西区布局，稳步推进旧城区和城中村改造。"十二五"期末，主城区建成区面积为50平方千米，人口超过50万。

城市道路基本建成"一环六横六纵七通道"为核心的城市道路网络。建成城市环路、北部湾大道、扬帆大道、蓬莱大道、乘风大道、子材大街、南珠大街等主干道路，加快建设"一江两岸"景观工程，建成子材大桥、环城北路大桥、环城南路大桥三座桥梁。完善城南、城北客运站建设，扩建东、西火车站。到"十二五"末，主城区新增城市道路110千米。

场馆、宾馆建设方面：建设一批城市公共场馆、高档星级酒店、高级会所、雕塑等标志性设施，初步展现了北部湾畔滨海大城市形象，提升了城市品位。重点建设完善市体育场、体育馆、游泳馆、跳水馆、综合训练馆、射击馆六大场馆，建成北部湾国际大酒店、蓬莱大酒店等一批星级酒店，更新提升一批宾馆酒店。"十二五"期间，新增五星级酒店 7 家，四星级酒店 15 家，三星级酒店 21 家，分别共计达 8 家、15 家、40 家。推进商业网点、娱乐设施建设。深入挖掘岭南风格元素，重点保护利用好历史文化遗产，进一步发挥商业、文化和旅游价值。

3）钦州港区

钦州港区是广西重要的临海工业区，承担发展临港工业、物流、港口作业、贸易加工和配套居住服务等多项功能。重点加快钦州港行政商务中心、配套生活服务区和航运服务集聚区规划建设，建成钦州港工业园区快速环道、龙径大道、石化大道等港区主干道路及行政商务中心 12 条市政路网；完成学校、医院的搬迁，建成大榄坪公园等工程。"十二五"期末，钦州港区建成区面积 32 平方千米，人口达 12 万。

围绕"海豚乡、爱情湾、健康城"三大主题，规划布局三娘湾爱情文化区、海豚乡教育科研展示区、海港风情体验区、月亮湾休闲度假区、麻兰岛海员之家五个功能区。"十二五"重点开发建设三娘湾爱情文化区、海豚乡教育科研展示区、月亮湾休闲度假区三个区，主要建设度假区道路、宾馆等基础设施和旅游服务设施，建成五星级酒店、高端住宅区、海豚展览表演馆、健康养生会所、休闲度假村、国际论坛会议会展中心、海洋生态研究中心等一批标志性、功能性项目。

3.3.1.2 实施"园林生活十年计划"生态工程

深入实施"园林生活十年计划"，全面推进一批生态保护区、一批城市公园、一批林荫小道、一批街头绿园、一批园林式单位等"五个一批"工程建设，创造优美、舒适、健康、和谐的生活居住环境，加快提升城市品位，提高城市综合竞争力。"十二五"末，中心城区绿地率为 35%以上，绿化覆盖率为 40%以上，人均公园绿地面积达 9 平方米以上，实现创建国家园林城市目标，为创建国家生态园林城市打下坚实基础。

一批生态保护区：大马鞍水库生态保护区、弯弯岭水库生态保护区、马头岭水库生态保护区、田寮水库生态保护区、垤龙江水库生态保护区、金窝水库生态保护区、三十六曲林场生态保护区、钦廉农场生态保护区、茅尾海红树林生态保护区、大番坡生态保护区十个保护区。

一批城市公园：林湖森林公园、行政中心北面公园、子材公园、体育公园、大榄坪公园、白石湖公园、平山岛生态公园、茅尾海滨海生态公园、东盟生态园，一江两岸示范项目（永福大桥至子材大桥段河滩公园）。

一批林荫大道：金海湾大街、南珠东大街、蓬莱大道、子材东大街、鸿亭街、扬帆大道、兴桂路、富民路、北部湾大道北延长线、乘风大道等一批城市道路的林荫大道绿化,实施城市干道"增花添彩"专项工程。

一批街头绿园:南珠东大街与海关路交会处绿地、钦江大桥桥头绿地、新华路两侧绿地、银河五巷旁绿地等城区街头绿园。

一批园林式单位:绿化一批单位庭院,创建一批园林式单位(小区)。

3.3.1.3 完善中心城市公共服务设施

按照完善设施、构建网络、健全体系、发挥能力的要求,加快城市给排水、供气、供电、通信等基础设施,以及公交、环卫、绿化、停车场等公用设施,全面提升城市功能,提高城市承载力。

1)城市供水

建成城区第二水源、城区饮用水源保护工程,全面解决城区饮水安全问题。完成钦州市第一水厂、第二水厂、第三水厂扩建。预计到 2020 年,城市自来水普及率达到 95%以上,中心城区供水能力达到 50 万吨/日。

2)供气

推进"县县通"天然气工程,重点加快滨海新城、钦州港区、中马钦州产业园区供气管网工程建设。加快完善管道燃气工程,完善城市天然气管网,形成满足城市发展需求的管道燃气网络。大力发展工业及第三产业用气,在主城区规划建设 1～2 座压缩天然气汽车加气站,为新能源汽车提供燃料保障。加快重点县镇管网供气工程建设。预计到 2020 年,城市燃气供气能力达到 100 万立方米/日,主城区燃气普及率达到 95%以上。

3)污水垃圾设施

继续完善大榄坪、河东等污水处理厂配套污水管网工程。加强旧城区雨污分流改造和污水截流改造。完成缸瓦窑沟、沙江沟等水系建设。开展城区黑臭水体综合整治。建成投入使用钦州市城市生活垃圾焚烧发电厂,实现生活垃圾无害化、减量化处理。预计到 2020 年,中心城区生活污水集中处理率达到 95%以上,生活垃圾处理率达到 100%。

4)公共交通

实施公共交通优先发展战略,提高居民搭乘公交出行的比重。发展城市智能交通,加强城市公共交通规划组织。加密主城区至滨海新城、钦州港区、中马钦州产业园区、三娘湾旅游度假区等城市组团的城市快速公交,提升组团间公交客运联系能力。优化公交布局,建设公交站场,新增公交线路 20 条以上,扩大公交线路覆盖区域。预计到 2020 年,常规公交线路达到 40 条,线路总长 640 千米,公交车辆拥有标台数达到 600 标台以上。

路网：城市环路（环城东路、环城路北段、环城南路、环城西路南段）、子材大桥、环城北路大桥、环城南路大桥、北部湾大道、扬帆大道南延长线、子材东大街、南珠东大街、平山大街、海天大街、北部湾大道北段、乘风大道南段、嘉禾路、新城大街、沙坡林大街；犁头咀大街、中央大道、滨海大道、灵山县荔香大道及配套路网工程、浦北县县城路网工程等。

5）供电

加强城市配电网建设和改造，扩建久隆 500 千伏变电站，建成大榄坪、大石古、百浪、大窝口、峒村、傍浦等六个 220 千伏变电站及江东、金海、公园、沙井港、勒沟、三墩、禾木、金鼓、龙耳潭、大直、那丽、石塘、沙坪、沙路、伯劳、檀圩、张黄等 17 个 110 千伏变电站。建设中心城区 10 千伏及以下的配电网工程及城市配电网自动化工程，保障钦州中心城区用电负荷，提升城市供电可靠性和供电能力。

6）通信

推动数字钦州建设。新建中国电信管孔 264 千米、城市通信光缆 200 千米、无线基站 1000 个。建成中国移动北部湾信息处理中心，新建移动全球移动通信系统（GSM）、时分同步码分多址（TD-SCDMA）和分时长期演进（TD-LTE）两网基站 1200 个，光缆线路 1200 千米，管道 150 千米，推进分时长期演进（TD-LTE）与无线局域网（WLAN）建设，打造中国移动北部湾物联网，建设数码信息港。建设中国联通广西国际海底光缆登陆站，新增中国联通无线容量 100万户、8.6 万部固定电话。

7）街道公用设施

建设一批公共停车场、公厕、指路牌、地图牌、电子信息发布牌、阅报栏、座椅和垃圾桶等公共服务设施。

场馆：市体育中心、广西北部湾博物馆、市文化科技活动中心、市图书馆等。

3.3.1.4 加强县城和重点镇建设

完成城乡规划编制工作，加强县城和重点镇建设，努力构建"中心集聚、轴线拓展"开放式的城镇组织体系，形成钦州都市发展区、南北城镇发展轴、灵山城镇发展轴、浦北城镇发展轴"一区三轴"的城镇空间格局。

1）县城建设

加强灵山县城、浦北县城建设，增强辐射带动县域经济发展的能力。

（1）灵山县城。按中等城市建设，实施"西进南拓、兼顾东北、重点向西"发展战略，加快十里工业园区、聚龙湾新区、长岗岭新区、城北大道片区、东边塘新区、官屯新区、梓崇新区、新行政中心片区等八区开发建设，努力把灵山县城打造成桂东南商贸中心。到 2015 年，县城建成区面积 25 平方千米，常住人口25 万。

（2）浦北县城。按小城市建设，继续实施"东进、西扩、南优、北拓"发展战略，重点推进城中新区、金浦新区、和谐新区、希望新区等新区建设，努力把浦北县城打造成宜居宜业的生态文明城市。

2）重点镇建设

支持在资源开发、旅游度假、加工制造、商贸流通等方面特色突出的小城镇加快发展。重点建设犀牛脚、康熙岭、尖山、大番坡、沙埠、小董、大寺、大垌、那蒙、陆屋、武利、檀圩、沙坪、石塘、张黄、泉水、寨圩等 17 个重点镇，形成三个发展轴。

（1）南北城镇发展轴。依托南北高速、六景高速、325 国道和南钦铁路等重要交通干线，以规划建设南间经济区为纽带，依托一府（南宁）三港（钦、北、防三市港口），发展与首府南宁市产业辐射及北部湾临海工业相关联的上下游配套产业，逐步由南向北带动沿线大寺、大垌、那蒙、黄屋屯、康熙岭等城镇发展，形成拓展功能区域，建设南宁－钦州经济走廊。

（2）灵山城镇发展轴。依托钦州至灵山的一级公路，形成市主城区－陆屋－灵山县城－石塘－寨圩的发展轴，形成区域经济的横向联系和功能拓展。带动和引导沿线久隆、陆屋、那隆、檀圩、灵城、石塘、寨圩等城镇的发展。

（3）浦北城镇发展轴。依托贵港至合浦高速公路等干线，形成寨圩－浦北县城－泉水发展轴，重点加强与粤港澳区域经济协作和北海铁山港的产业互补发展。

加快完善重点镇供水、排水、道路等基础设施，建设陆屋、寨圩、张黄 3 个镇级垃圾填埋场和 31 个镇级生活垃圾收运处理设施，提高城镇承载能力，促进人口向重点镇集聚。到 2015 年，重点镇建成区面积为 98 平方千米。

3）一般镇建设

组织开展城镇总体规划，加快建设城镇道路、供水、供电、文化、教育、卫生等设施，完善城镇功能，促进产业和人口集聚发展。

4）城乡统筹发展战略

（1）城乡统筹发展思路，以城带乡、以工补农，通过城镇和工业的集聚发展带动乡村地区劳动力转移和乡村地区的发展；统筹城乡空间布局，促进基础设施和公共服务向规划集中布局的乡村居民点和小城镇延伸，辐射带动乡村地区的发展；以乡促城，加快农业产业化、特色化步伐，促进资源整合和人口向城镇集中，协调解决城乡经济社会发展不平衡问题。

（2）城镇发展战略，加强区域城镇协调发展，以钦州港及相关产业的跨越式发展为引擎，强化钦州中心城市功能、优化空间结构；加快发展灵山和浦北县城，构筑县域综合性中心；积极发展基础较好、区位优越的重点镇，集聚发展工业，提升城镇功能；完善一般镇配套设施，服务周边农村。构建中心城市－县城－重点镇－一般镇的"中心集聚、轴线拓展"开放式的城镇组织体系。

实施"港口带动，区域统筹，强化中心，跨越发展"的城镇化发展战略，走资源节约、环境友好、城乡协调的新型城镇化道路。

城镇化水平目标：近期（2020 年）为 52%，中期（2025 年）为 60%。

城镇职能结构，规划的钦州市城镇职能结构分成四级，即中心城市－县城－重点镇－一般镇（含 4 个农场），城镇职能分为综合型、工业交通型、工贸型、旅游服务型和集贸型（表 3-1）。

表 3-1　城镇职能结构规划一览表（到 2025 年）

职能等级	职能类型		城镇名称
1	中心城市	综合型	中心城区
2	县城	综合型	灵山县城、浦北县城
3	重点镇	旅游服务型	犀牛脚镇
4	一般镇	工业交通型	大垌镇、大寺镇、那丽镇、寨圩镇、张黄镇
		工贸型	小董镇、陆屋镇、久隆镇、檀圩镇、那蒙镇
		旅游服务型	贵台镇、大直镇、板城镇、烟墩镇、龙门镇
		集贸型	其他城镇

5）城镇规模等级结构

规划形成以 1 个大城市（中心城市）、1 个中等城市（灵山县城）、8 个小城市（镇）、43 个乡镇和 4 个农场组成的市域城镇体系结构。

6）乡村发展战略

积极发展职业技能培训，促进农村剩余劳动力向城镇转移；整合乡村土地资源，促进乡村工业向工业园区集中、人口向城镇集中、居住向社区集中；提高乡村地区基础设施和公共设施建设标准，因地制宜，建设特色村庄。

3.3.1.5　城市建设与管理

围绕创建国家文明城市、园林城市和卫生城市的目标，不断增强管理现代化城市的能力，全面提高城市管理水平，逐步形成体制顺畅、职责明晰、机制灵活、法制完善、运行高效的现代化和谐城市管理体系。

1）深化城市管理体制改革

坚持属地管理和责权对应原则，理顺市本级与城区之间的管理层级责任关系，建立以市级决策、综合协调与监管职能为核心，区级属地管理、专业部门职能履行为重点，街道操作执行为基础，横向到边、纵向到底、分工明确、责任具体的城市管理三级责任机制。"十二五"期末，基本完成向城区下放涉及具体行政行为的城市管理事项。

2）创新城市管理模式

推进"数字城管"城市管理信息化建设，建成城市应急指挥中心，建立数字化城市综合管理模式与指挥系统，形成覆盖全市、资源共享，管理对象、管理过程和管理评价体系数字化的城市管理智能网络平台。积极推进城市维护作业物业化、公司化，降低成本，提高效率，逐步形成"政府主导、政企（事）分开、管养分离、企业经营、市场运作"的城市管理新机制。严格查处和控制违法建设，按照"分区负责、分片包干"原则，实现市区联动，逐步建立起城乡一体化的违法建设巡查监控制度和责任制度，全面构筑查处和控制违法建设的牢固防线。

3）加强基础设施养护管理

加强市政道路、园林绿化、路灯、燃气、给排水、照明设施的养护和维修，实现精细化管理，保障基础设施功能完整性，提高管理水平。改善市政基础设施养护维修设备，逐步实现机械化作业。完善城乡垃圾收运与无害化处理系统，重点推进市城市生活垃圾焚烧发电项目和城市生活垃圾收运系统项目建设，加强城市环境建设。

4）深化拓展"城乡清洁工程"

建立健全治理"脏乱差"、塑造"洁齐美"的城乡清洁工程长效管理机制。结合统筹城乡发展、城乡风貌改造、新农村与"千村百镇"建设规划，将"城乡清洁工程"向乡镇、城中村、城乡接合部、农村推进、拓展和延伸，逐步建立健全"城乡清洁工程"组织领导机制、经费投入机制、激励约束机制、监督管理机制、宣传教育机制、工作协作机制、便民利民工作机制、城市管理体制机制和农村卫生保洁机制，实现"城乡清洁工程"管理工作的规范化、制度化。

3.3.2 钦州经济在广义生态系统下的发展

加快壮大临海重化工业，大力发展高新技术产业和战略性新兴产业，提升发展传统产业，推动产业结构调整和优化升级，构建技术先进、清洁安全、附加值高、吸纳就业能力强的现代产业体系。

3.3.2.1 深入实施"千百亿产业崛起工程"

深入实施"千百亿产业崛起工程"，加快发展石化、林浆纸、电子、能源、冶金和粮油食品产业，积极培育汽车、装备制造业和修造船业，促进产业集群发展，迅速做大产业规模，提升产业竞争力。2020年，全市规模以上工业总产值比2010年翻三番，力争突破4000亿元，临港工业占全市规模以上工业总产值比值达60%以上，服务业比重提高到40%。

1）石化产业

按照建设炼化一体化石化基地的要求，加强石化产业园五个"一体化"建设，以中石油炼油厂原料和外来石化原料并举，重点发展芳烃及深加工、丙烯、苯乙烯等石化产业链，加快发展氯碱等无机化工和新型材料产业、非粮生物质新能源产业，提升延伸磷化工产业，形成以石油化工、无机化工、新型材料及精细化学品、生物化工等为特色的产业链和产业集群。建成中国石油天然气集团有限公司广西石化分公司（以下简称中石油）一期含硫原油加工装置、大型原油储备库、广西玉柴石油化工有限公司（以下简称玉柴石化）二期、广西中海洋改性沥青有限公司钦州沥青联合装置（以下简称中海洋）、中亚石化科技有限公司（以下简称中亚石化）及配套公用工程等项目，争取建设中石油第二个1000万吨炼厂、100万吨PX项目、100万吨成品油储备库、石化物流交易中心等项目，引进并建成一批台湾地区石化产业项目；完成100万吨乙烯项目前期工作，力争开工建设；完善国家石油化工品检测重点实验室等配套设施建设。到2020年，石化产业产值突破1200亿元，力争成为国家级石化产业基地。

石化产业重点工程：中石油一期含硫原油加工配套装置、中石油二期炼油、大型原油储备库、100万吨乙烯、100万吨PX项目、中亚石化、玉柴石化二期、中海洋沥青、100万吨成品油储备库等。

2）林浆纸产业

依托金桂林浆纸一体化工程，加快林浆纸产业园建设，重点发展以包装纸、新闻纸、印刷纸、工业用纸、特种纸及粘胶纤维为特色的下游产业。竣工金桂林浆纸一体化工程一期造纸项目，开工建设二期项目。建成广西粘胶纤维生产基地，打造造纸产业集群。2020年，林浆纸产业产值达到100亿元。

林浆纸产业重点工程：金桂林浆纸一体化工程一期、二期，粘胶纤维项目。

3）电子产业

加快打造以河东电子产业园为基础的省级高新技术开发区，启动国家级高新技术开发区申报工作。积极承接国际及东部沿海地区电子产业转移，建成清华同方、唯万电子等项目，培育壮大宇欣电子、福晟电子等企业，促进产业集聚。重点发展计算机、遥控器、手机、新型平板显示器制造。2020年，电子信息产业产值达到300亿元，并致力于将其培育成千亿元产业。

电子产业重点工程：清华同方、宇欣电子、唯万电子、福晟电子等。

4）能源产业

实施"煤电港运"一体化发展战略，加快建成国投钦州发电有限公司（以下简称国投）燃煤电厂二期、石化产业园热电联供工程，加快提升电力供应保障能力。争取开工建设国投燃煤电厂三期，推进中石油 300 万吨液化天然气（LNG）项目、国投大型煤炭储运基地、大型原油储备库等项目建设，初步建成国家重要的能源安全保障基地。2015 年，能源产业实现产值 110 亿元以上。

能源产业重点工程：燃煤电厂二期、燃煤电厂三期、热电联供工程、大型 LNG 项目、大型煤炭储运基地、大型原油储备库等。

5）冶金产业

加快进口资源加工区开发建设，整合提升冶金产业，着力推动镍加工行业重点往不锈钢及下游产业链方向发展，加快新品开发，降低产品综合能耗，提高产品附加值。建成西南地区重要进口资源加工基地和循环经济示范基地。

冶金产业重点工程：进口资源加工区，恒新镍铁、锐丰钒钛铁、祥云飞龙二期、新合力二期、安盛冶金等。

6）粮油食品产业

优化提升粮油食品加工业，整合油脂加工企业，丰富产品种类，延长产业链。建成中粮 120 万吨大豆加工、汇海 100 万吨大豆加工项目，钦州港形成 370 万吨以上的大豆加工能力，成为西南地区重要的油脂加工基地。整合改造制糖行业，提高产业集中度，做强制糖行业。加快农产品加工业技术改造，支持水牛奶、香蕉、大蚝、荔枝等深加工。2020 年，粮油食品加工产业实现产值达到 500 亿元。

粮油食品产业重点工程：中粮 120 万吨大豆加工、汇海 100 万吨大豆加工等。

7）汽车和装备制造业

充分发挥区位优势、产业优势，以及保税港区、整车进口口岸等政策优势，大力发展工程机械、港作机械、海洋钻井平台和汽车制造及零部件产业，建成寰球胜科海洋工程、韩国斗山机械零配件基地等项目，争取开展国家进口汽车再制造中心试点，完善汽车及零配件生产基地配套基础设施，力争把汽车和装备制造业培育成千亿元产业。

汽车和装备制造业重点工程：汽车及零部件生产基地，国家进口汽车再制造中心试点，斗山机械、寰球胜科等。

8）修船造船产业

重点发展修造船、海洋工程及船舶配套产业，大力发展游艇制造和渔轮修造等产业，启动建设观音堂基地，建成 30 万吨级修船厂、10 万吨级船厂和 3 万吨级船厂、大型海洋工程等项目。

修船造船产业重点工程：30 万吨级修船厂、10 万吨级船厂和 3 万吨级船厂。

3.3.2.2　培育发展高新技术产业

实施高新产业培育工程，围绕增强发展后劲和抢占产业发展制高点，充分发挥后发优势，积极培育电子信息、新能源、新材料和生物等战略性新兴产业，形成新的经济增长点。引进和培育国家级研发平台、科技创新型企业，建立科技投融资体系，提高创业孵化能力，提高专利申报和拥有量。以河东电子工业园区为基础，规划建设高新技术产业园区，建成省级高新技术产业开发区并申报国家级高新技术产业开发区，成为北部湾经济区高技术产业带的重要组成部分。

1）电子信息产业

积极引进发展新型显示、高端电子元器件、汽车电子电器、数字音频产品等信息产品制造业，培育发展软件、游戏、动漫产业，发展软件外包等。加快推进三网融合，促进物联网、云计算的研发和示范应用。

2）新能源产业

积极发展生物质发电、风力发电、核电、海洋潮汐发电，加快太阳能热利用技术推广应用。2020 年，新能源产业产值预计达到 100 亿元。

3）新材料产业

重点发展新型化工材料、新型包装材料、光通信材料、电子与微电子材料、绿色建材与节能建材、纳米材料、服装纺织新材料、生物医用材料、海洋工程材料、新型工程塑料、新型陶瓷材料及新型金属材料（包括锰基、镍基、钴材料）等。2020 年，新材料产业产值将达到 100 亿元。

4）生物产业

充分利用植物、动物、微生物资源，积极发展生物制药、生物健康食品，加快发展生物育种产业，推进海洋生物技术及产品的研发和产业化。2020 年，生物医药产业产值达到 100 亿元。

3.3.2.3 积极实施县域工业突破工程

以发展县域特色产业为工作重点，以招商引资为突破口，实施亿元企业培育计划，推动县域工业规模化、品牌化发展，打造一批特色产业园区和县域块状经济带，迅速扩大县域工业总量。到 2015 年，县域工业总产值为 900 亿元，其中规模以上工业产值达 700 亿元以上。

1）特色园区

加快发展灵山工业区、浦北县城工业园、钦南金窝工业园等园区，建设灵山陆屋、浦北泉水、钦南那丽、钦北大寺等一批重点镇工业区，支持申报自治区级重点园区。大力承接产业转移，重点布局本地优势资源型、劳动密集型、进口资源加工型、临港配套型等产业。2020 年，县城工业总产值预计达到 1600 亿元以上，比 2015 年翻一番。加强镇工业区规划建设，突出地方特色，发挥比较优势，培植主导产业，努力打造一批工业发达、经济繁荣的"明星乡镇"。

特色园区：皇马工业区、浦北县城工业园、钦北皇马工业区、钦南金窝工业园区等特色产业园区。

2）特色产业集群

全面实施特色产业发展规划，培育发展一批具有地方特色的骨干企业和龙头企业，促进县域特色产业集群化发展。以市场为导向，企业为主体，支持引导企业技术改造，加快传统产业优化升级，提升产品的技术含量和附加值，不断提高传统产业竞争力。灵山县重点发展制糖、建材、制鞋、纺织、电子、林化、食品等产业，浦北县重点发展制药、建材、矿业、木材加工、编织等产业，钦南区重点发展制糖、冶金、建材、农业机械、化工、制革、坭兴陶、制药、食品、海洋生物、物流等产业，钦北区重点发展机械、制糖、冶金、建材、羽绒、食品加工、制药、物流、化工等产业。2015年，县域亿元以上企业数达到120家以上。

特色产业：制糖、建材、纺织、服装、制鞋、医药、坭兴陶、木材加工、烟花爆竹、化工、编织、食品等。

3.3.2.4 加快发展现代服务业

充分发挥现代服务业对各类产业的引领和带动作用，推动经济增长由主要依靠制造业带动向依靠先进制造业和现代服务业双轮驱动转变，促进服务业向各类产业融合渗透。实施东盟商贸物流基地工程，大力培育现代物流、金融、信息、商务服务等生产性服务业，积极发展商贸、房地产、旅游等生活性服务业，努力将钦州市打造成北部湾生产性服务中心。

1）生产性服务业

（1）物流业。围绕把钦州打造成为北部湾经济区现代物流中心、中国-东盟区域性国际物流枢纽，积极发展石化、能源、矿产品、粮油、汽车及农村物流等重点物流领域，加快全国流通领域现代物流示范城市建设。2015年，物流业增加值达到150亿元以上。

物流园区。重点开发建设18平方千米钦州港综合物流加工区、石化物流交易中心、黎合江物流园、丝茅坪物流中心、皇马物流园和灵山物流园、浦北物流中心等一批重点物流园区、物流中心。建设钦州港铁路集装箱办理站、国际海运陆运集装箱中转站、多功能国际货运站等物流节点的多式联运物流设施，大力发展海铁、公铁、水陆联运，积极发展集装箱物流。加快钦州港大型煤炭配送基地等物流项目建设，支持一批物流企业做大做强。加快发展第三方、第四方物流，培育发展一批服务水平高、有一定国际竞争力的大型现代物流企业集团。推进物流信息化建设，建设北部湾统一的航运和物流业务信息平台。

专业市场。推进内外贸一体化的专业市场规划建设，加快建设中国-东盟农产品大市场、中国-东盟国际商贸城、钦州国际汽车城等一批面向东盟的大型粮油、机电、建材、汽车、海产品专业市场，扩建提升北部湾建材城等一批区域性大型生产资料批发市场，积极培育发展面向国内外的大型批发企业集团，促进专业市场与物流的融合发展。

（2）金融业。规划建设白石湖中央商务区金融街，尽快形成金融集聚区。加快构建现代金融体系，积极引进国内外各类金融机构，大力发展银行、保险、证券、期货、信托等金融业。支持组建金融租赁公司、信托投资公司、财务公司。推进农村信用社逐步向农村商业银行过渡，探索组建市级农村合作（商业）银行。积极培育企业上市，发行企业债券和短期融资券、中期票据、中小企业集合票据。设立产业投资基金，开展项目融资和股权置换，探索建立银联体项目库和银团贷款机制，拓展投融资渠道，增强金融服务能力。加大金融电子化的推进力度，提高信用卡、网银、手机银行、电话银行、POS 消费等业务的覆盖率。开展金融制度创新、技术创新和产品创新，全面开展跨境贸易人民币结算，大力开展离岸金融业务和航运融资、航运保险业务，大力发展面向小型微型企业的融资服务；创新信贷产品和贷款模式，积极发展资产证券化、金融衍生品业务，探索不良资产处置新模式。加强社会信用体系建设，打造金融安全区，构建和谐的金融生态环境。

（3）信息业。构建覆盖城乡的信息基础设施网络，加强公用信息基础设施建设和无线通信基站等基础通信设施建设。加大信息资源整合力度，推进电信网、广电网、互联网互联互通和业务融合。推进社会服务信息化，建成面向党政机关和企业集团用户的视频会议系统，以及面向教育、医疗等机构的多媒体应用系统，促进信息服务硬件建设与软件建设相融合。加快建设电子政务网络和基础数据库，整合提升政府公共服务能力和管理能力。加强公共信息资源的开发和利用。加快行业信息化应用，建设包括商务投资、金融、港口航运、产品质量检验检疫、旅游、劳动力、科技、文化、档案等综合性、专业性信息在内的中国-东盟区域性国际信息交流服务中心。加强市域宽带媒体信息网络建设和港口贸易信息资源的开发利用。加大对电子商务基础性和关键性领域研究开发的支持力度，完善数字认证、在线支付、物流配送等支撑和配套体系，构建电子商务平台。

（4）商务服务业。加快建设与港口城市相适应的国际港口航运综合服务中心，建设规模适当的商务服务区，支持引导船舶代理、货运代理及科技中介服务业快速有序发展。规划建设滨海新城商务中心，重点发展为临港大工业配套的研发、商务服务。规划建设区域性公共服务中心，适当布局大型会展、文化、体育设施，服务北部湾沿海地区发展。积极发展会展业，加强会展服务设施和场馆建设，密切与全国行业协会、国际会展机构的交流合作，积极承办具有地方特色的常设性会展。积极培育发展会计税务、广告设计、法律仲裁、咨询评估、代理经纪等各类中介服务业。依托重大项目建设，引进、培育壮大科技、工程、管理等领域的咨询服务机构。

2）生活性服务业

（1）商贸业。优化商业网点结构和布局，推进中心商业区、特色商业街等商贸网络体系建设。改造提升人民路金湾片区、钦州湾广场核心商业中心，加快培育白石湖片区、沙井片区、东站区、钦州港区等片区商业中心。发展购物中心、连锁经营、物流配送、电子商务、物流快递等现代商贸流通方式。建成奥特莱斯购物中心、金湾商业步行街、青城中央商业广场、年年丰购物广场等一批商业设施。建设一批中小超市、便利店等社区商业服务网点，满足市民生活需要。提升住宿餐饮业水平。建设钦州湾大道家居专业街、永福西大街餐饮美食街、人民路精品专卖街、白水塘花鸟古玩街、鸿发名龟街、沙井岛海鲜美食街六个商业特色街，以及千年古陶城、钦江两岸滨水休闲街区、中山路骑楼文化休闲街区三个特色街区。在灵山县城、浦北县城建设不同档次和主题的县区级商业中心。积极发展农村商贸业，形成以县城为中心、乡镇和村组结合的商品流通网络体系。积极推进粮食储备库等仓储设施建设。

（2）房地产业。强化政府责任，继续实施保障性安居工程，逐步扩大覆盖范围。对城镇低收入住房困难家庭，实行廉租住房制度，政府提供基本住房保障。对中等偏下住房困难家庭，实行公共租赁住房等制度，政府给予适当支持。对中高收入家庭，实行租赁与购买商品住房相结合的制度。加强农村危房改造，积极推进经济适用房、廉租房、公共租赁住房、限价房建设。通过城市棚户区改造和新建、改建、政府购置等方式增加住房房源。大力发展公共租赁住房，增加保障性住房建设用地规模，加大财政投入，引导社会资金参与保障性住房建设运营。加强保障性住房管理，健全准入和退出机制。

（3）社区服务业。逐步构建县区、街道（乡镇）、社区三级设施配套、功能完善的社区服务网络。建设一批社区服务中心，积极举办多种形式的社区服务，探索社区服务公司化运作模式，提高社会化物业管理等服务比重。推进社区商业"双进工程"，大力实施"万村千乡市场工程""双百市场工程"。完善社区服务功能，鼓励发展社区家政维修、健身养老、病患陪护、文化娱乐等服务。

3）旅游业

突出"江、海、湖、山、岛"特色资源和海洋、英雄、千年古陶等特色文化资源，构建滨海度假游、文化体验游、生态观光游、商务考察游、农业观光游、港口商贸游等特色旅游产品体系。重点将三娘湾打造成为以海豚文化为主题的国家旅游度假区、5A 级旅游景区，将茅尾海建设成为滨海体育运动基地和钦州国际游艇俱乐部，推进钦南区、灵山县、浦北县创建广西特色旅游名县，引导建设一批乡村休闲旅游项目，建设扶持一批竞争力强的旅游企业。加强北部湾区域旅游合作，主动参与环北部湾大旅游圈建设，开辟跨区域旅游线路，促进区域旅游联动发展。加快旅游业国际化进程，加强与国际旅游机构特别是大型连锁企业合作，提升旅游业经营和服务水平。加大旅游宣传推介和特色旅游产品研发力度，扩大钦州旅游城市知名度。2020 年，预计全市旅游总人数达到 3000 万人次，旅游总收入突破 300 亿元。

3.3.2.5　大力发展海洋经济

围绕打造全国海洋强市示范市，坚持陆海统筹，科学规划海洋经济发展，合理开发利用海洋资源，提高海洋开发和综合管理能力。加强海洋基础性、前瞻性、关键性技术研发，发展高效生态海水养殖、外海和远洋捕捞、海产品加工、沿海风力发电、海洋生物医药、海洋油气、海洋化工、港口物流、滨海旅游、修造船等产业。大力发展临港工业，促进产业集群发展。加强犀牛脚等重要渔港建设。加快推进沿海转产转业渔民、连家船渔民上岸定居及就业安置工作。建设人工鱼礁和海洋牧场，健全围填海管理制度，保护海岛、海岸带和海洋生态环境。实施海洋主体功能区规划。努力把钦州港经济技术开发区打造成西部地区海洋经济的先导区、示范区。2020 年，全市海洋经济生产总值力争达到 800 亿元。

3.3.2.6　加强重点园区建设

1）园区规划

按照功能划分明确、土地集约利用、设施共享的原则，高标准规划建设产业园区，把重点产业园区建设成为产业合作枢纽的主要载体。主城区重点规划建设高新技术开发区（含河东电子产业园）、进口资源加工区（含钦南、钦北片区）；钦州港区重点建设钦州保税港区、石化产业园、林浆纸产业园、综合物流加工区；创建循环经济产业园；规划建设灵山工业园区、浦北工业集中区等一批县区工业园区。在钦州港区与市区连接地带，规划建设湖南临港产业园、马来西亚产业园、韩国产业园、华侨工业园等，加快构建面向东盟的国际交流合作平台。规划建设钦（州）陆（屋）工业走廊。

2）园区基础设施

围绕提高园区综合承载力和竞争能力，全力推进重点产业园区和县区工业园区水、电、路、气、通信、标准厂房等基础设施建设，满足项目建设及进入的条件。完成石化产业园、综合物流加工区海域吹填。建成大榄坪污水处理厂、胜科污水处理厂、河东污水处理厂及相关配套污水管网。建成大榄坪水厂、第二水厂、进口资源加工区钦南片区供水工程及相关配套供水管网。建成钦州保税港区二期和三期、石化园区、综合物流加工区、进口资源加工区等路网。进一步完善园区供热、供电及通信等设施。

3.3.3　钦州资源环境在广义生态系统下的节约利用

围绕建设资源节约型和环境友好型社会，把推进工业化、城镇化与建设生态文明有机统一起来，加快转变经济发展方式，合理开发利用资源，大力发展绿色经济和循环经济，进一步强化节能减排，做到既要金山银山，也要绿水青山，巩固"大工业与白海豚同在"的品牌优势。

3.3.3.1　强化节能管理

合理控制能源消费总量，提高能源利用效率。加强固定资产投资项目节能评估和审查，实行高耗能行业差别电价制度。推进工业、建筑、交通运输、公共机构等领域一批重点节能工程建设，在石化产业园、进口资源加工区等推广热电联供和余热余压余气利用。鼓励和支持节能技术改造，推广节能产品。加快推行合同能源管理和电力需求侧管理，完善能效标识制度、节能产品认证制度和节能产品政府强制采购制度，严格执行主要产品能耗限额和产品效能标准。加强节能能力建设，完善节能管理支撑体系，推进节能服务产业发展。强化节能目标责任评价考核，严格实施节能法规和政策，健全奖惩制度。深入开展绿色建筑行动和节能减排全民行动。扩大节能宣传，增强全民节能意识。

3.3.3.2　加强生态建设

1）加强绿化建设

围绕建设国家级生态园林城市目标，扩大城市园林绿化面积，不断提高城市绿化率。以公路、铁路、河流等通道绿化及重点镇和乡村绿化为重点，扩大造林绿化，巩固退耕还林成果。实施经济生态林、沿海防护林、自然保护区等重点生态工程，增加活立木蓄积量和森林生态服务价值，增强固碳能力。2015年，森林覆盖率提高到55%，城市建成区绿化覆盖率达40%。

2）保护重要生态功能区

坚持以保护优先和自然恢复为主，加强重要生态功能区保护和管理，增强涵养水源、保持水土、防洪防潮的能力，促进生态平衡。2015年，生态保护区面积为 602.2 平方千米，占全市土地总面积的 5.57%。

（1）自然生态保护，重点保护钦北十万大山、红树林保护区等两个自治区级自然保护区，浦北县六万山水源林保护区、五皇山生态保护区等两个县级保护区。加强王岗山自然保护区的建设和保护。

（2）水源保护，重点保护钦江、茅岭江、大风江、小江、武思江，以及灵东水库、金窝水库、大马鞍水库、田寮水库、企山水库、对坎龙水库、涩龙江水库、牛皮鞡水库、南蛇水库、龙头水库等饮用水水源地。

（3）海洋生态保护，加强茅尾海整治，合理开发利用茅尾海海域资源，保护好茅尾海、三娘湾等重点海域，建设茅尾海国家海洋公园，保护和恢复沿海红树林和滨海湿地系统，保护好近江牡蛎、中华白海豚、红树林、海草等物种及特殊海洋生态景观、海洋生态系统。加强渔业资源的保护，继续实行伏季休渔制度。严格控制陆源污染物直接排放入海，加强港口和船舶油类污染的治理。加强倾废物海洋倾倒的管理，建立永久性海洋倾倒区。

3）生态保护重点工程

水源涵养与生物多样性保护工程：拟建十万大山和六万大山森林保护区、五皇山自然保护区等区域。

茅尾海生物多样性保护工程：主要包括康熙岭片、七十二泾片和大风江片等红树林。

沿海防护林体系建设工程：保护巩固 36.6 平方千米红树林，更新改造木麻黄沿海基干林带。

城市生态保护小区和森林公园建设工程：包括茅尾海国家海洋公园、三十六曲林场生态保护区、钦廉林场生态保护区、茅尾海红树林生态保护区、林湖森林公园。

4）防治水土流失

依法整治矿山、采沙场，严格开发建设项目水土保持方案审批制度和"三同时"制度，修复已损坏植被，控制水土流失，遏制矿山、采沙开发对江河流域的污染。加强重大地质灾害隐患的治理和修复。

3.3.3.3 加强环境保护

坚持以预防为主、源头控制、综合整治、强化监管的原则，积极防范环境风险，改善环境质量，促进人与自然和谐相处。

1）工业污染防治

落实减排目标责任制，强化污染物减排，实行对主要污染物排放总量的控制。严格把好建设项目环境准入关，逐步淘汰污染严重的工业企业及落后的工艺设备,从源头上有效控制污染。加强石化、林浆纸等重点产业、园区企业污染的防治和环境管理。加快推进城镇和重点园区污水处理厂建设,配套完善污水收集管网,确保污水处理厂稳定有效运行。

2)水污染防治

防治集中式水源地的环境污染,建立饮用水源地水质公告制度。加大水环境综合治理,推进钦江、茅岭江、大风江等重点流域及重点水库水污染综合治理和防治。加强农业投入品监管,努力减少农业面源污染,开展耕地土壤污染调查和污染耕地综合治理。

3)大气及噪声污染防治

重视近海大气交换和大气通道对城市空气环境质量的调节作用。优化城市空间布局,城市建筑布局应合理留出空间,保持大气通道的贯通和污染物传输通道的畅通,增强大气自净能力。加强机动车尾气污染治理,提倡使用节能环保汽车。加强施工现场的环境管理,控制施工噪声和扬尘。

4)固体废弃物污染防治

优化城市生活垃圾处置方式与设施布局,加强城中村、城乡接合部生活垃圾的收集,推进垃圾焚烧发电项目建设。加强城区建筑施工监管,减少建设过程中的建筑垃圾。完善垃圾分类收集和转运系统,逐步实施垃圾分类收集。加强重金属污染综合治理和持久性有机物、危险废物、危险化学品污染防治,强化工业固体废弃物回收再利用。

5)海洋环境污染防治

加强海洋监测能力建设工作,加大对重点海区和排污入海企业的监测力度,增加监测站点布设密度,增加岸基监测站和环境自动监测浮标,完善立体监测网络,加大对辖区内的近岸海洋环境状况监测。坚持陆海统筹,加强对潜在海洋环境风险较大项目的监测监控,建立完善海洋环境保护预防和监督管理体系,加强海洋环境监测监控基地建设,完善海洋环境突发事故应急机制。

严格落实环境保护目标责任制,加强规划环境影响评价工作,强化总量控制指标考核,健全重大环境事件部门应急联动机制,强化污染事故责任追究制度,完善地方环保法规和标准,加大执法力度,加强环境监管能力建设。

6)环境保护重点工程

(1)重点流域综合治理工程:钦江、茅岭江、大风江等重点流域的综合治理和防治。

(2)城镇污水垃圾处理工程:西郊生活垃圾无害化处理场、石门坎城市生活垃圾无害化处理场改造、钦州市医疗废物处置中心扩建、钦州港工业固定废弃物填埋场、河东污水处理厂、滨海新城污水处理厂、胜科污水处理厂、大榄坪污水处理厂等。

（3）海域保护工程：茅尾海综合治理工程、三娘湾海洋环境监测监控工程。

3.3.3.4 强化资源节约利用

1）节约利用土地资源

以保护耕地和保障经济社会发展用地为核心，优化土地利用结构，提高土地节约集约水平，形成资源节约、持续利用、经济社会环境和谐发展的土地利用模式。推进土地集约利用。严格执行土地利用总体规划，强化土地利用规划和年度计划管控，严格用途管制。加强建设用地管理，认真执行建设用地投资强度、容积率等用地标准，严格按照用地定力标准，控制入园企业用地规模，推行工业标准厂房建设，严格落实工业、企业项目入园准入制度。实行最严格的耕地保护制度，盘活存量建设用地，加大闲置土地清理力度，加强节约集约用地和考核。

（1）保障重点建设用地。完善"征、拆、储、建、安、保"一体化工作机制，抓紧实施土地"征转分离"，实行征地拆迁、回建安置、社会保障前置和片区价制度。继续争取和推进区域建设用海整体报批。建立土地储备与城市运营协调推进机制，大力推行城镇建设用地规模增加与农村建设用地规模减小相挂钩，建立城乡统一建设用地市场。优先保障中心城市、县城、园区和重大基础设施用地。

（2）整合规范农村建设用地。大力推进农村居民点整理，实施"空心村"宅基地调整、基础设施统一规划建设，建立宅基地退出机制，科学合理安排农村建设用地。保障新农村建设用地，重点安排农村道路、饮水、沼气、电网、通信、公共卫生、文化体育等基础设施和人居环境建设用地。

2）节约利用海岸带和海洋资源

坚持科学用海，加强海岸带和海域使用管理，建立用海项目准入制度，合理有序开发利用滩涂资源，优先保障港口、产业和城市发展建设的需要。按照"控制增量、盘活存量、提高效益"的原则，充分利用经济、行政、技术等手段，强化政府对海域的调控力度，加强对集中连片围填海的管理，科学确定围填海规模，推行节约集约用海。探索建立海域使用储备机制和市场配置海域资源的管理机制。

3）节约利用水资源

综合开发水资源，实行取水总量控制与定额管理相结合的水资源管理制度，科学合理调配生产、生活和生态用水，强化水资源有偿使用制度，逐步推行梯度水价制度。促进企业节水技术改造，大力发展高效节水产业，鼓励和支持园区污水再生利用，推进工业循环用水。改造农业灌溉系统，推广喷灌、滴灌等科学灌溉技术，提高农业节水灌溉效率。加强节水宣传，增强居民节约用水意识，促进城镇节约用水。

4）节约利用矿产资源

合理规划矿产资源开采区、限采区和禁采区。严控矿产资源开发，实行矿产资源分类、分区开采与保护，维护重点矿区、重要矿种开发秩序，打击非法采矿行为。加强采矿权审批管理，提高矿产资源综合利用率。引导鼓励矿业企业应用新技术、新设备、新工艺，促进中小型矿业企业向现代化科学开采的大型矿业企业转变。加强矿山治理，重点抓好石灰石、石场、砖厂等区域的生态环境的恢复，减轻矿业活动对生态环境的污染和破坏。做好陶土资源潜力的调查、勘查与保护。科学组织与产业发展密切相关的原油、天然气、煤炭等资源，保障产业发展需求。

3.3.3.5 大力发展循环经济

加强规划指导、财税金融等政策支持，在生产、流通、消费各环节和企业、园区、社会各层面，大力推进循环经济的发展，加快构建覆盖全社会的资源循环利用体系。支持一批循环经济项目建设，促使制糖、石化等重点行业中50%以上企业建成循环经济企业，逐步把石化产业园、造纸产业园建成循环经济示范园区。推进建筑领域可再生能源的应用。实施绿色健康住宅建设计划，积极推进可再生能源建筑应用城市示范工作，完善可再生能源建筑应用的相关政策法规、技术标准和技术支撑体系，到"十二五"期末，全市可再生能源建筑应用面积达到400万平方米。大力推广生态循环农业模式，发展生态循环型农业。倡导文明、节约、绿色、低碳消费理念，推动形成绿色生活方式和消费模式。

3.4 人居、文化、伦理生态系统共生的概述

钦州的人类生态、文化生态、伦理生态和产业生态，在钦州这样一个特殊的地方云集、交融和协同共生，这是钦州广义生态学在理论和实践上创新的具体内涵，尤其是在人类生态、文化生态、伦理生态方面具有重大的理论和实践素材。在钦州经济、社会发展有利的宏观环境下，钦州人以开拓的气质，弘扬了钦州精神，创造了钦州奇迹，提出了钦州规划，展示了钦州速度，提供了令人深思的钦州模式，为探索钦州市各广义生态领域之间的协同共生发展机制，进一步促进钦州人类生态、文化生态、伦理生态的良好发展具有重要的理论意义和实践价值，对钦州模式的探究和创新，将不仅为中国继深圳模式后的深化改革提供思考和借鉴，也将丰富世界城市广义生态系统的研究和促进其发展。

3.4.1　钦州市及其他北部湾沿海城市人居生态系统

人居不仅强调居住的概念，还要求以人为本，是一个综合的概念。人居的三个环境，生态环境、社会环境、居住环境中人与环境和谐统一。在这个综合的人居环境中人的生态状态、生存状态、生活状态都达到最佳。

2009年5月，滨海新城横空出世，这是钦州市以新城区推动城镇化的"大手笔"。滨海新城总投资近430亿元，规划面积110平方千米，形成主城区、茅尾海、三娘湾旅游区、港区一体化互动发展的新格局，并首次把深居"闺中"的茅尾海纳入城市发展规划中，让钦州人推窗见海、滨海而居的梦想变为现实。与滨海新城同时展开的，是钦州市"园林生活十年计划"。如果说滨海新城建设能让城里人推窗见海，那么这一计划的实施，就将实现"林在城中，城在林中，人在景中"的城市景观。让居民享受绿色，生活在园林里，是钦州市城镇化的重要目标，钦州市计划用10年时间实现广西园林城市、国家园林城市和国家生态园林城市"三级跳"。2011年成功创建广西园林城市，迈出了"三级跳"的第一步。

《钦州市城市总体规划（2008－2025）》中提出将住房发展与城市公共服务设施体系、交通体系、绿地系统发展统筹考虑，建设健康、宜居、和谐的居住社区。并规划主城区的空间景观，形成"一环两轴三区十节点"的总体结构。

3.4.2　钦州市及其他北部湾沿海城市文化生态系统

文化生态系统由自然环境因素和社会环境因素构成，是文化与自然环境、生产和生活方式、经济形式、语言环境、社会组织、意识形态、价值观念等构成的相互作用的完整体系。钦州地区是一个多民族融合的区域，有着独特的地貌、水文、气候、生物等自然资源，同时在政治、经济、文化、历史等方面也形成了具有多民族特点的精神文化，形成了独特的钦州文脉和地域文化生态系统。

在钦州市居住着彝族、白族、傣族、壮族、苗族、回族、傈僳族、拉祜族、佤族、纳西族、瑶族、藏族、景颇族、布朗族、布依族、阿昌族、哈尼族、锡伯族、普米族、蒙古族、怒族、基诺族、德昂族等众多少数民族，可见其民族的多样性。同时作为拥有1400年历史的古城，钦州市拥有悠久的历史，拥有光荣的革命传统，为中国革命的胜利做出了卓越贡献。当前钦州市政府也非常重视文化建设工作，每年定期举办丰富多彩的民俗类、美食类等文化活动，为当地文化生态系统的发展奠定了坚实的基础。

钦州市物华天宝，人杰地灵，历史文化底蕴深厚，民族风情瑰丽多姿，民族民间艺术种类繁多，传统文化丰富多彩，独具特色，通过挖掘、整理、创新，可以成为钦州文化的土特产品和新亮点。然而，钦州市对历史人文资源的挖掘利用只停留在最初层面，仅重视"点"的保护，如冯子材故居、刘永福故居，忽视了"线"和"面"的协调发展。单独注重"点"的保护，脱离旧城区这个"面"，缺乏系统全面的保护与利用意识。传统的地域文化如果不加以创新，它是否能获得持续认同也值得怀疑。所以，在继承地方文脉的基础上也应对其进行合理地更新。据调查，当钦州市民被问及"一提到钦州您首先想到的是什么"时，39.5%的钦州市民认为是"三娘湾、白海豚"，23.4%的市民认为是"黄瓜皮、海鸭蛋、猪脚粉"，20.1%的市民认为是"民族英雄刘永福、冯子材"，11.7%的市民认为是"钦州港保税港区"，5.4%的市民认为是"坭兴陶"。由此可以看出，白海豚在钦州市民的心目中有着重要的地位，但民族英雄刘永福、冯子材的影响还有待提高。另外，作为中国四大名陶之一的坭兴陶本身价值得不到很好的体现。

城市总体形象定位是对城市地方文脉的总体概括和凸显，是将地方文脉用可感、易记、优美的语言表达出来，主要用于对内对外宣传，让人们知道"我是谁"。城市的特色形象通过城市历史、产业结构、视觉形象表现出来。根据对钦州市的地方文脉与地域文化的挖掘，把钦州城市的总体形象定位表述为"南海明珠、千年古韵、现代港口——广西钦州"。这样定位的优点是，充分展示钦州市作为现代化港口的区位优势，给公众一个区位感知，也可以让公众对钦州市未来城市发展方向更加明确。更加体现了在钦州市总体规划中如下城市发展定位：面向中国-东盟合作的区域性国际航运中心、物流中心，大西南开发开放的前沿阵地；北部湾临海核心工业区，经济充满活力、城乡协调发展的现代化港口工业城市；具有岭南风格、滨海风光、东南亚风情的宜商宜居城市。

城市形象识别系统来自企业形象识别系统（CIS），但它和企业形象识别系统的内容又不完全一致。城市形象识别系统包括城市精神识别、城市行为识别和城市视觉识别三个方面。

城市精神识别。城市精神是一座城市的灵魂，凝聚了城市的历史传统、社会风气、价值观念及居民素质等诸多因素，是城市文明的综合反映，是市民认同的精神价值与共同追求。它回答了城市"为什么存在"的问题。

钦州市的三种文化的长期交汇、碰撞，主要表现为：向心尊王、抵御外侮、反封建革命。其中，向心尊王是指在钦州湾文化中的儒学思想，这是根深蒂固的，它具有封建文化的共性。抵御外侮，钦州民众抵御外侮的爱国精神是中原文化忠君报国与高原文化骁勇民风的集中体现。反封建革命，中原文化与高原文化的碰撞，还产生了反封建革命的光芒，如为钦州人广为熟知的民族英雄冯子材、刘永福。

城市行为识别。城市行为识别就是城市精神的具体实现，主要告诉市民"怎么做"。一个城市前进的力量是由多因素构成的，如城市的人才构成，城市的科学技术发展水平，城市的经济实力等，但是其核心要素是城市人的素质，特别是市民的整体教育水平和文化素质的表现，这种文化素质表现在日常的生活中，体现在城市人的行为方面。

重教兴文、崇德尚义、致富思源、富而思进。市民是城市的主人，市民行为是城市行为识别的重点。要培养钦州市民对城市的认同感和凝聚力，唤起居民的主人翁意识，使钦州市民把自己的命运和城市的发展联系在一起。

城市视觉识别。地方文脉需要载体，必须将文脉具体化为形象，将精神的、内在的东西进行科学物化、具象化，才更有利于公众对地方文脉的理解、记忆和广泛传播。城市视觉识别就是通过系统化的视觉识别方案来传递城市的地方文脉、总体形象、城市精神，使公众能一目了然地掌握城市的形象，并产生认同感，达到推广城市形象、扩大城市影响、提升城市知名度和增强竞争力的目的。城市视觉识别的核心是市徽与城市景观设计。

市徽是对地方文脉的浓缩，是城市精神的体现。因此，钦州市徽的设计应该以地方文脉分析为基础，从自然地理背景、历史文化传统、现实发展状况和未来发展定位中寻找构图元素。要传承钦州历史，融入钦州"海豚之乡、英雄故里、千年陶都"的城市特色，也要体现城市精神，在色彩与构图上可以考虑海鲜、白海豚、港口、工业、坭兴陶等钦州元素。

城市景观是展示地方文脉的重要载体，也是城市形象最直观的体现。建筑设计、城市色彩规划、雕塑小品设计等都要以地方文脉为根基，从中寻找表达要素和创作灵感，使公众对城市有一个良好的地方文脉感知和城市形象感知。作为一个正处于历史发展新起点的城市，这些工作对于钦州具有极其重要的战略意义，应进一步做好相关专题研究和专项规划，以此进一步强化钦州特色，提升城市品位，彰显城市风格。

经济社会发展的速度越快，城市"千城一面"的现象就越严重，钦州市在发展的起步与跨越阶段，更应充分挖掘自身的地域文化、尊重地方文脉，定位好自己的城市形象，给人们递出一张具有地方特色的城市名片。将地域文化、地方文脉与现代城市发展所需要的技术相结合，最终达到地域性的"和而不同"。

为更好地挖掘和创新钦州市海洋文化，钦州市的城市文化建设应从以下几方面着手。

优先发展教育事业。加大农村中小学基础设施投入，全力做好农村义务教育经费保障机制改革工作。合理调整城市中小学校及幼儿园布局，巩固提高基础教育水平。扩大高中阶段教育规模，加强优质高中教育资源建设，提高办学水平。

大力发展职业技术教育，整合职教资源，推进广西沿海钦州职业教育中心建设，大规模培养技能型适用人才。以办好钦州学院为重点，积极发展高等教育。深化办学体制改革，加快民办教育发展。加强师资队伍建设，稳步推进学校人事制度改革。积极实施农村中小学远程教育工程，推进教育信息化和教育技术手段现代化，改革创新教育教学方法，全面推进素质教育和提高教育质量。

加强人才培养与引进。实施人才强市战略，加强人才小高地建设，培养、造就和引进一批适应临海工业和现代服务业发展需要的技能型人才、高素质的专业技术人才和优秀企业家。加强职业培训，培养和造就一大批高素质劳动者。加快事业单位人事制度改革步伐，建立健全人才评价、选拔、激励和流动机制。完善人才服务体系，进一步加强市、县两级人才市场建设，规范人才市场管理，创造人尽其才、人才辈出的社会环境。

加快科技进步与创新。建立以企业为主体、产学研有机结合的产品创新体系和以科技中介机构为纽带的科技创新服务体系。加快科技成果的推广应用，大力推广应用农业新品种、新技术，以及生物技术、信息技术、节能降耗技术等先进适用技术。完善科技服务网络，加强农业技术传播、科技服务、科技培训等体系建设，积极推进科技基础设施建设。加强科普工作，加大科普经费投入。加强自主技术创新，大力推进产学研合作，引导和鼓励企业加大技术开发投入，加强知识产权工作，提高企业引进消化吸收创新能力。

加强精神文明建设。坚持以科学的理论武装人，坚持正确的舆论导向，加强理想信念教育和思想政治工作，大力弘扬以爱国主义为核心的民族精神和以改革创新为核心的时代精神，加强社会主义思想道德建设，大力倡导"爱国守法、明礼诚信、团结友善、勤俭自强、敬业奉献"的基本道德规范。继续弘扬"迎难而上、团结奋进、开拓创新、争创一流"的钦州精神，增强全市人民的凝聚力和创造力。深入开展群众性精神文明创建活动，努力创建文明城市、文明社区、文明镇村、文明单位等。

加强文化设施建设。在市区建成文化艺术中心、科技馆、图书馆、博物馆、档案馆、青少年活动中心、妇女儿童活动中心、老年人活动中心和文化一条街等文化基础设施；在县区建设图书馆、文化馆、文化广场，在镇、村、社区建设文化活动室、电子信息馆等。努力构建市、县、镇、社区四级文化设施网络。推进广播电视设施数字化更新改造和广播电视光纤干线网建设，全面实现广播电视"村村通"。

促进文化繁荣。深入挖掘钦州市历史文化资源，培育和开发民间民俗文化。建立和健全文化建设的政策保障机制，扶持文化团体。积极开展文化推广和交流活动，推进文化与旅游、经贸、生态的融合。加强文化市场管理。加快发展新闻出版事业、广播电视、体育健身、休闲娱乐、网络文化等产业。

加强历史文化资源的保护和利用。重点保护和开发利用刘永福故居、冯子材故居、广州会馆、大芦村、越州古城遗址、南安州古城遗址、久隆古墓群等历史文物和市区特色商业骑楼建筑带。

积极发展体育事业。推进群众体育、竞技体育和体育产业全面发展，满足城乡居民日益增长的健身需求。建成市区体育中心和一批风格多样的群众性体育设施，形成市、县、镇及社区体育设施体系。继 2011 年成功举办广西壮族自治区第十二届运动会和 2013 年亚洲水上摩托城市公开赛中国钦州总决赛之后，继续努力举办沿海、沿江、沿边城市友好运动会和承办国际级、国家级、区域性体育赛事。

3.4.3 钦州市及其他北部湾沿海城市伦理生态系统

伦理生态系统即人类处理自身及其与周围环境关系的一系列道德规范。通常是人类在进行与自然生态有关的活动中所形成的伦理关系及其调节原则。人类自然生态活动中一切涉及伦理性的方面构成了生态伦理的现实内容，包括合理指导自然生态活动、保护生态平衡与生物多样性、保护与合理使用自然资源、对影响自然生态与生态平衡的重大活动进行科学决策及人们保护自然生态与物种多样性的道德品质与道德责任等。

钦州地区有着丰富的自然地理资源，煤、石油、磷矿、高岭土等矿产丰富，森林、海洋资源丰富，各民族与自然之间形成了各种不同的伦理道德规范和风俗，因此钦州地区伦理生态系统也具有相对复杂性和特殊性。

3.4.4 钦州市各广义生态领域之间的挑战、机遇与共生

钦州市各广义生态领域之间的协同共生存在多民族融合、矿产资源丰富、植被繁茂、海洋生态资源多样等得天独厚的优势。然而，经济领域发展机遇与挑战并存。因此，在经济发展的同时，保障环境、文化等各个领域方面的健康发展应是钦州未来发展的重要任务。

第4章

广义城市生态创新指标体系构建

4.1 指标体系的构建依据

4.1.1 理论基础

4.1.1.1 可持续发展理论

可持续发展是一种从环境与资源角度提出的人类长期持续稳定健康发展的战略模式。强调环境与资源的长期稳定对于城市建设发展进程、改善社会经济生活质量至关重要，反映了发展与环境、资源的相互联系、相互协调适应的关系。因此，低碳生态城市的评判标准应立足于城市的可持续发展，由此才能求得城市经济、社会的长期稳定和发展，以及城市生态环境的不断优化。

4.1.1.2 城市生态系统理论

城市生态系统理论是将城市作为一个生态系统来研究，用生态学和系统论的思想、方法来分析和研究城市问题，从而指导城市规划、建设和发展的理论体系，是生态城市最基本的理论基础之一。该理论中，关于人与环境的和谐是人类与环境相互作用中最本质的核心规律。人类认识自然、改造自然、人与环境的和谐程度，对于我们正确认识和分析城市问题，对于低碳生态城市的建设和发展具有重要的指导意义。所以我们研究城市，分析解决城市问题，建设低碳生态城市，都必须用系统的观点才能得出正确的结论。

4.1.1.3 区域协调发展理论

低碳生态城市作为一个特定的区域，必须注重其经济、自然、社会各个方面的协调发展。协调是两种或两种以上系统或系统要素之间一种良性的相互关联，是系统之间或系统内要素之间良性循环的关系。协调发展是系统或系统内要素之间在良性循环的基础上由低级到高级、由简单到复杂、由无序到有序的总体演化过程。协调发展不是单一的发展，而是一种多元的发展，强调整体性、综合性和内在性的发展聚合，不是单个系统或要素的增长，而是多系统或多要素在协调这一有益的约束和规定之下的综合发展。低碳生态城市在建设与发展的过程中，应将人口、资源、环境、发展等内容作为一个有机整体来综合考虑，使各子系统之间不断相互促进、协调发展，最终使整个区域达到协同或和谐的状态。区域协调发展的目的就是减少区域的负效应，提高区域系统的整体输出功能和整体效应。

4.1.1.4 以人为本的科学发展观

中共十六届三中全会明确提出了以人为本的科学发展观：坚持以人为本，树立全面、协调、可持续的发展观，促进经济社会和人的全面发展。这是中国共产党在新时期从对发展问题的探索中取得的新成就、达到的新境界、做出的新贡献。2004 年 3 月 10 日，胡锦涛在中央人口资源环境工作座谈会上系统地阐述了科学发展观的基本内涵：坚持以人为本，就是要以实现人的全面发展为目标，从人民群众根本利益出发谋发展、促发展，不断满足人民群众日益增长的物质文化需要，切实保障人民群众经济、政治、文化权益，让发展成果惠及全体人民。全面发展，就是要以经济建设为中心，全面推进经济、政治、文化建设，实现经济发展和社会全面进步。协调发展，就是要统筹城乡发展、统筹区域发展、统筹经济社会发展、统筹人与自然和谐发展、统筹国内发展和对外开放，推进生产力和生产关系、经济基础和上层建筑相协调，推进经济、政治、文化建设各个环节各个方面相协调。可持续发展，就是要促进人与自然的和谐，实现经济发展和人口、资源、环境相协调，坚持走生产发展、生活富裕、生态良好的文明发展道路，保证一代接一代永续发展（奚洁人，2007）。

当然，低碳生态城市的基础理论并不仅仅包括上述几种，还与其他一些理论有着千丝万缕的联系，如资源环境学理论、发展经济学理论等，本书仅总结归纳了几项与本书关系密切的理论作为基础。低碳生态城市的建设是一个涉及自然、经济、社会等多领域、多层次、多学科的巨大而复杂的系统工程，是一个有待人们不断深化认识、长期建设的过程。而低碳生态城市理论是一个开放的理论体系，随着科学和人类实践的发展，它会不断地把先进的科学成果吸收到自己的理论框架中，使其不断完善，更好地发挥对低碳生态城市建设的指导作用。

4.1.2 构建原则

4.1.2.1 科学性原则

评价指标的物理意义必须明确，指标的选择、指标权重的确定、指标的计算与合成，必须以公认的科学方法为依据，量度单位采用国际统一标准，这样才能保证结果的真实性与客观性，此项综合评价才具有科学意义。

4.1.2.2 系统性原则

该指标体系应具有系统性，在具体指标的设定上，不仅应有反映能源利用经济效率的宏观性指标，还要有反映交通、建筑、旅游、生活等各行业对碳排放贡献度的指标，同时还要有反映环境、发展、技术、管理等支持指数指标。同时，因指标数量有限，指标体系应尽可能地具有较大的集成度。

4.1.2.3 动态性原则

低碳评价指标在时空上是变化的，具有动态特征，因而评价指标体系不仅要反映出变化的水平状况，更应揭示出其动态特征和发展的趋势与潜力，这就要求在评价指标筛选过程中合理选择一些具有动态特征的量化指标，如人均能源消费量等。

4.1.2.4 层次性原则

低碳生态城市系统巨大而复杂，所反映的问题往往带有区域整体性特征，使得评价体系也十分复杂。因此，该评价指标体系至少应包含目标层、准则层和指标层。

4.1.2.5 可行性原则

城市低碳生态研究为区域可持续发展提供了具有极强可操作性的切入点，这就要求其指标的选取、计算与合成、数据资料的获取及体系结构的建立必须做到科学性、合理性、易取性、实用性及易量化性，减少类似制度与管理等主观成分的干扰。只有条理清楚、层次分明、逻辑性强的评价指标体系才适于在城市低碳生态的实践领域中推广应用。这就要求评价指标在量化、测算和分析综合等方面具有可行性和可操作性。

4.1.2.6 前瞻性原则

利用指标体系进行综合评价，不仅要反映城市的目前状况，也要能够表述过去和现状的生态各要素之间的关系，力求每个设置指标都能反映广义生态系统的本质特征、时代特点和未来取向。

4.1.2.7 针对性原则

指标体系建立在环境保护部的生态市考核标准的基础上，针对目前钦州市及其他北部湾沿海城市建设的发展现状和趋势，选取和实际情况相关的指标，从而考察钦州市及其他北部湾沿海城市的具体问题和特点，科学合理地评价各项建设事业的发展成就。

4.2　综合指标体系

4.2.1　综合指标的构建思路

指标是为了对客观现象的某种特征进行度量，指标的重要特征和功能在于通过相互比较，反映客观事物的状况和特征的不均衡性，为管理和决策提供依据。评价指标通常有两类：一类是描述性指标；另一类是规范性指标。描述性指标主要反映实际的状况和条件，如资源或环境状况等。规范性指标用来度量实际状况与参考状况之间的差距，或将实际状态与参照状态加以比较。

对于比较复杂的事物，通常单个指标难以反映事物的主要特征，需要由多个具有内在联系的指标按一定结构层次组合在一起构成指标体系，以便更全面、更综合地反映复杂事物的不同侧面。因此，我们在进行钦州市低碳生态城市评价指标体系的设计时，尽可能站在综合的、动态的、反馈的及可持续的角度，从目前比较认可的城市复合生态系统理论出发，即认为城市是一个由经济、社会、环境系统组成的复合生态系统，考虑到低碳城市的运营维护与管理的重要性，管理体系也作为一个重要方面被列入考核体系。

该指标体系通过采用层次分析法，由目标层到各准则层，然后到领域层，最后归结为各具体考核指标，层层深入，步步推进，层次分明，有利于指标体系在低碳城市考核工作实践中的实际应用。

我们着眼于城市温室气体的主要排放源，遵循"抓关键、抓重点"的思路，从"魅力钦州""实干钦州""智慧钦州"的角度出发，经认真分析梳理，涵盖生态建设、微气候与空气质量、循环经济、经济社会、能源利用、水资源利用、固体废弃物处理、管理、城市功能、教育 10 个碳排放主要源和碳吸收主要汇，以及低碳城市运营作为相应领域层下的准则层，同时，在每个准则层下挑选出若干个具有典型代表性和易操作性的指标，如表 4-1 所示。在整个指标体系的设计过程中，我们在广泛调研国内外最新研究成果、目前已建成或正在建设的类似区域及国家考核环境和模范城市、生态城市、园林城市等要求的基础上，汇集各方面、各领域专家学者及官员，采用专家咨询法、主成分分析法和层次分析法等，坚持构建与模拟相结合，强调指标的应用性和可操作性，特别突出符合钦州低碳生态新城建设实际及滨海新城管理委员会引导营建城市过程中的现实需求，经反复对比筛选，反复验证调整，力求做到科学合理，以尽可能满足钦州低碳生态标准量化和规范化建设需要。

表 4-1　综合指标体系内容

一级指标	二级指标
魅力钦州	生态建设、微气候与空气质量
实干钦州	循环经济、经济社会、绿色交通
智慧钦州	管理、城市功能、教育

4.2.2　主要参考依据及标准

主要参考依据及标准:《生态县、生态市、生态省建设指标(修订稿)》(2005),《国家环境保护模范城市考核指标及其实施细则(第六阶段)》,《国家园林城市系列标准》,《"十一五"城市环境综合整治定量考核指标实施细则》,《2009 年中国可持续发展战略报告:探索中国特色的低碳道路》,《国家节水型城市考核标准》,《2050 中国能源和碳排放报告》,《建筑物综合环境性能评价体系:绿色设计工具》,《绿色建筑评价标准》,《城市道路交通规划设计规范》,《城市园林绿化评价标准》,《节能建筑评价标准》,《中国低碳生态城发展战略》。

4.2.3　综合指标体系内容

钦州市生态评估指标是以人类生态学为理论依据,从"魅力钦州""实干钦州""智慧钦州"三个方面,通过借鉴斯德哥尔摩哈默比湖生态城、中新天津生态城、曹妃甸生态城、无锡太湖新城生态城、宁波象山县大目湾新城生态城的指标体系建设框架和研究方法,为钦州量身制定的能反映可持续发展进程及环境污染和生态破坏严重程度的指标(表 4-2)。

表 4-2　钦州市生态城指标体系

名称	目标	指标	序号	二级指标	单位
生态建设	追求原生态、多样性、均质化,打造舒适宜人、环境友好的景观环境和居住空间	自然环境	1	自然地貌保护	
		景观绿化	2	人均公共绿地	米²/人
			3	建成区绿地率	%
			4	建成区绿化覆盖率	%
			5	每个居住社区(3 万~5 万人)公园面积	公顷
			6	新建绿化用地本地物种指数	
			7	新建绿化用地物种多样性	种
			8	新建绿化用地植林率	%

续表

名称	目标	指标		序号	二级指标	单位
微气候与空气质量	降低城市热岛效应、提高空气环境质量，建造资源节约、节能环保的建筑	住区热岛效应		9	住区室外日平均热岛强度	℃
		建筑环保节能		10	新建建筑自然环保设计比例	%
				11	新建建筑节能材料使用比例	%
		绿色建筑比例		12	新建居住和公共建筑达到绿色建筑二星级以上标准的建筑比例	%
		空气环境质量		13	空气质量好于或等于二级标准的天数	天/年
循环经济	减少能源消耗，降低碳排放，构建集约、低碳的能源利用系统；减少水资源消耗、提高水资源利用效率，构建集约、循环的水资源利用系统；科学合理处理废弃物，构建资源化、集约化、减量化的废弃物处理系统	建筑节能要求		14	新建居住和公共建筑节能比例	%
		能源利用	能源节约利用	15	单位 GDP 能耗	吨标准煤/万元
			再生能源利用	16	可再生能源占总能耗的比例	%
		水资源利用	水源节约利用	17	供水管网漏损率	%
				18	新建建筑节水器具普及率	%
				19	日人均耗水量	升/（人·天）
			水源健康卫生	20	直饮水使用率	%
			水源循环利用	21	雨水的收集和利用	%
				22	城市污水处理率	%
				23	中水回用比例	%
		水环境良好		24	地表水质量	
		垃圾排放减量		25	日人均垃圾产生量	千克/（人·天）
		固体废弃物处理	垃圾收集管理	26	生活垃圾分类收集率	%
				27	垃圾真空运输系统比例	%
			垃圾再生利用	28	垃圾回收再利用率	%
经济社会	经济持续发展，社会和谐进步，居民生活便利，且生活水平不断提高	经济持续发展		29	第三产业占 GDP 比重	%
		社会和谐进步		30	廉租房和经济适用房比例	%
				31	无障碍设施率	%
				32	基尼系数	
		就业综合平衡		33	就业综合平衡指数	%

续表

名称	目标	指标	序号	二级指标	单位
绿色交通	坚持公交优先、节能环保,发展便捷、高效的绿色交通模式	交通设施便利	34	公交线路网密度	千米/千米²
			35	慢行交通路网密度	千米/千米²
			36	公交设施服务半径	米
			37	公共设施服务半径	米
		交通能源使用	38	使用生物质能、电能等新型能源比例	%
		绿色出行方式	39	绿色出行比例	%
管理	从城市运营、科技创新、环境保护等方面对城市进行评估,发展管理完善的城市管理模式	城市运营	40	城市低碳运营监测管理体系完备度	分
			41	就业住房平衡指数	%
		科技创新	42	R&D 投入占 GDP 比重	%
		环境保护	43	企业清洁生产审核实施率	%
			44	城市固体废弃物资源化处理率	%
			45	环保投资指数	%
城市功能	合理规划建筑和人口密度,符合科学的环境承载量标准;基础设施及配套设施完备;住宅、商业建筑、服务配套、文化设施及办公场所应当多样并作合理布置,以最大限度减少交通需求;高效紧凑布局,最大限度地节约用地,利用公共空间;保护和发展文化和美学价值	合理高效布局	46	综合容积率	
			47	公共空间有效结合率	%
		基础设施完善	48	市政管网普及率	%
			49	无障碍设施比例	%
		配套设施齐全	50	公共配套设施覆盖范围	米
教育	借助教育手段,增强公众的环保意识,从根本上解决人为产生的环保问题	环保质量满意	51	公众对环境的满意率	%
		环保知识掌握	52	生态环境保护宣传教育普及率	%
		社区运动参与	53	参与社区自愿运动的居民人数比例	%

4.2.4 指标解析

生态指标解析如表 4-3 所示。

表 4-3 生态指标解析

序号	指标名称	指标解释及计算方法
1	人均公共绿地/%	城市中每个居民平均占有公共绿地的面积。公共绿地:向公众开放,有一定游憩设施的绿化用地,包括其范围内的水域、综合性公园、纪念性公园、儿童公园、动物园、植物园、古典园林、风景名胜公园和居住区小公园等用地
2	建成区绿地率/%	$建成区绿地率=\dfrac{建成区内园林绿地面积}{建成区面积}\times100\%$
3	建成区绿化覆盖率/%	是指在城市建成区的绿化覆盖面积占建成区面积的百分比
4	住区室外日平均热岛强度/℃	城市热岛效应是指城市中的气温明显高于外围郊区的现象。在近地面气温图上,郊区气温变化很小,而城区则是一个高温区,就像突出海面的岛屿,由于这种岛屿代表高温的城市区域,所以就被形象地称为城市热岛
5	单位 GDP 能耗/吨标准煤/万元	$单位GDP能耗=\dfrac{辖区能源消费总量}{辖区生产总值}$
6	供水管网漏损率/%	$城市供水管网漏损率=\dfrac{城市供水总量-有效供水总量}{城市供水总量}\times100\%$
7	新建建筑节水器具普及率/%	节水器具设计先进合理,制造精良,可以减少无用耗水量,与传统的卫生器具相比有明显的节水效果
8	日人均耗水量/[升/(人·天)]	每人每天的耗水量
9	直饮水使用率/%	纯水或净水经臭氧气液混合后密封于容器中且不含任何添加物,再通过紫外线照射,经电子(场)水处理器(微电解杀菌器)流经的水在微弱的电场中产生大量具有极强和广谱杀生能力的活性水,由食品卫生级管道供每家每户直接饮用,可供直接饮用的水叫直饮水
10	城市污水处理率/%	经管网进入污水处理厂处理的城市污水量占污水排放总量的百分比
11	中水回用比例/%	中水回用技术指将小区居民生活废(污)水(沐浴、盥洗、洗衣、厨房、厕所用水)集中处理后,达到一定的标准回用于小区的绿化浇灌、车辆冲洗、道路冲洗、家庭坐便器冲洗等,从而达到节约用水的目的
12	日人均垃圾产生量/[千克/(人·天)]	每人每天的垃圾产生量
13	生活垃圾分类收集率/%	垃圾分类是指按照垃圾的不同成分、属性、利用价值及对环境的影响,并根据不同处置方式的要求,分成属性不同的若干种类
14	垃圾真空运输系统	通过预先铺设好的管道系统,利用负压技术将生活垃圾抽送至中央垃圾收集站,再由压缩车运送至垃圾处置场的过程。这种负压气力收集是一种自成体系的收集系统,是由倾卸垃圾的通道、通道阀输送管道、机械中心、收集转运站等组成的垃圾收运系统
15	垃圾回收再利用率/%	垃圾回收利用量占垃圾产生总量的比例
16	第三产业占 GDP 比例/%	第三产业 GDP 占总 GDP 的比例

续表

序号	指标名称	指标解释及计算方法
17	廉租房和经济适用房比例/%	廉租房,是指政府以租金补贴或实物配租的方式,向符合城镇居民最低生活保障标准且住房困难的家庭提供社会保障性质的住房。经济适用房,是指根据地方经济适用房计划安排建设的具有政策性和社会保障性质的住宅,它具有经济性和适用性的特点
18	无障碍设施率/%	市区内公共建筑、道路车站、文教医疗、园林广场等公共设施中,拥有达标无障碍设施的公共设施所占百分比。无障碍设施的建设参照《城市道路和建筑物无障碍设计规范》(JGJ50—2001)
19	基尼系数	在全部居民收入中,用于进行不平均分配的那部分收入占总收入的百分比。基尼系数最大为1,最小等于0。前者表示居民之间的收入分配绝对不平均,即100%的收入被一个单位的人全部占有了;而后者则表示居民之间的收入分配绝对平均,即人与人之间收入完全平等,没有任何差异
20	就业综合平衡指数/%	是为了测算本地居民就业人口中有多少同时在本地就业,是衡量居民就近就业程度的指标。就业住房平衡指数越高,说明就近就业比重越高,对外出行交通的需求就越少。此处"本地"指中新天津生态城
21	公交线路网密度/(千米/千米²)	每平方千米城市用地面积上有公共交通线路经过的道路中心线长度
22	慢行交通路网密度/(千米/千米²)	每平方千米城市用地面积上有慢行交通线路经过的道路中心线长度
23	公交设施服务半径/米	公交设施服务的最远距离
24	公共设施服务半径/米	公共设施服务的最远距离
25	使用生物质能、电能等新型能源比例/%	在交通上新能源的使用占总能源使用的百分比
26	绿色出行比例	绿色出行就是采用对环境影响最小的出行方式,即节约能源、提高能效、减少污染、有益于健康、兼顾效率的出行方式。多乘坐公共汽车、地铁等公共交通工具,合作乘车,环保驾车,或者步行、骑自行车等。只要能降低自己出行中的能耗和污染,就叫作绿色出行
27	城市低碳运营监测管理体系完备度/分	城市低碳运营监测管理体系主要包括制定低碳城市管理运行制度,实时监控城市整体运行情况;倡导低碳生活方式,制定城区居民行为规范;建立强有力的科技支撑体系;开展低碳建设的动态监测与评估四个方面的内容
28	就业住房平衡指数	测算本地居民就业人口中有多少在本地就业,是衡量居民就近就业程度的指标 就业住房平衡指数=本地居民本地就业人数/本地居民中的可就业人数×100%
29	R&D投入占GDP比例/%	R&D投入占GDP比例=R&D经费投入/区域GDP总值×100%
30	企业清洁生产审核实施率/%	企业清洁生产审核实施率=进行清洁生产审核的企业数量/规模以上企业总数×100%
31	城市固体废弃物资源化利用率/%	生活垃圾、医疗垃圾、建筑垃圾、电子垃圾四者全部资源化利用量之和占全部产生量的比例 城市固体废弃物资源化利用率=(城镇生活垃圾+建筑垃圾+医疗垃圾+电子垃圾)资源化处理量/城市固体废弃物产生总量×100%
32	环保投资指数/%	用于环境污染防治、生态环境保护和建设的投资占当年GDP的比例 环保投资指数=(环境污染防治投资+生态环境保护和建设投资)/GDP×100%

续表

序号	指标名称	指标解释及计算方法
33	综合容积率	综合容积率=计算容积率建筑面积/规划建设用地总面积。综合容积率是经过规划部门审批和认可的容积率。当建筑物层高超过8米，在计算容积率时该层建筑面积加倍计算
34	市政管网普及率/%	市政管网包括供排水管网、再生水管网、燃气管网、通信管网、电力电缆、供热管网等，市政管网普及率指以上管网的普及率
35	公众对环境的满意率/%	公众对城市环境保护工作及环境质量状况的满意程度
36	生态环境保护宣传教育普及率/%	通过抽样调查和问卷调查形式了解公众对生态伦理、生态道德、生态文化等生态环境知识的掌握情况
37	参与社区自愿运动的居民人数比例/%	参与社区自愿运动的居民占总居民数的比例

4.3 专题指标体系

钦州市近年来发展势头良好，在保证经济社会快速发展的前提下，兼顾生态环境，保证经济、社会、资源和环境协调发展，它们是一个密不可分的系统，我们既要达到发展经济的目的，又要保护好大气、淡水、海洋、土地和森林等自然资源和环境。

在社会发展方面采取以下发展战略：①优化中心城市布局，按照"东进南拓，向海发展"的城市发展方向，以滨海新城建设为龙头，主动对接南宁，基本形成滨海新城、主城区、港区、三娘湾旅游度假区"一城三区"城市组团格局，将钦州打造为具有岭南风格、滨海风光、东南亚风情的宜商宜居海湾新城；②实施"园林生活十年计划"生态工程，全面推进一批生态保护区、一批城市公园、一批林荫小道、一批街头绿园、一批园林式单位等"五个一批"工程建设，创造优美、舒适、健康、和谐的生活居住环境，加快提升城市品位，提高城市综合竞争力；③完善中心城市公共服务设施，按照完善设施、构建网络、健全体系、发挥能力的要求，加快建设城市给排水、供气、供电、通信等基础设施，以及公交、环卫、绿化、停车场等公用设施，全面提升城市功能，提高城市承载力；④加强县城和重点镇建设，努力构建"中心集聚、轴线拓展"开放式的城镇组织体系，形成钦州都市发展区、南北城镇发展轴、灵山城镇发展轴、浦北城镇发展轴"一区三轴"的城镇空间格局；⑤加强城市管理，围绕创建国家文明城市、园林城市和卫生城市的目标，不断增强管理现代化城市的能力，全面提高城市管理水平，逐步形成体制顺畅、职责明晰、机制灵活、法制完善、运行高效的现代化和谐城市管理体系。

在经济发展方面采取以下策略：①深入实施"千百亿产业崛起工程"，加快发展石化、林浆纸、电子、能源、冶金和粮油食品产业，积极培育汽车、装备制造和修造船业，促进产业集群发展，迅速做大产业规模，提升产业竞争力；②培育发展高新技术产业，围绕增强发展后劲和抢占产业发展制高点，充分发挥后发优势，积极培育电子信息、新能源、新材料和生物等战略性新兴产业，形成新的经济增长点。引进和培育国家级研发平台、科技创新型企业，建立科技投融资体系，提高创业孵化能力，提高专利申报量和拥有量；③积极实施县域工业突破工程，以发展县域特色产业为工作重点，以招商引资为突破口，实施亿元企业培育计划，推动县域工业规模化、品牌化发展，打造一批特色产业园区和县域块状经济带，迅速扩大县域工业总量；④加快发展现代服务业，充分发挥现代服务业对各类产业的引领和带动作用，推动经济增长由主要依靠制造业带动向依靠先进制造业和现代服务业双轮驱动转变，促进服务业向各类产业融合渗透；⑤大力发展海洋经济，加强海洋基础性、前瞻性、关键性技术研发，发展高效生态海水养殖、外海和远洋捕捞、海产品加工、沿海风力发电、海洋生物医药、海洋油气、海洋化工、港口物流、滨海旅游、修船造船等产业。大力发展临港工业，促进产业集群发展；⑥加强重点园区建设。

在资源环境发展与保护方面，从以下方面开展工作：①强化节能管理，合理控制能源消费总量，提高能源利用效率；②加强生态建设；③加强环境保护，坚持预防为主、源头控制、综合整治、强化监管的原则，积极防范环境风险，改善环境质量，促进人与自然和谐相处；④强化资源节约利用；⑤大力发展循环经济，加强规划指导、财税金融等政策支持，在生产、流通、消费各环节和企业、园区、社会各层面，大力推进循环经济发展，加快构建覆盖全社会的资源循环利用体系。

在保证经济、社会、资源和环境保护协调发展的前提下开展各项活动，根据"魅力钦州""实干钦州""智慧钦州"的指标体系分类，拟从建筑专题指标体系、旅游专题指标体系、交通专题指标体系、水资源利用指标体系、城市功能专题指标体系、教育专题指标体系等方面进行详细阐述。

4.3.1 旅游专题指标体系

4.3.1.1 低碳旅游背景及意义

低碳旅游是在低碳经济大背景下产生的一种新的旅游形式，它是旅游业持续发展的目标。低碳旅游，就是借用低碳经济的理念，以低能耗、低污染为基础的绿色旅游。它不仅对旅游资源的规划开发提出了新要求，而且对旅游者和旅游全过程提出了明确要求。它要求通过食、住、行、游、购、娱的每一个环节来体现节约能源、降低污染，以行动来诠释和谐社会、节约社会和文明社会的建设。低碳旅游是一种理念，更重要的是一种措施。它改变着中国人的生活方式，因此低碳旅游是一种全新的旅游观念。

4.3.1.2　钦州市低碳旅游指标构建

钦州市低碳旅游评价指标体系共由三个层次构成，见表 4-4。目标层，是评价指标体系建立的最终目标，用以衡量钦州市低碳旅游发展建设的综合水平；准则层，为了全面反映钦州市低碳旅游区的状况，根据低碳旅游内涵，从其主要实现途径入手，选择钦州市旅游区旅游吸引物、旅游设施、消费方式、经费投入四个方面作为评价准则；指标层，反映了评价的具体内容，包含了低碳旅游吸引物开发成熟度、旅游景区采用清洁能源交通工具比例、生态厕所比例、绿色餐饮与宾馆企业比例、旅游产品再使用率、景区环保投入占旅游总收入比例六个具体评价指标。指标设计原则着重强调了可操作性和指导性，指标的设计不仅要能够静态地反映低碳旅游示范区现状，还要能动态地反映其变化过程。

表 4-4　钦州市低碳旅游评价标准

准则层	指标层	单位	建设值	类型
旅游吸引物	低碳旅游吸引物开发成熟度	%	良好	引导型
旅游设施	旅游景区采用清洁能源交通工具比例	%	100	引导型
	生态厕所比例	%	100	强制型
消费方式	绿色餐饮与宾馆企业比例	%	80	引导型
	旅游产品再使用率	%	80	强制型
经费投入	景区环保投入占旅游总收入比例	%	5	强制型

4.3.1.3　指标解释

旅游吸引物指吸引旅游者前来旅游的一切有形的、无形的，物质的、非物质的，自然的、人工的低碳旅游吸引要素，既可以是各种自然低碳景观，如湿地、海洋、森林等自然旅游资源，也可以是人工创造的低碳设施景观，如低碳建筑设施、低碳产业示范园区，还可以是多样化的低碳旅游活动产品，如运动休闲活动、康体活动。低碳旅游吸引物开发成熟度=自然碳汇景观分值（不成熟、一般、较成熟、成熟四级）×0.25+景区低碳设施建设评分（不成熟、一般、较成熟、成熟四级）×0.25+低碳旅游活动产品（不成熟、一般、较成熟、成熟四级）×0.25+低碳旅游产品开发（不成熟、一般、较成熟、成熟四级）×0.25。

钦州市营造低碳旅游吸引物的主要措施有：①充分挖掘森林、海洋、湿地、海塘、江河等自然高碳汇体资源的旅游价值，提升自然旅游吸引物的质量。②策划以低能耗、低损耗为主的低碳旅游活动产品。③将低碳产业园区、低碳社区及相应的低碳港区、低碳校区包装转化为低碳旅游吸引物。④通过生态化的技术手段，修复受损湿地、受损土地，营造自然与人工结合的综合型低碳旅游吸引物。

建议将该指标开发成熟度设定为四个等级（表4-5）：不成熟、一般、较成熟、成熟；采用专家评价的方式，分别进行逐项打分，中间等级采用内插法进行赋值。建议钦州市的低碳旅游吸引物开发成熟度为80分。

表 4-5　低碳旅游吸引物开发成熟度分级表

评级	不成熟	一般	较成熟	成熟
分值/分	40	60	80	100

旅游景区采用清洁能源交通工具比例即清洁燃料汽车（公共汽车、城市旅游景区交通工具）拥有率，它是指景区内所拥有的清洁燃料交通工具的数量占该地区所有景区内全部旅游车辆的比例。本指标中的清洁燃料汽车是指采用非常规的车用燃料作为动力来源（或使用常规的车用燃料、采用新型车载动力装置）的汽车，包括使用燃料电池、太阳能、天然气、电等作为动力源的汽车，不包括使用汽油、柴油、液化石油气、乙醇汽油、甲醇、二甲醚等燃料的汽车。

生态厕所可分为太阳能公厕、免水冲洗（包括粪便打包型、生物处理制肥型）厕所、循环水冲洗厕所（包括尿液单独处理和粪尿混合处理）等类型。

绿色饭店是在饭店建设和经营管理过程中，坚持以节约资源、保护环境为理念，以节能降耗和促进环境和谐为经营管理行动，为消费者创造更加安全、健康服务的饭店。参照商务部、环境保护部、国家旅游局等部门联合起草的《绿色旅游饭店》（LB/T007—2006）标准。

绿色饭店标准特别强调环保理念，主要包括三个方面：①减少浪费、实现资源利用的最大化。例如，让消费者适量点菜、注意节约，提供剩菜打包、剩酒寄存服务等。②在饭店建设和运营过程当中，把对环境的影响和破坏降到最小。例如，绿色饭店可根据顾客的意见，不再添加没有使用完的物品等，以避免一次性消耗用品过度使用所导致的污染。③将饭店的物资消耗和能源消耗降到最低。例如，让房客随手关灯、随手关空调等绿色理念。

本指标旅游产品主要指的是旅游经营者向旅游者提供的用以满足其旅游活动需求的全部服务用品。具体物品主要有牙刷、牙膏、梳子、香皂、鞋帽、拖鞋、杯垫、剃须刀、洗浴用品、床上用品、餐饮用具等。

景区环保投入是指景区内废水、生活垃圾等环保处理设施建设、运营、维护所占经费的总和，但不包括对管理人员福利工资的发放投入。

4.3.2 建筑专题指标体系

4.3.2.1 背景及意义

建筑活动是人类对自然资源、环境影响最大的活动之一。据统计，全球 50%的土地、矿石、木材资源被用于建筑；45%的能源被用于建筑的取暖、照明、通风。实际上，城市里的碳排放，60%来源于建筑维持功能本身，而交通汽车只占到 30%。

建筑作为人类文明最重要的产物，耗费资源相当严重，建筑业已成为最不可持续发展的产业。中国建筑能耗水平更是不容乐观，建筑能源消耗量已占社会能源总消耗量的 1/4 左右，2000 年起，每年新建房屋中仍有 95%属于高能耗建筑，这已成为中国可持续发展的最大难题之一。

低碳建筑是指在建筑材料与设备制造、施工建造和建筑物使用的整个生命周期内，减少化石能源的使用，提高能效，降低二氧化碳排放量。目前低碳建筑已逐渐成为国际建筑界的主流趋势。

1）国外低碳建筑发展

早在 20 世纪 30 年代，美国建筑师富勒（B. Fuller）就非常关注如何将人类发展目标、需求与全球资源、科技结合的问题，并最早提出费少用多（more with less）原则，主张对有限的物质资源进行最充分和最适宜的设计和利用（万殿明，2015）。

自 20 世纪 70 年代能源危机以来，世界各国相继开展了能源的综合利用与节约工作，在建筑节能工作上取得了不同程度的效果，发布和执行标准是取得节能效果的重要手段。

20 世纪 80 年代，日本建筑界就开始倡导低碳建筑。日本从 1980 年起，连续颁布多项建筑节能法规，并采用"全年负荷系数"或"周边区全年热负荷"（PAL）和"设备能耗系数"（CEC）作为评价建筑节能的准则，同时规定了各类公共建筑的 PAL 和 CEC 值（戴振平等，2006），成为世界建筑节能行业的主要考核目标。

法国的建筑节能标准经历了三个阶段：1974 年首次制定住宅外围护结构、通风换气节能标准，规定了在原有基础上节能 25%的目标；1982 年进一步对住宅采暖系统的控制与调节做出了新的规定，确定了在 1974 年标准的基础上再节能 25%的目标；1989 年又对锅炉、供热管网、设备等能耗做了规定，确定在 1982 年标准的基础上再节能 25%的目标。

英国根据科技进步不断修订节能标准，在发生能源危机的 1974～1975 年，修订外围护结构的绝热性能标准，将传热系数标准降低至 1.0 瓦/（米^2·开），至 1982～1983 年，由于新型绝热材料的出现，又将传热系数标准降低至 0.6 瓦/（米²·开），到了 1988 年再将其降低为 0.45 瓦/（米²·开），使房屋保暖效果进一步提高。

美国从 1973 年起先后颁布了各类建筑节能标准，并采用建筑物"围护结构总热值"（overall thermal transfer value，OTTV）和设备系统"季节能效比"（seasonal energy efficiency radio，SEER）等参数作为评价建筑节能的标准，这些方法已被许多国家所采用。数据显示，美国住房每年消耗能源折合约 3500 亿美元，2000 年的建筑能耗占全美总能耗的 35%。十余年间，美国共出台了十多个政策或计划来推动节能。2003 年出台的《能源部能源战略计划》更是把"提高能源利用率"上升到"能源安全战略"的高度。

发达国家自 20 世纪 90 年代起，积极探索并相继开发各种绿色建筑评价体系，通过具体的评价系数，定量客观地描述绿色建筑的节能效果、节水率、减少二氧化碳等温室气体对环境的影响、"4R"（reduce、reuse、recycle、renewable）材料的生态环境性能指标。例如，美国绿色建筑委员会推行以节能为主旨的《绿色建筑评价体系》，是目前世界各国建筑环保评估标准中最完善、最有影响力的体系。美国国家环境保护局的"能源之星"计划，还对有利于节能的建筑材料授予"能源之星"的标准。

目前世界各国较为成熟的绿色建筑评价体系主要有英国的 BREEAM（Building Research Establishment Environmental Assessment Method）、美国的 LEEDTM（Leadership in Energy and Environmental Design）、多国的 GBC（Green Building Challenge）、日本的 CASBEE（Comprehensive Assessment System for Building Environmental Efficiency）等，这些评价体系代表性较强、影响力较广，已成为各国建立节能建筑评价体系的重要参考。另有一些出现较晚，但发展较快的体系，如澳大利亚的 NABERS（National Australian Built Environment Rating System）、瑞典的 Eco-effect 等。

欧洲近年流行的"被动节能建筑"可以在几乎不利用人工能源的基础上，依然能够使室内能源供应达到人类正常生活的需要，并在奥地利、德国等国家得到实践。

2）国内低碳建筑发展

节约能源是社会经济可持续发展战略的需要，是减少污染、保护环境、造福人类、改善人民居住条件的需要。由于中国绝大部分既有建筑物的保温隔热性能差，供热空调系统效率低，运行管理方式落后，加之相应政策不能及时有效地推动，造成中国单位建筑面积能耗是同等气候条件发达国家的 2～3 倍。目前建筑能耗占全国总能耗的近 30%，这仅仅指建筑物使用期间的能耗，即运行能耗，尚未包括建筑材料与设备的生产能耗、建筑物建造过程中的能耗。

　　世界银行《中国促进建筑节能的契机》调查报告预测，中国 2015 年民用建筑保有量的 50% 是 2000 年以后建成的（陈国义，2008）。在中国，低碳建筑思想也越来越受到重视，并已出台相关规制。2000 年，建设部发布了《民用建筑节能管理规定》。2007 年，《能源发展"十一五"规划》中，明确提出到 2010 年，要使单位 GDP 能耗比 2006 年降低 20% 的目标。《中华人民共和国节约能源法》已于 2007 年 10 月 28 日修订通过。具体到能耗大户房地产行业，统计数据显示，中国每建成 1 平方米的房屋，约释放出 0.8 吨碳。近年来，中国已建成 1.5 亿平方米的节能住宅，累计减排二氧化碳约 1700 万吨。当然，中国低碳建筑的发展还需要有一套符合中国实际的可操作的标准，同时也应辅之相应的政策支持。

　　作为体现并推行国家技术经济政策的技术依据和有效手段，中国的建筑节能标准化工作从 20 世纪 80 年代起步，首先从严寒地区（北方）开始，逐步向夏热冬冷地区（过渡地区）和夏热冬暖地区（南方）推进；建筑类型上，从仅限于居住建筑一类，到逐步覆盖部分公共建筑；专业技术的范畴，从仅包括了围护结构、采暖系统和空调系统等，到涉及照明、生活设备、运行管理技术等。

　　随着南方节能建筑的发展，2001 年中国发布了《夏热冬冷地区居住建筑节能设计标准》（JGJ134—2001），该标准对夏热冬冷地区居住建筑的建筑热工和暖通空调，提出了与没有采取节能措施前相比节能 50% 的目标。2003 年中国又发布了《夏热冬暖地区居住建筑节能设计标准》（JGJ75—2003），该标准对居住建筑的建筑热工和暖通空调同样提出了节能 50% 的目标。近年来，围绕大力发展节能省地环保型建筑和建设资源节约型、环境友好型社会，住房和城乡建设部从规划、标准、政策、科技等方面采取综合措施，先后批准发布了《公共建筑节能设计标准》（GB50189—2005）、《建筑节能工程施工质量验收规范》（GB50411—2007）等几十项重要的国家标准和行业标准。

　　（1）建筑节能标准。建筑节能领域的现行及在编标准已有一定数量，部分如下：《民用建筑能耗数据采集标准》（JGJ/T154—2007）；《民用建筑热工设计规范》（GB50176—93）；《民用建筑节能设计标准（采暖居住建筑部分）》（JGJ26—95）；《夏热冬冷地区居住建筑节能设计标准》（JGJ134—2010）；《夏热冬暖地区居住建筑节能设计标准》（JGJ75—2012）；《公共建筑节能设计标准》（GB50189—2015）；《建筑照明设计标准》（GB50034—2013）；《工业建筑供暖通风空气调节设计规范》（GB50019—2015）；《既有采暖居住建筑节能改造技术规程》（JGJ129—2000）；《采暖居住建筑节能检验标准》（JGJ132—2001）；《外墙外保温工程技术规程》（JGJ144—2008）；《地面辐射供暖技术规程》（JGJ142—2004）；《民用建筑太阳能热水系统应用技术规范》（GB50364—2005）；《建筑给水排水及采暖工程施工质量验收规范》(GB50242—2002);《通风与空调工程施工质量验收规范》(GB50243—2002);《空调通风系统运行管理规范》(GB50365—2005);《地源热泵系统工程技术规范》(GB50366—2009);《建筑节能工程施工验收规范》(GB50411—2007)。

（2）建筑节能相关标准。《建筑外窗空气渗透性能分级及其检测方法》(GB/T 7107—2002);《建筑外窗雨水渗透性能分级及其检测方法》(GB/T7108—1986);《建筑外窗空气隔声性能分级及其检测方法》(GB/T8485—2008);《建筑外窗保温性能分级及其检测方法》(GB/T8484－2008);《钢窗建筑物理性能分级》(GB13684—1992);《建筑外门的空气渗透性能和雨水渗漏性能分级及其检测方法》(GB/T13686—1992);《建筑幕墙空气渗透性能检测方法》(GB/T15226—1994)。

（3）建筑物用能标准。建筑物用能标准范围很广，包括用电、用热、用水的设备选型标准和运行管理标准等，在此，仍按国家标准和部分地方标准的分类，介绍如下。

中国国家标准：《家用电冰箱耗电量限定值及能效等级》(GB12021.2—2015)、《房间空气调节器能效限定值及能效等级》(GB12021.3—2010)、《电动洗衣机能效水效限定值及等级》(GB12021.4—2013)、《自动电饭锅能效限定值及能效等级》(GB12021.6—2008)、《彩色电视广播接收机能效限定值及节能评价值》(GB12021.7—2005)、《交流电风扇能效限定值及能效等级》(GB12021.9—2008)。

系列标准：《生活锅炉热效率及热工试验方法》(GB/T10820—1989);《宾馆、饭店合理用电》(GB/T12455—2010);《交流电气传动风机（泵类、空气压缩机）系统经济运行通则》(GB/T13466—2006);《通风机系统经济运行》(GB/T13470—2008);《节电技术经济效益计算与评价方法》(GB/T13471—2008);《设备及管道绝热技术通则》(GB/T4272—2008);《组合式空调器质量标准》(GB/T14294—2008);《风机机组与管网系统节能监测》(GB/T15913—2009)。

地方标准（部分）：《食品冷库经济运行管理标准》(DB31/T728—2013);《照明设备合理用电》(DB31/T178—2002);《蒸汽锅炉房安全、环保、经济运行管理标准》(DB31/T176－2010)。

（4）国内低碳建筑的实践。为了解决建筑采暖、空调、通风、照明等方面的能源消耗碳排放量大的问题，尽快建设绿色低碳住宅项目，实现节能技术创新，建立建筑低碳排放体系，注重建设过程的每一个环节，以有效控制和降低建筑的碳排放，并形成可循环持续发展的模式，最终使建筑物实现有效节能减排并达到相应的标准，这是中国房地产业走上健康发展的必由之路。

在低碳建筑的实践中，上海世博园区、上海首个低碳办公示范区——"印象钢谷"和 2009 年投入使用的北京电视台高楼都是低碳理念的建筑实例。

上海世博会提出了绿色经济、低碳生活是未来城市发展趋势的理念。园区建设中大量使用了太阳能、风能、地热等利用新能源的技术和设备，雨水的回用，世博中国馆、主题馆建筑一体化光伏发电，智能化生态建筑利用天然采光和综合遮阳、太阳能建筑一体化、主被动通风、绿色 3R（reduce、reuse、recycle）建材、工业化施工、雨污水综合回用、浅层地热利用、热湿独立空调系统等先进技术，以确保实现世博园区内"零排放"、园区周边"低碳排放"的承诺。

节能建筑最重要的是在材料和能源结构上的革新，包括将来的屋顶技术、屋面技术、涂料技术等要素。建筑全生命周期要做"碳排放"的减法，有别于先"排放"后"吸收"的"碳中和"方式。这种减排最大化的建筑设计是低碳建筑的核心。研究表明，低碳建筑增加 5%的投资，可以减少 40%的碳排放。这 5%的投资主要集中在三个方面：隔热、照明和计算机（俗称电脑）等设备发热量。

（5）节能建筑指标评价体系。在节能建筑指标分析上，20 世纪 70 年代，中国（港澳台除外）的建筑节能评价方面开始提出一些有益的理论探索。20 世纪 80 年代，大力提倡建筑节能，从而使建筑节能在计算机和数学方面取得进展。

20 世纪 90 年代，国内的绿色建筑评价体系研究发展迅速，学者在充分结合中国现实国情基础上做了很多有益的探索，并建立多个立足本国、富有中国特色的评价体系。例如，中国住房和城乡建设部住宅产业化促进中心制定的《绿色生态住宅小区建设要点与技术导则》《现代房地产绿色开发与评价》《绿色奥运建筑评估体系》及台湾地区的《绿色建筑解说与评估手册》、香港地区的 HK-BEAM 等。

4.3.2.2　钦州市低碳建筑指标构建

1）钦州市低碳建筑指标的构建基础

钦州市北邻广西壮族自治区首府南宁，位于广西壮族自治区南部，北部湾沿岸，东与北海市和玉林地区相连，西与防城港市毗邻属南亚热带季风气候区，是中国湿热多雨的地方之一，属于夏热冬暖地区。年平均气温 22℃，最高热力学温度 37.5℃（1968 年 7 月 28 日），最低热力学温度−1.8℃（1955 年 1 月 12 日）。年平均降水量在 1600 毫米左右，年平均日照时数 1800 小时左右，无霜期大于 350 天。太阳年辐射量 104.6～108.8 千卡/厘米^2，年日照时数为 1633.6～1801.4 小时，年平均气温 21.4～22℃，年总积温 7800～8200℃。

对于属于夏热冬暖地区的建筑主要考虑夏季空调，可不考虑冬季采暖。居住建筑通过采用合理节能建筑设计，增强建筑围护结构隔热、保温性能和提高空调、采暖设备能效比的节能措施，在保证相同的室内热环境的前提下，与未采用节能措施前相比，全年空调和采暖总能耗应减少50%。

2）钦州市低碳建筑指标的构建思路

钦州市建筑评价体系在构建过程中，主要考虑到和国家建筑节能相关规制的接轨衔接，以及在此基础上提出钦州特色的低碳建筑要求。建设标准主要采取通用的国家标准、国际标准和国内外有节能特色的城市指标，结合钦州区域的实际，力求突出区域特点。钦州市所有建筑按照国际《绿色建筑评价标准》（GB/T50378—2006）执行，并在此基础上明确建筑节能必须大于等于65%的底线值（太阳能使用不计算其中）。考虑到国家现行相关标准的量化指标不够明确，我们提出一个钦州低碳建筑的评分标准。在指标评分值确定上，参考及类比了国际和国内先进地区等相关政策和研究中的指标值，向相关领域专家咨询后，结合本区现状进行科学合理的调整后确立。

建立的低碳评分标准主要有两个目的：一是通过评分标准值的设定，指导钦州建筑建设和运营管理单位进行低碳建设。评分表格中，国标中明确的不再重复，且尽量兼顾操作性、全面性和系统性，从而为建筑节能达不到低于65%的目标服务。二是钦州建筑建设完成并投入运行一年后，可以将评分表格作为绿色建筑评价（评奖）的依据。评分细则中，我们借鉴采用了CEC体系思路，因为其不仅可以较为准确地反映建筑的能耗情况，而且可以通过对一年周期的运行数据有目的地采集摸清建筑的能耗基线，为钦州乃至全国的低碳建筑的减碳量化效果研究提供有价值的数据。

建筑评分指标可以作为钦州管理委员会（以下简称管委会）建设行政主管部门对生态低碳城内所有建设活动实行统一监督管理的依据。通过钦州的绿色建筑专家委员会为建设活动提供绿色建筑相关技术咨询，参与低碳建筑设计方案、设计施工招投标的评审和绿色建筑验收等，以及一年后的绿色建筑评价工作。管委会下设的低碳管理办公室负责协调管理钦州低碳建筑有关活动，组织低碳建筑评价及评奖活动，监督低碳建筑的运营管理过程，日常管理与联络低碳建筑专家委员会。为了形成争相发展低碳建筑的良好局面，对于运行一年后建筑低碳评估优秀的，管委会通过制定相关优惠政策予以激励，该政策需在建设招商指南中明确。

3）钦州市低碳建筑评分表内容

在建筑使用一年后，组织评审专家进行低碳能效评定。可以采用表4-6的评分标准。评分指标有两级指标系统组成，分设两个层次：第一层次由能效标准、建材标准、节水标准、管理标准组成；第二层次由16个子指标构成。

表 4-6 低碳建筑评分表

一级指标	二级指标	单位	评分/分	公共建筑	住宅
能效标准	建筑物冷热负荷	兆焦/（米²·年）	1	PAL 值≥5%	PAL 值≥5%
			2	0%<PAL 值<5%	0%<PAL 值<5%
			3	-10%<PAL 值≤0%	-10%<PAL 值≤0%
			4	-25%<PAL 值≤-10%	-25%<PAL 值≤-10%
			5	PAL 值≤-25%	PAL 值≤-25%
	可再生能源使用率	%	1	无利用	—
			3	利用某种可再生能源，且利用率小于15%	无利用
			5	利用某种可再生能源，且利用率等于15%	—
			6	利用某种可再生能源，且利用率大于15%	利用某种可再生能源
			10	利用多种可再生能源，且利用率达25%	利用某种可再生能源，且利用率达25%
	通风系统		1	CEC 值≥5%	—
			2	0%<CEC 值<5%	—
			3	-10%<CEC 值≤0%	√
			4	-25%<CEC 值≤-10%	—
			5	CEC 值≤-25%	—
	照明系统		1	CEC 值≥5%	CEC 值≥5%
			2	0%<CEC 值<5%	0%<CEC 值<5%
			3	-10%<CEC 值≤0%	-10%<CEC 值≤0%
			4	-25%<CEC 值≤-10%	-25%<CEC 值≤-10%
			5	CEC 值≤-25%	CEC 值≤-25%
	热水供应系统		1	CEC 值≥5%	—
			2	0%<CEC 值<5%	—
			3	-10%<CEC 值≤0%	√
			4	-25%<CEC 值≤-10%	—
			5	CEC 值≤-25%	—
	电梯系统		1	CEC 值≥5%	—
			2	0%<CEC 值<5%	—
			3	-10%<CEC 值≤0%	√
			4	-25%<CEC 值≤-10%	—
			5	CEC 值≤-25%	—

续表

一级指标	二级指标	单位	评分/分	公共建筑	住宅
	建筑节能率	%	1	≤40%	—
			2	—	≤40%
			4	65%	56%~64%
			5	66%~70%	65%
			7	71%~80%	66%~70%
			9	81%~84%	71%~79%
			10	≥85%	≥80%
建材标准	3R 材料比例	%	1	≤20%	≤20%
			2	21%~30%	21%~30%
			3	30%	30%
			4	31%~35%	31%~35%
			6	≥36%	≥36%
	可持续林业产品比例	%	2	未使用	未使用
			3	≤10% 或无建筑使用	≤10% 或无建筑使用
			4	11%~49%	11%~49%
			6	≥50%	≥50%
	500 千米内生产的建材占总建材比例	%	1	≤70%	≤70%
			3	70%	70%
			4	71%~79%	71%~79%
			6	≥80%	≥80%
	非现场预制建材使用造价比例	%	1	≤69%	≤69%
			2	70%~75%	70%~75%
			3	76%~80%	76%~80%
			4	81%~89%	81%~89%
			6	≥90%	≥90%
节水标准	节水设施及器具		3	有节水阀门装置	有节水阀门装置
			5	有节水阀门和节水设备	有节水阀门和节水设备
	水再生利用		3	无水再生利用措施	无水再生利用措施
			4	有水再生利用措施	有水再生利用措施
			5	有水再生利用措施和设备	有水再生利用措施和设备
	雨水收集、利用率	%	2	无雨水利用措施	无雨水利用措施
			4	有雨水利用措施	有雨水利用措施
			6	雨水收集利用率≥20%	雨水收集利用率≥20%

续表

一级指标	二级指标	单位	评分/分	公共建筑	住宅
管理标准	5A 系统普及率	%	2	无自控系统	无自控系统
			6	1 种自控系统	—
			8	2~4 种自控系统	1 种自控系统
			10	5 种自控系统	2 种以上自控系统
	建成区绿化覆盖率	%	1	<45%	<45%
			3	45%	45%
			6	>45%	>45%

注：√表示系统的指标在住宅类中无对应标准值，直接将其译为 3 分。

4.3.2.3 指标解释

PAL 即"周边区全年热负荷系数"，参照日本建设省所推行的 CASBEE 体系 PAL 或 CEC 方法。

PAL=建筑物周边区全年热负荷（兆焦/年）/周边区的建筑面积（平方米）

参照日本建设省所推行的 CASBEE 体系 PAL 或 CEC 方法。空调高效化措施主要是：限制设备台数，改变水量控制、部分负荷调节、废热回收、大温差送水系统方法提高效率；考虑高效热源设备和储热系统；引入降低输配动力系统。设备能耗系数 CEC 分别有空调、换气、照明、电梯和供热水五个能耗系数。以空调能耗系数（CEC）为例，表达式为

CEC=全年空调耗能量（兆焦/年）/全年假象空调负荷（兆焦/年）

推行智能房计划，包括通信自动化（CA）、办公自动化（OA）、楼宇控制自动化（BA）、管理自动化（MA）和消防安全自动化（SA）等所谓的 5A 系统。

4.3.2.4 低碳建筑评分指标操作方法

钦州市低碳建筑评分标准，采用 16 个指标，根据权重评分，满分 100 分。经逐项评定后，采用分级的方法进行建筑管理，形成钦州市低碳特色的建筑建设指南。该评价指标体系兼顾了公共建筑和住宅两大类建筑，在住宅类中，部分指标无对应的标准值，采用平均分值的方法计算分值。根据评分分级得出评价，如表 4-7 所示，并将其作为入区建筑的主要参考依据。

表 4-7 低碳建筑评分分级表

分级	不成熟	一般	较成熟	成熟
评分/分	≤40	41~64	65~84	≥85

在钦州市建设初期可以根据实施情况取低值，随着技术进步和钦州市的发展，逐步提高评价的分级分值，进一步提高钦州市低碳建筑的标准。

4.3.3 水资源利用专题指标体系

4.3.3.1 水资源利用背景及意义

地球表面的 70% 被水覆盖，但淡水资源仅占所有水资源的 2.5%，近 70% 的淡水固定在南极和格陵兰岛的冰层中，其余多为土壤水分或深层地下水，不能被人类利用。地球上只有不到 1% 的淡水可为人类直接利用，而中国人均淡水资源只占世界人均淡水资源的 1/4。

中国水资源总量为 2.8 万亿立方米。其中地表水 2.7 万亿立方米，地下水 0.83 万亿立方米，由于地表水与地下水相互转换、互为补给，扣除两者重复计算量 0.73 万亿立方米，与河川径流不重复的地下水资源量约为 0.1 万亿立方米。按照国际公认的标准，人均水资源低于 3000 立方米为轻度缺水；人均水资源低于 2000 立方米为中度缺水；人均水资源低于 1000 立方米为严重缺水；人均水资源低于 500 立方米为极度缺水。中国目前有 16 个省（自治区、直辖市）人均水资源量（不包括过境水）低于严重缺水线，有 6 个省（自治区）（宁夏、河北、山东、河南、山西、江苏）人均水资源量低于 500 立方米。中国水资源总量并不算多，排在世界第 6 位，而人均占有量更少，为 2240 立方米，在世界银行统计的 153 个国家中排在第 88 位。中国水资源地区分布也很不平衡，长江流域及其以南地区，国土面积只占全国的 36.5%，其水资源量占全国的 81%；其以北地区，国土面积占全国的 63.5%，其水资源量仅占全国的 19%。

据监测，目前全国多数城市地下水受到一定程度的点状和面状污染，且有逐年加重的趋势。日趋严重的水污染不仅降低了水体的使用功能，进一步加剧了水资源短缺的矛盾，对正在实施的可持续发展战略带来了严重影响，而且还严重威胁到城市居民的饮水安全和人民群众的健康。

近年来，随着人口的增长、工矿企业的增加，钦州市辖区内水资源普遍受到不同程度污染，各类污染事故时有发生，严重扰乱了人们的正常生活秩序，危及人们的生命健康，直接影响经济发展和社会进步。因此，搞好钦州市水资源保护规划已经成为十分迫切的任务。这就迫切需要制定出水资源利用指标来合理划定水资源功能区，拟定水质目标，审定水域纳污能力，提出主要污染物质的总量控制方案，制订水污染防治实施计划和提出管理措施，以达到保护水环境，实现水资源可持续利用的目标。

4.3.3.2 钦州市水资源利用指标构建

钦州市水资源利用指标体系（表 4-8）建立的目的是减少水资源消耗、提高水资源利用率，构建集约、循环的水资源利用系统。其中一级指标包含了水资源节约利用、水源健康卫生、水资源循环利用和水环境良好等，一级指标又对应了八项具体的二级指标，指标设计原则着重强调了可行性和针对性，指标的设计不仅要能够反映钦州市的水资源利用状况，还要在量化、测算和分析综合等方面具有可行性和可操作性。

表 4-8　水资源利用指标体系

指标	二级指标	单位	指标值
水资源节约利用	供水管网漏损率	%	≤5
	新建建筑节水器普及率	%	100
	日人均生活耗水量	升	≤120
水源健康卫生	直饮水使用率	%	≥50
水资源循环利用	雨水的收集和利用	%	开发前后雨水下渗量零影响
	城市污水处理率	%	100
	中水回用比例	%	≥27
水环境良好	地表水质量		不低于Ⅲ类水质

4.3.3.3　指标解释

供水管网漏损率指供水总量和有效供水总量之差与供水总量的比值。

节水器普及率指在用用水器中节水型器具数量与在用用水器具的比例。

中水回用比例指中水系统可回收排水项目回收水量之和与中水系统可回收排水项目的给水量之和的比例（中水回用量占污水处理厂处理水量的比例）。中水指各种排水经处理后，达到规定水质标准，可在一定范围内重复使用的非饮用水。非传统水源（即中水）不同于传统地表水供水和地下水供水的水源，包括再生水、雨水、海水等。在现有规划中，钦州市的非传统水源主要用在道路清洗、城市绿化和冲洗公厕等。在现有规划的基础上，要扩大中水回用比例，除了以往的道路清洗、城市绿化、冲洗公厕之外，还包括水体的水源补充、景观用水和生活用水（如居住冲厕和公建冲厕）。最重要的是，除了雨水外，所有的废水都要被处理并得到二次利用。

雨水透水地面比例指拥有能渗透雨水的透水设施的地面比例。雨水的收集需要一个单独、专门的系统。需建立集水区，以便所收集的雨水经排出后可以直接使用，或被排到水体之中。可在雨水被排入水体中之后再做处置，或可以被二次利用。但有一些雨水需要事先进行处理，从而去除其中的污染物。在以后的新建用地一级开发层面可采用以下实施手段：第一，结合城市公园绿地、公共绿地、防护绿地及郊野绿地设置下凹式绿地；第二，结合城市广场、停车场及步行道设置透水地面；第三，利用城市公园绿地、郊野绿地设置湿地。在二级开发层面可采用下列实施手段：第一，结合红线内建筑类型安装绿色屋顶；第二，在地块红线范围内的绿化面积中设置下凹式绿地；第三，根据地块红线范围内道路功能采用透水地面。

4.3.4 交通专题指标体系

4.3.4.1 背景及意义

相关研究表明，大气中二氧化碳和其他温室气体的浓度不断增加，其大都来源于化石能源的燃烧，这是造成全球温度上升和气候变化的主要原因之一。交通运输业则是推动石油需求增长的主要力量。根据国际能源署（IEA）的测算，全球交通运输在一次石油总消费量中所占的比例将从 2005 年的 47% 提高到 2030 年的 52%。尽管生物燃料在道路交通运输燃料市场中所占的份额有所增加，但是以油为基础的燃料依然处于主导地位。在全球范围内，2005～2030 年，交通运输石油消费量预计年均增长将会达到 1.7%。交通能耗需求的不断增加，使得交通领域成为温室气体排放的重要来源。在美国，交通领域产生的温室气体排放量占到了美国总排放量的 28%；英国交通领域中二氧化碳等温室气体的排放量占其国内总排放量的 21%，而道路交通温室气体的排放量则占到了整个交通领域温室气体排放总量的 92%。随着能源危机、经济危机及气候危机问题的日益凸显，如何减少交通中的碳排放，实现交通的低碳化发展，成为世界各国低碳转型的重要组成部分。在上述背景下，"低碳交通"的概念应运而生。虽然目前对于低碳交通的概念尚未有一个统一的界定，但其实质是一种以低能耗、低污染、低排放为特征的新的交通发展模式。

全球低碳经济的发展浪潮及中国政府对低碳发展的重视及坚定信心，为中国实现交通的低碳转型提供了难得的机遇。走交通低碳化发展道路，既是应对全球气候变化的重要途径，也是中国实现交通可持续发展的新思路、新选择。但与此同时，中国当前的交通能耗和城市交通结构也对低碳交通的发展提出了重大挑战。根据建设部提供的统计数据，目前，中国交通能耗已占全社会总能耗的 20%，如不加以控制，将达到总能耗的 30%，超过工业能耗。交通已成为中国能源消耗和温室气体排放的重要来源。在交通运输的能耗过程中，道路交通工具所消耗的车用燃油是交通能耗的主体，约占整个交通运输行业能源消费总量的 70%（按当量计）。从中国目前城市交通结构来看，这一形势更加严峻。近年来，虽然中国的城市公共交通有了较快的发展，但是小汽车出行在中国尤其是特大城市中仍然占有较大的比例，公交出行分担率仅占城市居民总出行量的 10%～25%，与发达国家 40%～60% 的出行比例相比，还有很大的差距。此外，中国大运量快速公共交通系统发展缓慢。截至 2016 年，全国 667 个城市中，建成有轨道交通线路的仅 27 个城市，快速公共汽车系统也才处于起步阶段。而与此同时，中国机动车保有量增长势头迅猛，私人汽车拥有量由 1985 年的 28.5 万辆，激增至 2016 年的 16 559 万辆。如不加快交通结构的优化调整，加快公共交通基础设施及服务水平的提升，一旦轿车在城市得到充分普及，则高碳的交通发展模式更加难以扭转。因此，对于中国的交通运输行业而言，实现低碳转型的挑战在于要加快发展低排放、少污染的运输方式，而机遇则在于在高速发展中构建可持续发展的交通体系。

4.3.4.2 钦州市低碳交通指标构建

为了全面反映钦州低碳交通状况，根据低碳交通内涵，从其主要实现途径入手，坚持以人为本、方便快捷、节能环保等原则，着力反映指标的可操作性和对专项交通规划的指导性。在指标体系的架构上，我们参考了国内相关绿色交通规划理论，围绕"低碳交通、绿色出行"这一核心，采用层次分析法，选择环境友好、出行结构、出行距离、节能减排等四个方面作为该指标体系的准则层，在准则层的下一级，选择若干指标作为具体评价考核内容。在具体指标选取上，避免了交通专项规划设计规范中已经限制并做出规定的一些涉及指标及参数，而是尽量选取一些城市道路设计规范中没有规定，但对整个交通系统碳排放影响较大，又能同专项规划实现较好衔接并可以体现到交通专项规划设计理念的一些"柔性"指标加入到该指标体系中。同时，根据钦州区域现状，未来交通发展需求、城市功能定位等方面，构建了包含每万人公交车拥有量、清洁燃料汽车拥有率等 14 项具有代表性的指标作为目标层的低碳交通考核指标体系。在评价指标建设值的确定上，我们主要以中新天津生态城为主要参考区域，在对两城交通规划进行深入研究的基础上，结合各自特点进行分析，有选择性地对具有代表性的指标进行类比分析，得出比较符合钦州实际情况的合理结论，以期实现钦州交通系统环境友好，减少机动车出行需求，降低运行排放，降低交通能耗的低碳发展目的（表 4-9）。

表 4-9　低碳交通评价标准

准则层	指标层	单位	建设值	类型
环境友好	每万人拥有公交车辆数	标台	25	强制型
	清洁燃料汽车拥有率	%	80	强制型
	公交优先通行措施	—	良好	强制型
	邻里性公共设施健全率	—	完善	强制型
	公交站点覆盖率	%	100	强制型
出行结构	内部出行中公交出行比例	%	35	引导型
	对外出行中公交方式所占比例	%	70	引导型
	内部出行中慢行交通方式所占比例	%	50	引导型

准则层	指标层	单位	建设值	类型
出行距离	步行可到达基层社区中心距离	米	300	强制型
	步行可到达居住社区中心距离	米	200	强制型
	城区内可以实现各类出行距离范围	千米	2	强制型
节能减排	机动车尾气排放达标率	%	100	强制型
	机动车车载自诊断系统（OBD）配备率	%	100	强制型
	公交候车亭采用太阳能发电系统比例	%	100	引导型

4.3.4.3 指标解释

每万人拥有公交车数是反映城市公共交通发展水平和交通结构状况的指标，指一定时期城区内每万人平均拥有的公共交通车辆标台数，该指标是反映公交实际客运能力的指标。

每万人拥有公交车辆数=运营公交车标台数/（城区人口+城区暂住人口）

标准运营车数指不同类型的运营车辆按统一的标准当量折算合成的运营车数。

标准运营车数=∑（每类运营车辆数×相应换算系数）

清洁燃料汽车拥有率指某一地区在一定时期内所拥有的清洁燃料汽车数量占该地区所登记的机动车全部车辆数的比例。

公交优先通行措施包括港湾式停靠站设置比例、优先路段比例、优先路口比例。这些指标有助于考查公交优先发展战略的制定及公交优先措施的实施水平。

邻里性公共设施是指小区的公共设施，主要的设施有户外开放广场、邻里公园绿地或街心公园、小型运动设施、社区活动中心、儿童游戏场地、地方消防站、变电所、垃圾站等。其主要的服务对象是有着公共需求或者共同偏好的群体，如社区的老人群体、儿童群体、妇女群体或外来流动人口等。建议该指标值设为100%。

公交站点覆盖率是公交站点服务面积占城市用地面积的百分比，是反映居民接近公交程度的又一重要指标。建议该指标值设定为100%。

居民出行方式从整体上反映了居民对出行交通工具的选择情况，随着钦州市的不断发展，公共交通出行将成为联系新城内部的主要交通方式。

内部出行中慢行交通方式所占比例：慢行交通指的是步行或自行车等以人力为空间移动动力的交通。慢行交通系统亦可称为非机动化交通（non-motorized transportation），包括了步行系统与非机动交通系统，非机动车是指自行车、电动车、残疾人车、人力三轮车等，而步行系统的具体对象是行人。

机动车车载自诊断系统（OBD）是指车辆在出厂时就已经装配了能自动实时监控车辆排放情况的电脑系统。柴油车的车载自诊断系统能重点监控氮氧化物的排放，发现超标时会自动亮起警告灯，车辆会自动降低发动机扭矩，直至车辆进入维修站进行维修并解除警报以后才能恢复正常行驶。

公交候车亭采用太阳能发电系统比例指采用太阳能发电系统的公交车候车亭占该地区公交候车亭总数的比重。太阳能候车亭采用太阳能电池板、控制器、铅酸免维护蓄电池与超高亮度发光二极管新型光源作为供电系统和光源，同时运用高效纳米发光材料，使点光源变成面光源，发光频率高，布光均匀，具有光控或时控自动开关功能。候车亭太阳能供电系统白天进行电能转换及储备，夜晚箱体发光，不仅节电、绿色环保，而且起到醒目和美化环境的作用。

4.3.5　城市功能专题指标体系

4.3.5.1　背景及意义

城市化水平是衡量一个国家或地区现代化程度和社会经济进步状况的重要标志。积极稳妥地实施城市化战略，加快城市化进程，是中国改革开放和现代化建设新阶段必须完成的历史任务，是经济结构战略性调整的重要内容，也是解决社会经济发展诸多矛盾的重要途径。《中华人民共和国国民经济和社会发展第十个五年计划纲要》明确指出："要有重点地发展小城镇，积极发展中小城市，完善区域性中心城市功能，发挥大城市的辐射带动作用，引导城镇密集区有序发展。"因此，完善区域性中心城市功能是提高城市化水平的重大举措，对于促进经济结构优化升级，增加就业和农民进城机会，扩大内需，带动国民经济持续快速健康发展，有着十分重要的战略意义。不仅区域中心城市的功能需要完善，区域中不同类型的城市其城市功能同样需要加强和完善。只有形成功能互补的城市功能体系，才能真正发挥城市功能的作用，这对中国城市化战略的意义重大且深远。

面对社会经济均衡发展的难题，城市化进程加快带来的压力及城市面临着发展中的种种难题，不少学者和城市管理者都对此进行了长期探索，旨在尽量减少人类活动对城市系统和自然环境的影响。可持续发展思想的发展和广泛传播，正是人们对这些问题所做出的积极反应。

城市功能是城市系统的重要构成要素，是城市系统的功力所在。城市系统的存在和发展，是城市各种功能的吸收、消化、排除、适应、运动及各种城市功能间耦合机制等综合作用的结果。犹如恩格斯对生命功能所概括的那样，"生命是蛋白体的存在方式，这种存在方式本质上就在于这些蛋白质的化学成分的不断自我更新"。诚然，城市功能"不断自我更新"的能力远远没有蛋白质的化学成分那样自觉和强大，"在 20 世纪 30 年代的经济危机之后讨论城市功能"恰恰说明了这个问题，同时给我们提供了重要的参考借鉴价值：城市功能不仅与城市规划和城市建筑相关那样简单，实际上，自工业革命以来，城市功能已经与整个社会经济的发展紧密相连、息息相关。因此，我们应该充分认识城市功能的作用，了解和掌握城市功能的规律，学会运用城市功能调节社会、经济和生态的均衡发展。

城市系统是十分庞杂的，其中的经济系统也好，社会系统也罢，其本身是缺乏自我调节能力的，各个子系统之间也缺乏相互协调的能力。当前，中国的城市化应该进入突出城市功能的城市化阶段，通过城市功能的整合，提高资源优化配置效率。在中国社会经济发展失衡及人均土地资源短缺的情况下，更应强调和利用城市功能的调节作用，适时进行城市功能的整合。城市功能是多方面的，不同的城市在不同的发展阶段，其功能要素发挥作用的程度是不一样的。要通过城市功能的调节和整合来引导和促进城市的发展，就需要了解城市功能现状，找出城市功能的问题所在，这样才能取长补短，有的放矢进行功能调节，提高城市发展质量。通过对城市功能进行系统的综合评价研究是达到了解城市功能和找到城市功能问题的有效途径之一。

在城市化快速发展的情况下，如何合理布局城市功能、优化城市功能、充分发挥城市功能的综合效益，是城市建设和管理的一个首要问题，也是最重要的问题。

4.3.5.2　钦州城市功能指标构建

在构建钦州城市功能指标体系时，主要考虑到：要合理规划建筑和人口密度，符合科学的环境承载量；基础设施及配套设施要完备；住宅、商业建筑、服务配套、文化设施及办公场所应当多样并作合理布置，以最大限度地减少交通需求；布局要高效紧凑，最大限度地节约用地，利用公共空间；保护和发展文化与美学价值（表 4-10）。

表 4-10　城市功能指标体系标准

指标	二级指标	单位	指标值
合理高效布局	综合容积率	%	1.5~2.0
	公共空间有效结合率	%	100
基础设施完善	市政管网普及率	%	100
	无障碍设施的比例	%	100
配套设施齐全	公共配套设施覆盖范围	米	幼儿园≤300；小学≤500；中学≤1000；商业≤500；停车场≤150；基层社区中心≤500；基层社区公园≤500

4.3.5.3　指标解释

公共空间有效结合率指公共活动中心与公交、轨道等城市公共交通换乘枢纽和对外交通枢纽结合的紧密程度，以及公共活动中心地下空间开发利用的程度。需要合理设置住宅、商业、配套设施的容积率。

无障碍设施指为保障残疾人、老年人、儿童等群体的通行安全和使用便利，在建设项目中配套建设的服务设施，主要指道路、居住、公共建筑空间中的无障碍设施建设。

公共配套设施覆盖范围指区域内在一定服务范围内 100%拥有各类基本公共服务设施（幼儿园、小学、中学、商业、停车场、基层社区中心、基层社区公园）的设施服务半径。在实施过程中主要考虑基本公共服务设施的位置调整和布局优化。

4.3.6　教育专题指标体系

4.3.6.1　教育背景及意义

知识经济时代，教育作为提升国家竞争力的关键要素，正逐步从社会系统的边缘走向中心，日益成为影响国家和社会发展不可或缺的动力源。为了提升整个国家在全球化中的国际竞争力，世界各国非常重视本国教育的改革和发展。自 20世纪 80 年代中期以来，西方发达国家为了应对全球化和国际竞争的挑战，在新公共管理思潮影响下积极推行大规模公共部门改革计划。教育作为公共服务部门，自然也受到新公共管理改革的影响。一些新公共管理改革流行的概念，如卓越、提升竞争力、效率、问责等纷纷引入教育领域，并采用许多管理策略，如目标管理、过程管理和策略管理等，以期望改善教育服务的效果与效率。追求质量卓越，绩效责任成为国际教育改革发展的指导思想，以目标管理和绩效责任为主要内容的教育评价运动得到深入开展。尽管各国教育改革的举措不尽相同，但许多国家都将评价作为国家整体性教育改革的重要组成部分，认为对教育系统整体效能进行宏观监控和评价是非常必要的。近 20 年来，国际教育评价领域出现了两个变化：评价走出了学校校门，成为一项备受瞩目的政治问题；评价的对象不再局限于学生和教师的个人行为，学校、教育系统和教育政策都要接受评价。在中国，教育评价还处于起步阶段，侧重于对教育系统内部诸要素的评价，如对学生、教师、学校、课程等的评价，对于区域或国家层面上的教育系统宏观评价的研究非常薄弱，与国外存在较大差距。因此，有必要加强这方面的研究，探索如何更为有效地运用教育评价对教育系统进行监控，以便提高中国教育的整体效能。

4.3.6.2　钦州市教育指标的构建

中国国内构建的各种教育发展指标体系，多采用演绎与归纳的建构方式，体系逻辑性较强，但大多是理论层面的指标体系。由于在相关理论基础上存在较多分歧，同一主题（如教育现代化）下构建了众多不同的指标体系，孰优孰劣在缺乏实证研究支持下很难判断。构建教育指标体系需要一套科学、专业、严谨的流程。

在环境生态教育指标体系构建过程中，主要考虑教育对环境方面的影响指标，并不精确到全社会的教育水平（表 4-11）。

表 4-11　环境生态教育指标体系标准

一级指标	二级指标	单位	指标值
环保质量意识	公众对环境的满意率	%	≥85
环保知识把握	生态环境保护宣传教育普及率	%	≥80
社区运动参与	参与社区自愿运动的居民人数	%	≥60

4.3.6.3　指标解释

环境监测是环境保护的基础，是环境管理的一部分，是一项重要的基础性事业。从公众角度进行环境质量状况研究，可成为在环境监测领域探索的创新举措。公众对环境的满意率一般通过调查问卷的形式获得，调查问卷从公众的角度出发，系统地描绘出特定时间内公众对环境的关注程度、对环境保护工作的评价、对环境质量状况和环境保护行为的满意度，是体现民情的调查指数，从公众角度反映环境保护工作的重点、难点及取得的成绩等。因此，连续开展具有科学性和前瞻性的"满意度研究"项目可把公众对环境保护的满意度作为环境综合整治、定量考核的一项重要指标。

生态环境保护宣传教育可进一步加大钦州市生态环境保护宣传教育工作力度，提高公众对钦州环境保护的满意度，营造良好的环境舆论氛围，政府部门和相关负责单位需定期在各地区单位进行宣传教育。

社区自愿运动是基于固定居民群体的一项自发性运动，可以给予居民最根本的环境保护思想教育。参与社区举办的环境保护行动，可将教育意识落到实处，使环境保护的理念不是仅停留在理论层面，而是带动更多的人参与进来，其影响程度远大于其他环境保护宣传活动。

第 5 章

钦州城市生态系统的创新实践——魅力钦州

5.1 钦州城市生态系统的现状及问题

以城市生态为研究对象的城市生态学，发端于 20 世纪 80 年代，其中城市生态系统成为研究的热点之一。城市生态系统由社会、经济、自然三个亚系统交织在一起，具有生产、生活、还原三种系统功能。在城市生态的研究中，一些学者先后提出了城市发生学（如城市生态演替的边缘效应说）、城市引力学说（如向心-离心力学说）、城市空间扩展学说（如同心圆学说、扇形学说、多核心学说等）、城市中心地理论、城市生态位势理论、城市生态调控原理等学说与理论。

城市生态不是简单地将"城市"与"生态"叠加在一起。城市是一定地域内在政治、经济、文化、自然等方面具有不同范围中心的职能、提供必要的物质设施和力求保持良好的生态环境，以满足居民生产和生活方面需要的系统。生态城市理论从诞生之日起就受到广泛关注，并在进行理论研究的同时，各国专家和开发者也在积极探索从生态社区到生态城市的实践，其研究内容也随着环境科学、生命科学技术的不断创新而持续完善。目前已有不少国家和地区出台了自己的绿色住宅设计导则、生态建筑设计规范、生态住区评估体系之类的文件，如英国的BREEAM 体系、美国绿色建筑协会制定的《能源及环境设计先导》、加拿大《绿色建筑挑战 2000》评估手册、日本的《环境共生住宅 A-Z》、中国台湾地区相关部门建筑研究所制定的《绿色建筑解说与评估手册》等（滕琪，2008），中国也在 2011 年更新出版了《中国绿色低碳住区技术评估手册》。

如图 5-1 所示，城市生态学将城市规划、经济发展、人口资源、环境保护、社会问题、生态文化、社会生态系统等作为研究内容，以实现社会生态平衡与优化，促进城市生态经济协调统一与可持续发展为其研究的任务与目的。城市生态学丰富与深化了城市发展的物质基本原理，并促成了两个世界、两类科学和两种文化的交叉整合，具有重要的科学理论与社会现实意义。

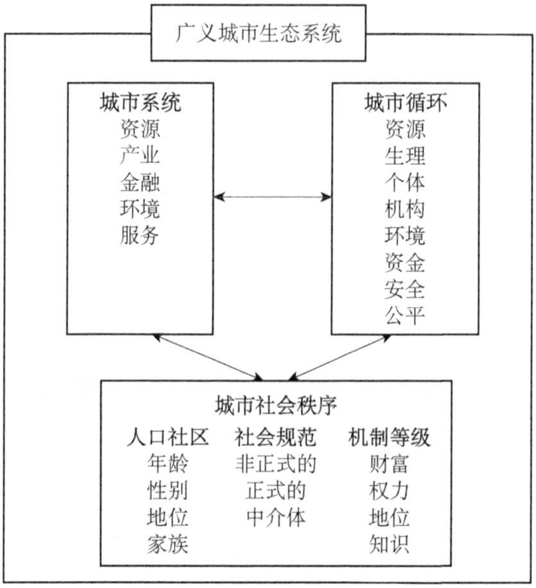

图 5-1　城市生态系统模式图

5.1.1　钦州城市生态结构特点及现状

本书从对钦州市广义城市生态系统的调查和研究尤其是对钦州滨海地区的具体分析中不难发现，这座城市有着丰富的内涵。本书重点锁定社会、经济、自然环境三个方面。

钦州市"一市连五南"（中国广西南宁、中国海南、东南亚、越南、中国大西南）的独特自然地理位置，多民族融合的社会形态及"建大港、兴产业、造新城、强科教、惠民生"的经济发展方略，确定了其政治生态结构的独特性和复杂性。钦州市政治生态系统不仅是指中国当代社会的政党或社团组织在其生存发展的过程中，与其他政党、社团组织之间以及与社会、自然环境之间相互依存、和谐共进的状态，还包括了钦州市政府与相邻国家及其政治团体之间的互利共生、和平发展的状态。具有鲜明的北部湾沿海城市政治特性。

钦州市背靠大西南、面向北部湾，拥有丰富的矿产资源及海洋资源，特别是珍贵的红树林及中华白海豚资源使得钦州市承担着保护生物多样性的重要任务。钦州市蕴藏有锰、钛、铁、铜、铁、铅、锌、煤炭、石膏、石英砂、金砂、陶土等多种矿藏。目前境内共探明 46 种矿产，矿床及矿点共 176 处，小型规模以上有 46 处，其中大型石膏矿床 1 处（钦灵石膏矿床），中型铅锌矿床和稀土矿床各 1 处，煤、油页岩、锰、磷、高岭土、陶瓷土、铁、钛等中型矿床 43 处。钦州湾海域东起钦州市钦南区东场镇的大风江口，西至防城港市防城区的企沙港海面一带，海湾总面积 908.37 平方千米，其中蕴含滩涂、潮汐、海水及海洋生物等多种海洋资源。海岸类型主要有鹿角湾海岸、三角洲海岸、红树林海岸。水深 2～18 米，最大水深 29 米，海水丰富，生活着众多植物和动物。植物有海菜、海茜、咸葱、菅草等，动物有海豚、海牛、海马与经济鱼类 130 多种，浅海滩涂有蚬、螺、蟹、蚝、沙虫等。

近年来，钦州市大力发展以港口工业为龙头，以临海工业、海洋产业、高新技术产业、外向型产业为主导的工业体系，多元性、多层次的国际级、国家级、省级、桂台合作型、市级、县级、乡镇级等机构和非公有制企业在钦州滨海新区云集、协同共生，是钦州经济、社会发展的重要推动力。国际合作园区，国家级、省市级园区是钦州政治生态和谐的重要载体和集中体现，同时也是吸引国际、省际外来投资的重要促因。

可见，钦州市政治与经济发展条件具有北部湾沿海城市发展的典型特点，其政治生态和谐和多元企业共生现象值得北部湾沿海城市借鉴，尤其是对东盟和中国南海区域的项目合作具有重要现实意义。

人类生态、文化生态、伦理生态和产业生态，在钦州这样一个特殊的地方云集、交融和协同共生，这是钦州广义生态学在理论和实践上创新的具体内涵，尤其是在人类生态、文化生态、伦理生态方面具有重大的理论和实践的素材、挑战和机遇。在钦州经济、社会发展有利的宏观环境下，钦州人以开拓的气质，弘扬了钦州精神，创造了钦州奇迹，提出了钦州规划，展示了钦州速度，提供了令人深思的钦州模式，为探索钦州各广义生态领域之间的协同共生发展机制，进一步促进钦州人类生态、文化生态、伦理生态的良好发展具有重要的理论意义和实践价值，对钦州模式的探究和创新，将不仅为中国继深圳模式后的深化改革提供借鉴，也将丰富世界城市广义生态系统的研究并促进其发展。

5.1.1.1 钦州市社会生态系统

1）钦州城市人居生态系统

人类生态学于 20 世纪 20～30 年代被提出，60 年代开始进入快速发展时期。到目前为止，人类生态学的理论体系已经走向成熟。人类生态学理论认为社会存在两种组织：生物组织和社会组织。生态环境与人类生存发展相互作用，主要体现在两个基本系统：人类生命系统和作为发展持续支持力的环境资源系统。两个基本系统协同共生，并且内部建立有利于人类的因果反馈关系。人类生态学指出人类发展模式需要由"人类中心论"向"生态中心论"转变,寻求一种人类与环境相互依存的整合发展模式,即人类生态学模式。

人居环境,是人类聚居生活的地方,是与人类生存密切相关的地表空间,它是人类在大自然中赖以生存的基地,是人类利用自然、改造自然的主要场所。

1958年,希腊学者道萨迪亚斯创建了人类聚居科学,对人类生活环境等问题进行了大规模的基础研究。他认为,"所有城市型聚居和乡村型聚居,作为人类生活的地域空间,其本质都是人类聚居"(邢晗,2014)。1993年,吴良镛、周干峙和林志群在国内首次提出人居环境科学的概念(周莉等,2011)。1995年11月,清华大学正式成立了"人居环境研究中心",并发表了一系列相关研究成果。

人居环境这一概念的提出具有重要意义:它在类型上,将城市型和乡村型纳入一个统一体;在居住地域上,将城市和农村整合在一起;在居住空间上,将人与自然融为一个整体。所以在研究方法上,必然要求采用一种融会贯通、综合的方法。

吴良镛先生参照道萨迪亚斯学说,将人居环境系统划分为五大系统:自然系统,指整体的自然和生态环境;人类系统,主要指作为个体的聚居者;社会系统,主要指由人群组成的社会团体相互交往的体系;居住系统,指人类系统、社会系统等需要利用的居住物质环境;支撑系统,指为人类活动提供庇护的所有构筑物,所有人工和自然的联系系统,以及经济、法律、教育和行政体系。

在上述五大系统中,"人类系统"与"自然系统"是两个基本系统,"居住系统"与"支撑系统"则是人工创造与建设的结果。

钦州地区地处广西壮族自治区,面向东南亚,临近北部湾,是大西南出海的关键地段,区位优越,交通方便。由于依水临海、河流水库众多、植被风貌多样,加之丰富的海洋和矿产资源,钦州工农业和海港运输均较为发达。自然环境方面,钦州拥有红树林等宝贵自然生态系统,同时国家一级保护动物——白海豚也在钦州海域,然而填海造陆等人类活动大大威胁了本地的自然生态系统。因此,钦州在发展的同时,需加强对自然生态系统的关注与保护。

2)钦州城市文化生态系统

文化生态系统由自然环境因素和社会环境因素构成,是文化与自然环境、生产和生活方式、经济形式、语言环境、社会组织、意识形态、价值观念等构成的相互作用的完整体系。钦州市历史悠久,文化底蕴深厚,有着独特的地貌、水文、气候、生物等自然资源,同时在政治、经济、文化、历史等方面也形成了具有多民族特点的精神文化,形成了独特的钦州文化生态系统。同时,钦州的民间舞狮舞龙、民间体育比赛、民间童谣、太平天国女将领苏三娘故居遗址、旅游文化、节日文化、民间艺术等民间传统文化,在传承钦州文化,发扬钦州精神方面起着重要作用。近年来钦州市坚持"立足本土文化、提高城市品位"的方针，打造城市文化品牌，通过发掘、利用和继承，成功打造了中华白海豚文化、刘冯文化、泥兴陶文化三大文化品牌，营造了钦州浓郁的本土文化气息。在文化软实力方面，全力提升钦州的城市品位，突出城市特色，打造钦州人自己的文化品牌，推动钦州市又快又好发展，提升钦州城市的综合竞争力。

根据联合国教育、科学及文化组织通过的《保护非物质文化遗产公约》中的定义，非物质文化遗产（Intangible Cultural Heritage）指被各群体、团体、有时为个人所视为其文化遗产的各种实践、表演、表现形式、知识体系和技能及有关的工具、实物、工艺品和文化场所。各个群体和团体随着其所处环境、与自然界的相互关系和历史条件的变化，不断使这种代代相传的非物质文化遗产得到创新，同时使其自己具有一种认同感和历史感，从而促进了文化多样性和激发人类的创造力。为使中国的非物质文化遗产保护工作规范化，国务院发布了《国务院关于加强文化遗产保护的通知》，并建立"国家+省+市+县"四级保护体系，要求各地方和各有关部门贯彻"保护为主、抢救第一、合理利用、传承发展"的工作方针，切实做好非物质文化遗产的保护、管理和合理利用工作。目前各省份也都建立了自己的非物质文化遗产保护名录，并逐步向市、县扩展。非物质文化遗产名录是保护非物质文化遗产的一种方式。目前，钦州全市已公布非物质文化遗产 13 个。其中国家级非物质文化遗产 1 个，自治区级非物质文化遗产 4 个，市县级非物质文化遗产 8 个。当前，钦州市非物质文化遗产保护处于起步阶段，其中坭兴陶烧制技艺的保护已得到政府重视，即采取了一系列保护措施。建立了坭兴陶工艺研究所，成立了坭兴陶行业协会，确定了代表性传承人，即中国工艺美术大师李人帡。"钦州坭兴陶"还申请了地理标志保护，于日前开工建设千年古陶城。自治区级非物质文化遗产钦州采茶戏同时也属于国家级非物质文化遗产"赣南采茶戏、桂南采茶戏"，应采取等同于国家级非物质文化遗产的保护与传承措施。

钦州文化孕育于秦，肇始于汉隋，振兴于唐宋。纵观历史，其区域渊源有三个。

（1）中原文化渊源。秦朝钦州属象郡，汉族开始逐步融入。汉族人口扩张主要有几种方式：一是每逢中原地区动乱，人口南迁；二是南方叛乱，朝廷派兵平反叛乱，平反叛乱后即留戍或屯田于钦州；三是明末以后，两湖、江西一带到钦州从事手工业、商业的人较多。随着中原人口不断迁入，生活方式和文化也随之融入，加上历代被贬谪来钦的文人，中原文化由此传入钦州，并成为其主要文化渊源。

（2）高原文化渊源。汉武帝时，南粤相吕嘉反，朝廷发夜郎（今贵州一带）兵讨伐，平定叛乱。汉唐以后，贵州、重庆一带的高原人口沿红水河进入广西，成为钦州文化的另一渊源。高原文化铸就了钦州忠厚而骁勇的民风。

（3）海洋文化渊源。海洋文化由苏门答腊、马来西亚、缅甸、泰国、越南等地传入钦州。钦州农民种的绿豆是于宋真宗时从印度引入移植的，黏米也是于宋真宗时从越南传入的。桂西桂南的高栏式居室是效仿马来西亚的。

这三种文化的长期交汇、碰撞，形成了以中原文化为核心，融合高原文化和海洋文化的钦州文化。其主要表现特征如下。

（1）向心尊王。钦州文化中的儒学思想是根深蒂固的，具有封建文化的共性。钦州一带的历代统治者，如秦汉时期的赵佗、隋唐时期的宁氏家族，均能顺应国家统一的历史潮流，始终归顺于中原朝廷，既爱国又忠君。这使得钦州地区在建制不断变化、朝代不断更迭的情况下，能保持相对的社会安定，致力于生产力和文化的发展。

清代王森在《粤西丛载》中说，"广西夷缭杂居，古为藩服，文物普遍，今类中州"（雷沛鸿，1938）。

（2）抵御外侮。汉光武帝时，伏波将军马援南征交趾，平定叛乱，立铜柱于林邑（越南中部），以表汉界。此后的历朝历代，钦州民众均能抵御外国侵略，捍卫国家领土。宋熙宁八年，钦州知州陈永龄在抗击大越国的战斗中，坚守阵地，城破不屈而死。明嘉靖年间，名将俞大猷两次在龙门全歼越南莫氏王朝海盗。清末刘永福在越南痛歼法军，冯子材取得震惊中外的镇南关大捷。清代守将马世禄在龙门港内外的扬威、耀武、锁龙、朝阳、牙山、乌雷、白龙尾等处设置炮台，筑起滨海长城。钦州民众抵御外侮的爱国精神正是中原文化忠君报国与高原文化骁勇民风的集中体现。

（3）反封建革命。中原文化与高原文化的碰撞，还产生了反封建革命的光芒。1840年，灵山县石塘镇苏三相、苏三娘领导了著名的天地会运动。1906年，刘思裕率领三那人民进行反糖捐斗争，黄明堂领导大寺三合会进行反清运动。反清斗争如火如荼，最终形成镇南关起义、河口起义、马笃山起义、王岗山起义的燎原之势。

（4）海港商贸。钦州湾向有珠玑鱼盐之利，江海舟楫之便。东汉孟尝革除弊政，开放珠宝贸易。唐朝设市舶专司，贸易日盛。宋大中祥符二年，宋真宗赵恒批准开辟对外贸易商埠。宋元丰二年，宋神宗允许在钦江东岸开设博易场，使钦州成为中国大西南地区与东南亚地区贸易的中转站，海外商贾以金银、宝玉、沉香、生香、象牙、犀角等物，换取西南诸省的蜀锦、湘绣、丝绸、布匹、文房四宝等物。元明时期，钦州与广州同为中国南方的贸易中心。孙中山在其《建国方略之二：物质建设》中给予钦州高度评价，将钦州规划为仅次于广州的南方第二大港。

同时，钦州的民间舞狮舞龙、民间体育比赛、民间童谣、太平天国女将领苏三娘故居遗址、旅游文化、节日文化、民间艺术等民间传统文化，在传承钦州文化，发扬钦州精神方面起着重要作用。钦州的民间活动、民间文化艺术都可以作为钦州文化资源进行深入挖掘，寻找其深层的文化内涵，为文化强市打下坚实基础。

3）钦州城市伦理生态系统

伦理生态系统即人类处理自身及其与周围环境关系的一系列道德规范。通常是人类在进行与自然生态有关的活动中所形成的伦理关系及其调节原则。人类自然生态活动中一切涉及伦理性的方面构成了生态伦理的现实内容，包括合理指导自然生态活动、保护生态平衡与生物多样性、保护与合理使用自然资源、对影响自然生态与生态平衡的重大活动进行科学决策以及人们保护自然生态与物种多样性的道德品质与道德责任等。

伦理价值观是人类社会内在的本质行为准则，是指导人类社会活动的深层次文化核心和思想渊源。生态环境伦理研究人类与环境及非人类世界的道德关系以及环境与非人类世界的价值和道德地位。生态环境伦理在强调人际、代际平等的同时，将伦理学的视野扩展到人类群体之外的自然存在物中，将其纳入伦理关怀的范畴，用伦理学"善"和"道德"的标准来调节人类与生态环境之间的关系。

按生态环境伦理的观点，生态环境的问题不仅仅是一个技术层面的问题，也并非人类的科学技术提供资源或减除污染方面的能力落后于他们消费资源或制造污染的速度。技术问题只是人与自然环境矛盾的表面形式，对待自然环境的价值取向才是它的内在实质。当谈到经济、社会、环境的和谐发展时，还要考虑意识形态方面的公平和谐，特别是人与人之间、人与自然其他要素之间的公平与和谐。

从古至今，各种时代、各种文化背景的人对待大自然的态度一直都在变化，其大致可按时间顺序概括为三种价值取向：一是人类服从于自然，为强大和不可妥协的自然界所支配；二是人类凌驾于自然之上，控制、利用和支配着自然；三是人作为自然的一个组成部分，和植物、动物、河流一样，应与大自然和谐共处。这种概括客观地显示出人与自然之间伦理关系的历史发展。无论是最早的"靠天吃饭"，还是后来的"战天斗地"，都是用一种极端的方式来对待人与自然地关系，而生态伦理观则是协调人与自然的关系，正是这种"协调关系"的确定，结束了人与自然数千年来的二元对立关系。

生态环境伦理观主要包括四个基本理念，即开明的人类中心主义、动物权利论、生物平等主义和生态整体主义。开明的人类中心主义认为，地球的生态环境是所有人（包括现代和后代）的共同财富，任何国家、地区或某一代人都不能为了追求单一局部的小团体利益，而置整个地球生态系统的平衡和稳定于不顾。对于倡导环境保护运动来说，开明的人类中心主义是必需的，但它不能为濒危动物的保护提供充足的行动理由。因此，生态伦理关怀的范围还必须继续拓展到动物权利论，即为人们保护濒危动物提供的道德依据。动物权利论倡导者从康德的道义论出发，认为动物和人同样拥有不可侵犯的权利，这种权利是"天赋价值"。

钦州地区有着丰富的自然地理资源，煤、石油、磷矿、高岭土等矿产丰富，森林、海洋资源丰富，各民族与自然之间形成了各种不同的伦理道德规范和风俗，因此钦州地区伦理生态系统也具有相对复杂性和特殊性。

4）钦州市政治生态系统构建

政治生态学是运用生态学的观点研究社会政治现象的一种理论和方法。从广义上讲，该术语主要用于描述环境对政治行为的影响。从狭义上讲，它是指对与政治地理学紧密联系的空间领土环境和政治行为的研究。政治生态思考和探索的问题是制度、法律、观念、生活方式、宗教信仰、风俗习惯等环境因素对政治系统的影响，寻求的是一个于政治发展有利的社会环境，倡导的是民主、法治、效率和稳定，关注的是公众对体制、法律政策的认同和对政府的亲和力，政府对公众的影响和号召力，政权交替的方式和频率，政府营造天时、地利、人和环境的手段与方法，国家所处的周边和全球环境（景乾坤，2006）。政治生态的理论基石来源于马克思主义的精髓（景乾坤，2006）。马克思主义哲学倡导用联系的方法研究问题，"当我们深思熟虑地考察自然界或人类历史或我们自己的精神活动的时候，首先呈现在我们眼前的，是一幅由种种联系和相互作用无穷无尽地交织起来的画面"。政治生态真正是把政治看作一个有机联系的政治系统。

政治生态学理论克服了传统政治学封闭的、孤立的思想方法，是从大局、开放、整体的思想方法出发，把政治现象放到与之相联系的社会、自然生态系统中予以整体把握。这种研究不是以观念的逻辑为背景，而是以现实社会的存在为背景，政治生态学在研究方法上的变革主要体现在以下四个方面。

（1）从局部性研究转向整体性研究，整体观是政治生态理论的重要方法论基础。

（2）从模式化研究转向现实化研究。模式化研究是局部性研究的产物，研究者的学术动机主要是通过构建模式来说明和分析政治现象，其目的是通过对局部政治现象的模式化解释和处理，来把握和揭示政治生活的关键特征。

（3）从静态研究转向动态研究。一般研究虽然也强调政治要素分析和关系模式分析，也时常运用结构分析方法，但对社会、历史和文化的把握比较机械，要么过于简单，要么过于教条，往往从"应然"取向而非"实然"取向去研究政治问题。

（4）从封闭性研究转向开放性研究。一般来说，系统的封闭性是指系统与外部环境之间不存在相互影响与相互作用。系统的开放性是指系统与外部环境之间是相互作用、相互影响的，它既受环境的影响，同时又影响着环境，它们之间不断进行着物质、能量、信息的交流。

为加快经济的发展，钦州市出台了促进经济发展的相关政策，如加快推进"千百亿产业崛起工程"和承接产业转移的优惠政策，钦州港工业区优惠政策，广西钦州市人才支持政策和北部湾税收优惠政策等，这些优惠的经济政策都助推着钦州经济的快速发展。

近年，随着广西北部湾税收优惠政策的实施，钦州市一批西部大开发及高新技术企业得到政策扶持。2008～2011 年，先后有 160 多户企业享受企业所得税减免 16 560 万元，享受城镇土地使用税、房产税减免 3000 多万元，累计减免税款超过 2 亿元，有力助推了该市港口运输、电子电器、制糖等行业的发展。2009 年，为贯彻落实自治区"科学发展三年计划"，积极实施产业优先发展战略，加快把钦州建成北部湾临海核心工业区、区域性国际航运中心和物流中心、承接加工贸易梯度转移重点承接地，制定了钦州市加快推进"千百亿产业崛起工程"和承接产业转移的优惠政策。

5.1.1.2　钦州经济生态系统

目前钦州有 2 所高等学府，钦州学院和广西英华国际职业学院，1 所中等职业学校，即北部湾职业技术学校。目前的钦州学院已经成为目前广西应用科技型大学试点学校之一，根据应用科技型大学建设要求，学校正在进行转型发展，在专业设置、学校管理、学生培养方面都在做大幅度的调整，注重对学生操作技能、实践动手能力的培养。转型后的钦州学院重点培养应用型人才，服务广西北部湾经济区的发展，特别是钦州学院的海洋科学、轮机工程、石油化工类专业作为重点学科专业，为钦州的新兴产业培养着优秀人才，为钦州经济发展提供着丰富的人力资源。

目前的钦州正在开发建设的工业园区（开发区、工业集中区）共有 4 个，分别为钦州港经济技术开发区、河东工业园区、灵山工业区和浦北县工业集中区。四个工业园区总规划面积 209.89 平方千米。其中，钦州港经济技术开发区为国家级经济技术开发区，河东工业园区、灵山工业区和浦北县工业集中区属自治区 A 类产业园区。"十二五"期间，以钦州港经济技术开发区、钦州保税港区和高新技术产业开发区三大主要园区为龙头，以工业园区和工业集中区为载体和依托，带动中心集镇工业聚集区进行产业布局，同时在一些重点镇建设有产业特色的专业开发区。形成产业向园区聚集、县域经济依托园区发展的工业布局，使经济开发区和工业园区成为全市产业发展和县域经济的聚集地和增长极。

地区生产总值：2016年，全年全市生产总值1102.05亿元，比上年增长9%。其中，第一产业增加值221.12亿元，同比增长4%；第二产业增加值481.89亿元，同比增长11.4%；第三产业增加值399.04亿元，同比增长9.4%。三次产业对经济增长的贡献率分别为9.6%、51%和39.4%。按常住人口计算，人均地区生产总值23210元，同比增长11.07%。三次产业结构由2015年的21.7∶40.4∶37.9调整为20.1∶43.7∶36.2，其中工业增加值占GDP比重由上年的28.6%上升为32.1%。

工业：2016年全部工业总产值1544.41亿元，比上年增长11.5%。规模以上工业总产值1524.14亿元，增长11.7%；全年全部工业增加值152.47亿元，增长10.2%。工业对经济增长的贡献率为32.1%，拉动经济增长2.9个百分点。规模以上工业增加值150.26亿元，增长10.4%。在规模以上工业中，分轻重工业看，全市规模以上轻、重工业总产值分别为553.65亿元和970.49亿元，分别增长17.3%和8.7%。按经济组织类型看，国有企业产值34.14亿元，增长29%；集体企业产值46.74亿元，增长2.1%；股份制企业产值1229.14亿元，增长11.7%；外商及港澳台商投资企业产值171.26亿元，增长6.2%；其他经济型企业产值42.89亿元，增长38.7%。

建筑业：2016年全市实现建筑业增加值现价118.67亿元，比上年增长14.9%。全市建筑施工企业62个，完成产值476.16亿元，增长29.79%。

固定资产投资：2016年完成固定资产投资950.9亿元，增长17.4%。其中，国有经济控股投资271.7亿元，增长6.5%；项目投资872.3亿元，增长17%；更新改造完成投资296.7亿元，增长43.1%；房地产开发完成投资78.57亿元，增长22.2%。按投资主体看，内资企业完成921.6亿元，增长17.8%；港、澳、台商投资企业完成9.2亿元，下降3.2%；外商投资企业完成8.5亿元，下降5.8%；个体经营完成11.6亿元，增长23.0%。按产业分，在固定资产投资中，第一产业投资108.92亿元，增长47.9%；第二产业投资365.19亿元，增长9.6%。其中，工业投资361.52亿元，增长9.7%；第三产业投资476.78亿元，增长18.2%。

城乡居民生活：2016年全市农民人均纯收入10947元，比上年增收1237元，增长9.3%。农村恩格尔系数（居民食品支出占消费支出总额的比重）为39.8%。全市农民人均住房面积40.49平方米。

教育：普通高等阶段院校2所。普通高等院校2016年招生0.65万人，在校生1.9万人，毕业生0.5万人。中等职业教育学校20所，在校学生2.71万人。普通中学学校124所，在校生21.92万人，其中，普通高中全年招生2.05万人，在校生5.52万人，毕业生1.65万人；普通初中全年招生5.75万人，在校生16.4万人，毕业生5万人，全市初中毕业升学率达到91%。普通小学学校1081所，普通小学全年招生 6.94 万人，在校生 35.43 万人，毕业生 5.75 万人。

科技：2016 年 R&D 内部经费支出 12.39 亿元，比上年下降 48%。全市拥有 9 个科研所，从业人员为 236 人，其中专业技术人员 172 人。全市全年专利申请量 2060 件，增长 79.29%。专利授权量 383 项，其中发明专利 125 项。市级以上科学研究与开发项目 174 项。

节能降耗：2016 年全市全社会综合能耗 550.27 万吨，比上年增长 1.8%。万元 GDP 能耗 0.5345 吨标准煤，下降 6.7%；万元工业增加值能耗 1.1647 吨标准煤，下降 7.57%；万元 GDP 电耗 704.66 千瓦时，下降 2.56%。2016 年全社会用电量 72.54 亿千瓦时，增长 6.3%。其中，第一产业用电量 1.52 亿千瓦时，下降 10.7%；第二产业用电量 47.6 亿千瓦时，增长 3.3%。其中工业用电量 46.74 亿千瓦时，增长 3.2%；第三产业用电量 8.92 亿千瓦时，增长 18.9%；城乡居民用电量 14.5 亿千瓦时，增长 11.8%，其中城镇居民用电量 6.29 亿千瓦时，增长 4.9%。乡村居民用电量 8.21 亿千瓦时，增长 17.77%。

社会保障体系：2016 年末全市各类福利院、敬老院共 60 个，床位 1429 张。全市城镇企业职工基本养老保险参保人数 16.79 万，城乡居民社会养老保险参保人数 113.5 万；失业保险参保人数 9.24 万；生育保险参保人数 11.21 万，增加 0.7 万人；工伤保险参保人数 12.49 万，增加 0.88 万人；城镇基本医疗保险参保人数 48.59 万，减少 1.45 万人。

城市公共事业：城市绿化覆盖面积 12751.44 公顷，建成绿化覆盖率 38.54%，公园绿地面积 461.84 公顷。供水综合生产能力 30 万立方米/日，供水总量 5745.96 万立方米。城市实有天然气供气管道长度 356 公里，天然气管道使用者 5.22 万户，天然气供气总量 1303.89 万立方米。液化石油气供气总量 1.13 万吨。城市公共交通运营车辆 220 辆，出租车为 396 辆。城市污水集中处理能力 22.5 万立方米/日，污水处理厂集中处理率 86.71%。城市污水处理率 95.88%，生活垃圾处理率 100%，生活垃圾清运量 14.85 万吨，生活垃圾处理量 14.85 万吨。

邮电通信业：2016 年完成邮电业务总量 2.98 亿元，比上年增长 21.4%。

5.1.1.3 钦州自然资源生态系统

1）生物资源

全市陆地植物共有 228 科、931 属，近 2000 种，其中乔木 670 种，分别占广西和全国乔木树种的 60% 和 23%，灌木 411 种。按用途分类，主要分成用材树种、药用植物、果类植物等 13 个大类。

药用植物有 1077 种，占植物种数的 53.9%，其中常用的有 200 多种。但由于开荒扩种农作物、植树造林重针叶林轻阔叶林及大量挖采等，有些药用植物大为减少甚至绝种。

据 1990 年市林业部门的统计资料，已知的陆地植物资源种数就有 228 科近 2000 种，约占广西植物种数的 33.3%。海洋动物资源仅鱼类就达 500 种之多。

钦州四大名海产大蚝味美清甜，有"海上牛奶"之称；对虾富含蛋白质，味道鲜美；石斑鱼肉质细嫩，适宜红烧、清蒸等多种做法；青蟹个大肉鲜，营养丰富。

2）矿产资源

钦州市矿产种类繁多，主要有锰、钛铁、石膏、煤、铁、沙金、石灰石、重晶石、独居石、锆英石、金红石、石英砂、硅石、磷、黄铁矿、铅、铜、铀、花岗岩、黏土和稀土矿等 20 多种，其中以锰、石膏、钛铁矿等著称，开发潜力巨大。其中，石膏矿主要分布在钦北区的大垌镇、平吉镇、青塘镇和灵山县的陆屋镇和三隆镇，统称钦灵石膏矿床，为大型石膏矿，累计查明资源储量 31 425.5 万吨，保有资源储量 31 386.5 万吨。锰矿主要分布在钦南区黄屋屯镇的大角村、那卜村，钦北区大直镇的天岩村、华荣山，板城镇的屯茂村、那必村、大垌镇的镘头麓、灵山县旧州镇的上井村，浦北县寨圩镇的丰门一带，已探明小型矿床 14 座，累计查明资源储量 509.5 万吨，保有资源储量 257.4 万吨。

3）水资源

据广西水利部门有关资料估算，钦州市地下水资源总储量约为 16.08 亿立方米，可利用水量为 4.82 亿立方米，仅可供全市生活用水。但地表水资源丰富，河流年径流量 64.8 亿立方米，占全区总径流量的 2.68%；年径流深 1091 毫米。单位面积产水量为 106.1 万米^3/千米^2，耕地亩均有水量为 5470 立方米，人均有水量约 4772 立方米。多年平均入海水量钦江为 20.3 亿立方米，茅岭江为 25.9 亿立方米，大风江为 18.6 亿立方米。地表水资源的年内年际分配不均匀，汛期或丰水年常发生灾害性洪水，而枯季或枯水年常出现大面积干旱。每年 4～9 月为汛期，10 月至翌年 3 月为非汛期，5～9 月，在台风的影响下，大雨暴雨频繁，这段时间是洪汛的高峰期，其雨量约占全年雨量的 80%。河流径流量的年内分配，汛期钦江占 83%，茅岭江占 77.2%，大风江占 87.9%；非汛期钦江占 17%，茅岭江占 22.8%，大风江占 12.1%。

5.1.2 钦州区域生态共生模式构建

在 20 世纪 80 年代后期产生的一门新的学科——经济生态学，为城市群的发展提供了新的研究思路与方向。生态系统中不同生物占据不同的生态位，在其生态环境中发挥各自不用的作用。把生态学中的生态位的概念引入城市发展中就产生了城市生态位。由于不同的城市在地理环境、资源禀赋、地域文化、技术优势、辐射区域都大不相同,所以不同的城市在城市群中城市之间的生态位也各不相同。本书正是基于以上背景,从经济生态学和城市群理论融合的角度出发,试图把经济生态学的研究范围从企业层面拓宽到城市和城市群层面,为城市群的发展研究提供一种新的理论支持和研究框架。

多中心共生的机制与模式具体如下。

(1)共生机制。其具体包括以下三种。①组织与体制机制。以政府服务转型为契机,着力推进政府体制与机制改革,建立统一的资讯、决策与服务平台——联席会,克服全能型政府的职能缺位、错位、越位与失灵;推进组织与体制一体化改革,完善服务与保障机制,突破行政区障碍,促进行政经济区整合;建立发展智库,负责对政府运作进行评价与监督,确保共生系统良性运行。②激励与约束机制。建立绩效奖励与责任追究制。明确责任、加强监督与考核,注重效益评估,注重论证与认证,注重过程管理,调动共生各方的积极性与主动性,为区域持续与协同发展提供奖惩保障。③多中心互动与共赢机制。共生的目标是在互动、共赢、多赢,并实现要素配置的最优化与效用的最大化、区域发展的和谐、协调与持续化。构建基于关切各方利益与共同利益的政治、经济、社会多中心协同发展平台,实现"自主、互补、互利、共担、共赢、共享"的多中心联动格局。

(2)共生模式。其具体包括以下三种。①纵向嵌套共生,反映共生元间隶属与上下垂直关系。行政体制的隶属关系形成明显的纵向嵌套模式,通过建立共生行政体制机制与模式,实现行政共同体,以克服行政割据、服务缺位、错位与不到位,提高行政服务能力与绩效。纵向嵌套模式须注重平衡释放上下级力量,弱化隶属关系、强化协同关系,杜绝兼并性嵌套。②横向关联共生,反映共生元间的平行、对等与协作关系。行政体制除纵向隶属关系外,仍存在横向联合与关联关系,通过体制的横向合作,推动行政区的有效交流,实现全要素的跨区域流动与整合,提高全要素生产率,实现全域性整体发展的目标。横向关联须注重平衡关联元间的利益关切与合理释放共生元的活力,合理分配共生体的聚合与辐射效应,实现双向或多向有效关联,强化平等协同性。③纵横交错共生,反映共生元间的复杂交织的共生关系。产业链的上中下游产业与旁向关联产业形成明显的纵横交错的关系,通过产业链的构建,实现以产业带动多中心协同发展的目标。纵横交错须克服因隶属或局域性竞争导致的关联分解问题,注重各方的利益平衡,按同城化模式,实现多中心的结构优化与有效共生。通过三种模式实现官方、民间、市场与经济体四位一体的共生合作机制,发挥四方力量,促进体制转型、发展转型与观念转型,推动多中心实现全要素自由流动、合理配置与使用资源、构建合理产业链，按同城市化模式推进紧凑型城市与城乡互动发展，优化区域空间结构，实现全域性一体化发展（图 5-2），钦州广义城市生态创新系统结构图如表 5-1 所示。

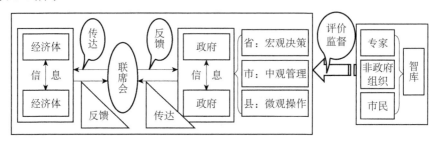

图 5-2   共生组织结构模式

表 5-1   钦州广义城市生态创新系统结构一览图

城市区域	企业名称	产业性质	项目级别	项目目标	项目理念
钦州主城区	高新技术产业开发区（含河东电子产业园）	高新技术产业	自治区级	产业与城市融合发展	产业文化
钦州港区	钦州石化产业园	石化产业	自治区级	初步建成国家重要的能源安全保障基地	产业文化
	修船造船基地	船舶产业	市级	大力发展游艇制造和渔轮修造等产业	海洋文化
	林浆纸产业园	造纸产业	市级	建成广西粘胶纤维生产基地	生态文化
	钦州保税港区	临港产业	国家级	"千百亿产业崛起工程"	海洋文化
	大榄坪物流加工区	物流产业	市级	打造成为北部湾经济区现代物流中心、中国-东盟区域性国际物流枢纽	产业文化
	湖南（钦州）临港产业园10万吨级配置码头	临港产业	自治区级	"千百亿产业崛起工程"	海洋文化
三娘湾旅游度假区	三娘湾旅游度假区	旅游产业	市级	建成国际滨海旅游名城	生态海洋历史文化
其他区域	台湾（钦州）石化产业园	石化产业	自治区级	初步建成国家重要的能源安全保障基地	产业文化
	湖南（钦州）临港产业园	临港产业	自治区级	"千百亿产业崛起工程"	海洋文化
	进口资源加工区（钦北片区）	有色金属产业	市级	初步建成国家重要的能源安全保障基地	产业文化
	马来西亚（钦州）产业园	综合性产业	国际级	中国-东盟合作的示范园区	产业文化
	进口资源加工区（钦南片区）	有色金属产业	市级	初步建成国家重要的能源安全保障基地	产业文化

5.2　钦州生态城市规划——实践魅力钦州

5.2.1　规划思路及原则

5.2.1.1　规划思路

为贯彻落实中共十八大和中共中央、广西壮族自治区经济工作会议精神,钦州围绕主题主线,实施"建大港、兴产业、造新城、强科教、惠民生"发展方略,把握"稳中求进、开拓创新、凸显成效"的工作基调,深化改革创新,发挥开放合作的引领作用,推进新型工业化、城镇化,切实提升服务业,扎实培育可用财力,保障和改善民生,保持物价总水平基本稳定,提高城乡居民收入,维护社会和谐稳定,为提前全面建成小康社会打下坚实基础。

5.2.1.2　规划原则

以人为本,政府引导。以人为本的原则体现在两个方面:其一是有效地满足人民群众的根本利益;其二是充分发挥各类专业人才在钦州市生态文明建设中的主体作用。政府引导强调政府乃生态文明建设的主导力量,尤其是在起步阶段,要充分发挥其"第一推动力"的作用。

转变行为,意识引领。生态城市空间建设归根结底是实现社会生存方式和人的人类行为方式的转变。各领域的生态文明建设均应以行为转变作为根本性原则。充分重视和发挥意识形态领域生态文明建设的引领作用,使生态文明的观念理念渗透到社会的各个领域、各个阶层、各个角落,并化为各级政府、广大公众的自觉行为,从而发挥意识形态对社会及人群的态度、信念、行为所起到的更为持久和稳定的指引作用。

公平公正,统筹协调。生态城市空间建设之要义是人类社会文明程度的质变性升华,而并非经济总量的持续增加和物质生活的不断改善。生态文明建设要求城乡之间和区域内外协调发展,不仅追求经济发展的平衡,同时要求公正、合理地利用生态资源和社会资源。

生态优先,跨越发展。生态城市空间建设应坚定不移地以"一高、二低、三大共赢"为目标和准则,以培育"第四产业"和"第零产业"为中心行动来调整产业结构,实现经济发展方式的转变。在整个建设过程中,均以"选工业文明的课,走生态文明的路"为主导思想。

5.2.2 规划目标

培育面向生态城市的意识形态引领和支撑体系，创新符合生态城市建设要求的社会管理体制，推进生产、生活、生态三大领域向生态文明社会的转型，建设"富饶秀美、和谐安康"的钦州生态城市，使之成为广西壮族自治区乃至中国生态城市建设的典范，并对中国建设生态城市发挥示范作用。

5.2.2.1 结构合理，规划发展

1）发挥钦州地域优势，创新政府管理结构模式

钦州市在地理空间上与越南、泰国等国家及南宁、香港等省内、国内城市相距较近，拥有得天独厚的海洋港口和国际签证优势，立足当前，加速发展，需要研究创新国际及国内区域协作管理模式，以利用周边地区优势资源，提升钦州发展水平。

2）探寻多元化园区管理模式，提升园区发展力水平

钦州地区存在地级园区、市级园区、省级园区、央企型园区、国家级开发区、国际型产业园区，开发区内多元园区及企业并存情况，需要创新适合于钦州地域的管理模式，以提升园区发展能力。

3）借助优势资源，加快各级领导层精英培训工作

以 GIESD 相关项目为依托，与清华大学、耶鲁大学等国内外名校结成合作单位，开展钦州市各级领导精英培训工作，提升顶层管理人才实力，为钦州市的积极发展做好领导人才培育储备工作。

5.2.2.2 产业共生，布局合理

1）顶层设计产业发展布局，合理划定招商目标企业

制定钦州市产业发展布局总规划及各主导产业分规划，明确钦州地区产业发展优先层次，制定合理招商目标企业，配套针对目标企业特色招商基础设施，加大招商力度，提高招商成功率，完善钦州产业发展链条，推进产业共生网络建设。

2）延拓滨海产业链上下游，推进全市产业发展共生体系建设

依托滨海产业园，延拓海洋产业链条，加强上下游企业产业联系，完善钦州产业发展共生网络模式，推进全市产业生态化发展。

3）开展海陆一体化共生体系建设，促进特色产业国际化发展

在大力发展海洋产业的同时，提升沿海陆域经济，做好海陆产业一体化研究及建设工作；联合越南、泰国等海外邻近国家，形成北部湾国际海陆产业发展新模式。

5.2.2.3 区域协同，统筹提升

1）明确区域定位，提升钦州港建设水平

从国际、国家、北部湾区域、省市角度明确钦州城市定位，以城市经济发展为中心，研究提升钦州港建设发展水平。

2）立足钦州优势，加快北部湾经济区建设步伐

立足钦州自然地理、政治区位、文化伦理等优势，创新城市群建设思路，提升北部湾地区经济建设水平。

3）以园区带发展，加深中马泰越区域合作交流

以中马产业园为依托，加深钦州与周边国家城市的合作交流，寻求中越、中泰产业园建设契机，开展钦州产业园区国际化发展模式研究探索，为广西乃至全国同类港口城市发展国际化园区提供典型范例。

5.2.3 布局思路

5.2.3.1 由临海走向滨海，凸显滨海特色

规划建设于茅尾海东岸的滨海新城，是钦州市未来滨海城市特色的主要展示区。同时考虑到港城之间距离过远，以茅尾海滨海新城作为两者联系的支撑点，满足港区大型临港工业带来的居住及生产性服务需要。

5.2.3.2 由"一城一港"单中心向多中心组团转变

改变现状"一城一港"居住工业非均衡发展格局，基于自然生态本底的外部影响，形成沿海岸带状组团空间，由主城区单中心向"主城区—茅尾海滨海新城"的双中心转变，适应城市跨越式发展后规模扩张的需要。

5.2.3.3 组团功能协调，平衡居住与就业

城市各组团间功能协调，发展各有侧重。完善城市居住区与公共设施的合理布局，引导人口、就业均衡分布。主城区现状基础较好，长久以来一直是城市的商业、文化、行政中心，规划为功能齐全的综合性核心组团。茅尾海滨海新城主导功能为区域性公共服务、滨海居住生活及配套服务，依托临近主城东部工业区，形成居住、公共服务、工业自平衡组团。港区承担城市港口工业区功能，通过内部解决及利用三娘湾配套区，提供居住生活服务设施，为居住就业平衡的独立组团。

5.2.3.4 强化主城区与港区交通联系，引导中部茅尾海滨海新城发展

未来主城区与港区间将存在较大的通勤流和货物流，应加强两者间的交通联

系，按照不同功能区布局实现客货分流，形成组团间便捷有效的交通，强化综合交通体系建设。港区向北货运通道集中于进港公路以东布置。通勤交通由西港区与主城区之间的快速路和市郊铁路解决。同时利用主城区主要通道南延引导茅尾海滨海新城开发。

5.2.3.5 保护生态格局，构建绿色廊道

城市环境竞争力是未来城市综合竞争力的重要因素之一。得益于山水格局，钦州市拥有很好的自然生态基底，城内有钦江，城外有山峦环绕。城市布局应在不破坏现有生态格局的基础上，突出对自然环境的依托和利用。保留外围自然山体和生态绿地，形成外围环状绿廊。

以快速交通相联系，以滨海山环的自然生态格局为依托，形成"一城两区"带状组团式结构。其中"一城"为主城区，"两区"为茅尾海滨海新城区和港区，各组团间以山体绿地为生态隔离。港区与滨海新城以垭龙江水库及其周边的山体为生态隔离，滨海新城与主城区以南北高速两侧的带状生态绿地为隔离。结合外围环绕的山峦，凸显"内外环抱、水绿相拥"的开敞生态景观。

5.2.4 各组团内部空间布局

5.2.4.1 延续既有"一江两岸"空间格局，重点建设河东片区

主城区目前已形成以钦江为界的东西两大片区。河西片区东至沙井大道、北至南北公路的范围已基本建成，未来发展需要优化调整。基于主城区整体发展方向判断及与港区、茅尾海滨海新城的空间联系，重点建设河东片区。河东片区的发展反映出较强的规划干预和引导特征，延续已经形成的城市框架，完善道路系统。考虑到目前行政中心对新区带动不足，结合老城中心的东延，加强新城市中心建设。规划将南北城际铁路纳入南北高速交通廊道内，站点设置于河东片区南端，扩大其对城市发展的带动影响。

5.2.4.2 依托小江、黎合江工业园，促进主城区工业带动

随着主城区人口规模的扩大，其面临的主要问题之一就是工业基础薄弱，产业带动明显不足。而临港工业快速发展、保税港区建成后，由此带动的关联工业和加工工业为主城区工业发展提供了外在动力。另外，城市自身经济实力增强、产业环境提升后，依托便捷的交通区位，也会吸引其他地区产业转移和新兴工业的入驻。主城区工业发展具备良好的前景。规划增加主城区工业用地空间，结合现状小江、黎合江工业园，基于生态本底的可用空间，向南拓展。

5.2.4.3　河西片区优化调整，加强旧城区历史文化保护与改造更新

尽管河西片区已经建成，但还存在较大的调整提升空间，以空间疏导为主，对遗留的"城中村"逐步实现改造或空间置换。沙井大道以东地区工业企业占地面积约 112 公顷，多为零散混杂分布且效益较差的企业，规划远期进行用地调整，转换为居住、公共服务功能。对人民路南侧的老城商业中心进行优化布局，由沿路线状公共设施布局向集中成片发展，提高商业设施档次，进行空间环境整治。梳理现状路网，增加路网密度，增强与外部交通及河东片区的道路衔接。保护中山路沿线的骑楼传统风貌区，采用保护与更新改造相结合的方式，加强周边地区的建设协调，形成主城区具有历史文化特色的地区。

5.2.4.4　引绿入城，山水融合

钦州自古就依钦江而建，南依平山岛、白石湖，外环山地丘陵，城内还有许多小水系。规划布局充分利用自然生态环境，注重"山、河、岛、湖、林"的渗透和相融，由钦江-平山岛形成东北、西南向的城市绿带，贯穿整个主城区，联通外围成片生态开敞空间，引绿入城，再由此东西延伸串联各块状绿地，体现"钦江两翼碧水环，平山绿溢山绕城"的生态格局，与富有现代特色的城市新区及传统风貌的老城区交相辉映。

5.2.5　各组团间空间结构

以钦江为自然分隔形成一江两岸的发展格局；构建"两轴、两片、两园"的规划结构。

"两轴"：沿钦江的滨河生态绿化景观轴，贯穿全城；由老城商业中心南延至白石湖新城市中心的公共空间发展轴。

"两片"：河西、河东居住生活片区。其中，河西片区为沙井大道以东地区，为现状建成区。完善老城商业中心，对现状工业用地和城中村进行置换改造。加强对人民路沿线老城区的历史文化保护。河东片区为主城区主导发展区域，形成充满活力的现代化城市新区。结合南北城际铁路站点设置，与河西老城商业中心相呼应，于白石湖东侧建设城市新中心。于平山岛东侧，利用良好景观资源布置高品质居住社区。

"两园"：河东工业园，依托现有黎合江、小江工业园，于城区东部布置集中的工业片区，定位为承接珠江三角洲产业转移、中国与东盟贸易的加工工业及临港产业的配套工业，以无污染工业为主。城西科教园，通过产学研一体化，促进未来城市高新技术、科技研发发展。

5.2.6　钦州市教育生态系统用地分析与布局规划

目前钦州主要的职业学校和科研机构集中于主城区西北部，包括钦州学院、钦州市林业科学研究所、广西英华国际职业学院。此外，主城区内还分布有若干职业学校。为提高广西沿海高等教育水平，适应临海工业快速发展，钦州市提出了在钦州学院基础上创建北部湾大学的设想。而目前学院用地较为局促，需要重新进行大学选址。

北部湾要成为国家经济发展新兴增长极，其工业发展需要良好的技术研发支撑和高素质人力资源储备。钦州借助自身的临港工业优势、良好的职业教育基础，利用建设北部湾大学的契机，可以成为北部湾职业教育与技术培训中心、临港工业科技孵化基地。

因此科教园区建设，不仅可以整合现有城市教育科研资源，满足钦州学院扩展升级需要，而且也为整个北部湾技术人才培育提供了平台。

科教园区选址空间布局的特点可归结为：避开主城区，布置于滨海新城。科教园区布置于滨海新城，可以作为滨海新城先期启动良好推动力。由于滨海的地理区位及临近港区，可以方便地进行海洋、临海工业等学科的教育实验和培训实践。另外，城市生产性服务中心也位于滨海新城，科教园区产学研一体化后，可以为其科技研发提供科研基础。主城区西部可布置工业用地，增加工业空间。规划保留主城区西侧现状钦州学院、林科所、英华学校等教育科研用地，考虑近期学校发展要求，在现状基础上适度扩展。但承载区域性教育科研功能的科教园区建设选址于滨海新城，定位为北部湾沿海职业教育与技术培训中心、科研基地。

第6章

钦州市发展生态系统的创新实践
——实干钦州

6.1 从科学发展观到发展生态学

6.1.1 发展生态学

发展过程中生态问题（主要表现在人与自然关系的失调）有赖于利用生态学原理进行解决。现代生态学已经把人类社会发展问题的研究作为其重要内容之一。回顾可持续发展思想的产生、可持续发展战略的形成及可持续发展从概念到行动的过程，不难看出生态学在其中所起的重要作用。生态学家首先提出了"生态持续性"（徐中民，2005）的概念，旨在说明自然资源及与其开发利用程度间的平衡。可以说，生态学家利用自身的学科优势，并在吸收社会学、经济学、地理学等相关学科的基础上，对发展和可持续发展问题进行了深入的思考，对可持续发展理论、方法、实践等各个方面进行了较为系统的研究，已经成为可持续发展研究领域的一支重要力量。目前，可持续发展已经与生物多样性和全球变化一起，成为当前生态学的前沿课题，并在生态学内部开始逐渐衍化出一门新的分支学科——发展生态学。

发展经济学是一门由西方经济学家创立的、研究发展中国家经济增长机制及其特点与规律的经济学科（王如松等，2004）。发展生态学可以定义为：以社会经济发展阶段和经济格局为参照系，以人类的生存与发展为宗旨，采用动态的、系统的思想方法，借助于生态学的理论与方法，研究不同经济发展阶段上生态环境问题产生、变化的规律，寻求解决问题的现实的（并非泛化的、理想化的）途径、方法和策略，最终为中国不同类型区的资源开发和生态建设及世界重大生态问题的解决提供理论依据。其基本理论有资本积累理论、"平衡增长"理论、科技"引进"理论、劳动力供给理论、农业发展理论、经济计划制订理论和经济制度制定理论等。发展生态学则着重研究发展中的生态问题及解决这些问题的生态学途径。"整体、协调、循环、再生"的复合生态系统调控原理，构成了其基本的理论体系，以生态工程和产业生态为基本特征的技术体系，则构成了发展生态学的应用侧面。因此，发展生态学至少应包括三个层次：一是在生态学基本原理，特别是社会-经济-自然复合生态系统理论的基础上，为区域、国家和全球的可持续发展提供生态学依据；二是借鉴生态学及其他相关学科的理论，逐步建立并完善发展生态学的理论体系；三是根据不同区域、不同国家发展中的主要问题，在复合生态系统工程的总体思路下，拟定可持续发展的生态学途径。

发展生态系统以尊重和维护生态环境为出发点，强调人类子系统和自然子系统的互相协调、共同进步及全面发展。不再片面地追求经济的发展，不再只是考虑一方面的因素，而是要求以可持续发展为依据；以生产发展、生活富裕、生态良好为基本原则，综合考虑各个系统之间的关联与相互作用，要求社会经济与资源环境全面协调可持续发展。将发展及影响发展的各种因素看作一个生态系统，从系统的角度，多维地、动态地研究发展问题，以期能够指导实践行为，最终实现人类经济、社会与资源环境的共同、协调、公平、高效、多维可持续发展。

6.1.2 科学发展观与发展生态学

生态文明贵阳国际论坛 2013 年年会于 7 月 20 日在贵阳开幕。习近平同志向论坛发出贺信并强调，保护生态环境，应对气候变化，维护能源资源安全，是全球面临的共同挑战。走向生态文明新时代，建设魅力中国，是实现中华民族伟大复兴的中国梦的重要内容。中国将按照尊重自然、顺应自然、保护自然的理念，贯彻节约资源和保护环境的基本国策，更加自觉地推动绿色发展、循环发展、低碳发展，把生态文明建设融入经济建设、政治建设、文化建设、社会建设各方面和全过程，形成节约资源、保护环境的空间格局、产业结构、生产方式、生活方式，为子孙后代留下天蓝、地绿、水清的生产生活环境。胡锦涛同志在《高举中国特色社会主义伟大旗帜 为夺取全面建设小康社会新胜利而奋斗》的报告中提出：科学发展观的第一要义是发展，核心是以人为本，基本要求是全面协调可持续，根本方法是统筹兼顾。这一论断指明了我们进一步推动中国经济改革与发展的思路和战略，明确了科学发展观是指导经济社会发展的根本指导思想。

发展，作为科学发展观的第一要义，既是当代中国的主题，也是当代世界的主题。从全人类的角度看，发展是世界范围内实现现代化的过程。从中国的特殊国情来看，发展则是一个实现社会主义现代化的过程。科学发展观主要通过三个有机统一的本质反映与宏观识别来衡定。

（1）发展的动力表征。一个国家或地区的自然资本、生产资本、人力资本和社会资本的总和禀赋，以及对上述四种资本的合理协调、优化配置、结构升级等反映出国家或地区的发展能力、发展潜力、发展速度及其可持续性，这些构成了推进国家或地区"发展"的动力表征。

（2）发展的质量表征。一个国家或地区的自然进化、文明程度和生活质量及其对于理性需求（包括物质的和精神的需求）的接近程度（包括国家或地区物质支配水平、生态环境支持水平、精神愉悦水平和文明创造水平的综合度量）构成了衡量国家或地区发展的质量表征。

（3）发展的公平表征。一个国家或地区的共同富裕程度及其对于贫富差异和城乡差异的克服程度（包括人均财富占有的人际公平、资源共享的代际公平和平等参与的区际公平的总和），构成了国家或地区判断"发展"的公平表征。

从科学发展观的内涵及现实意义上不难看出，科学发展观与发展生态学在本质上是一致的（图6-1）。

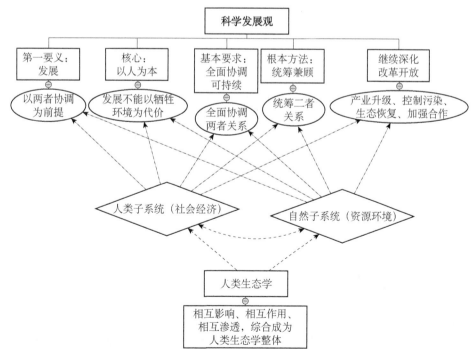

图6-1　生态学与科学发展观关系图

首先，二者都充分考虑了"人"在发展过程中的位置及其重要性。它着眼人类与自然整体协调发展，兼顾人类当前与长远利益，关注的是最大限度地实现人类自身的利益。

其次，二者都是以尊重和维护生态环境为出发点，强调人与自然、人与人、经济与社会的协调发展；强调人类子系统和自然子系统的互相协调、共同进步及全面发展。不再片面地追求经济的发展，不再只是考虑一方面的因素，而是要求以可持续发展为依据，以生产发展、生活富裕、生态良好为基本原则，综合考虑各个系统之间的关联与相互作用，要求社会经济与资源环境全面协调可持续发展。

6.1.3 可持续发展与发展生态学

可持续发展是一种注重长远发展的经济增长模式，最初于 1972 年提出，指既满足当代人的需求，又不损害后代人满足其需求的能力，是科学发展观的基本要求之一。

可持续发展概念的明确提出，最早可以追溯到 1980 年由世界自然保护联盟（IUCN）、联合国环境规划署、世界野生动物基金会（WWFI）共同发表的《世界自然保护大纲》（陈业材，1982），大纲提出："必须研究自然的、社会的、生态的、经济的及利用自然资源过程中的基本关系，以确保全球的可持续发展。"1987年以布伦兰特夫人为首的世界环境与发展委员会发表了报告《我们共同的未来》。这份报告正式使用了可持续发展概念，并对之做出了比较系统的阐述，产生了广泛的影响。有关可持续发展的定义有 100 多种，但被广泛接受影响最大的仍是世界环境与发展委员会在《我们共同的未来》中的定义。该报告中，可持续发展被定义为："能满足当代人的需要，又不对后代人满足其需要的能力构成危害的发展。它包括两个重要概念：需要的概念，尤其是世界各国人们的基本需要，应将此放在特别优先的地位来考虑；限制的概念，技术状况和社会组织对环境满足眼前和将来需要的能力施加的限制。"涵盖范围包括国际、区域、地方及特定界别的层面。1981 年，美国的布朗（L.R. Brown）在出版的《建设一个可持续发展的社会》中提出以控制人口增长、保护资源基础和开发再生能源来实现可持续发展。1992 年 6 月，联合国在里约热内卢召开的"联合国环境与发展会议"，通过了以可持续发展为核心的《关于环境与发展的里约热内卢宣言》、《21 世纪议程》等文件（魏亮，1992）。随后，中国政府编制了《中国 21 世纪人口、资源、环境与发展白皮书》，首次把可持续发展战略纳入国家经济和社会发展的长远规划（国务院办公厅，2003）。

从全球普遍认可的概念中，我们可以梳理出可持续发展有以下几个方面的丰富内涵：①共同发展，即追求的是整体发展和协调发展；②协调发展，包括经济、社会、环境三大系统的整体协调发展；③公平发展，包括时间纬度上的公平和空间纬度上的公平，前者是指当代人的发展不能以损害后代人的发展能力为代价，后者是指一个国家或地区的发展不能以损害其他国家或地区的发展能力为代价；④高效发展，是指经济、社会、资源、环境、人口等协调下的高效率发展；⑤多维发展，在可持续发展这个全球性目标的约束和指导下，各国与各地区在实施可持续发展战略时，应该从国情或区情出发，走符合本国或本区实际的、多样性、多模式的可持续发展道路。

可持续发展理论的基本特征可以简单地归纳为经济可持续发展（基础）、生态（环境）可持续发展（条件）和社会可持续发展（目的）。其主要特征体现在：①可持续发展鼓励经济增长；②可持续发展的标志是资源的永续利用和良好的生态环境；③可持续发展的目标是谋求社会的全面进步。

可持续发展的基本思想有：①可持续发展并不否定经济增长；②可持续发展以自然资源为基础，同环境承载能力相协调；③可持续发展以提高生活质量为目标，同社会进步相适应；④可持续发展承认自然环境的价值；⑤可持续发展是培育新的经济增长点的有利因素。

可持续发展的能力建设包括决策、管理、法制、政策、科技、教育、人力资源、公众参与等内容，主要有：①可持续发展的管理体系；②可持续发展的法制体系；③可持续发展的科技系统；④可持续发展的教育系统；⑤可持续发展的公众参与。

从可持续发展的概念、内涵、现实意义来看，可持续发展与发展生态系统生态学在本质上也都是一致的。

在具体内容方面，可持续发展涉及可持续经济、可持续生态和可持续社会三方面的协调统一，要求人类在发展中讲究经济效率、关注生态和谐和追求社会公平，最终达到人的全面发展。而发展生态学也是基于"经济-社会-资源环境复合生态系统"，并将发展及影响发展的各种因素看作一个生态系统，从系统的角度，多维地、动态地研究发展问题，以期能够指导实践行为，最终实现人类经济、社会与资源环境的共同、协调、公平、高效、多维可持续发展。

6.1.3.1 经济可持续发展

可持续发展鼓励经济增长而不是以环境保护为名取消经济增长，因为经济发展是国家实力和社会财富的基础。但可持续发展不仅重视经济增长的数量，更追求经济发展的质量。可持续发展要求改变传统的以"高投入、高消耗、高污染"为特征的生产模式和消费模式，实施清洁生产和文明消费，以提高经济活动中的效益、节约资源和减少废物。从某种角度来讲，可以说集约型的经济增长方式就是可持续发展在经济方面的体现。广义发展生态系统生态学则把经济发展本身及其赖以生存的环境看成一个综合的生态系统，研究其经济发展相关问题，最终实现经济的可持续发展。

6.1.3.2　生态可持续发展

可持续发展要求经济建设和社会发展要与自然承载能力相协调。发展的同时必须保护和改善地球生态环境，保证以可持续的方式使用自然资源，使人类的发展控制在地球承载能力之内。因此，可持续发展强调发展是有限制的，没有限制就没有发展的持续。生态可持续发展同样强调环境保护，但不同于以往将环境保护与社会发展对立的做法，可持续发展要求通过转变发展模式，从人类发展的源头、从根本上解决环境问题。广义发展生态系统生态学则把自然资源环境的被保护、被破坏、被改变等自身自然变化及被动变化辩证地视为资源环境的发展，将其自身发展及其赖以生存的环境及其他影响因素看成一个综合的生态系统，研究其资源环境变化发展相关问题，最终实现生态的可持续发展。

6.1.3.3　社会可持续发展

可持续发展强调社会公平是环境保护得以实现的机制和目标。可持续发展指出世界各国的发展阶段可以不同，发展的具体目标也各不相同，但发展的本质应包括改善人类生活质量，提高人类健康水平，创造一个保障人们平等、自由、教育、人权和免受暴力的社会环境。这就是说，在人类可持续发展系统中，经济可持续是基础，生态可持续是条件，社会可持续才是目的。未来人类应该共同追求的是以人为本的自然-经济-社会复合系统的持续、稳定、健康发展。广义发展生态系统生态学则把社会发展本身及其赖以生存的环境看成一个综合的生态系统，研究其社会发展相关问题，最终实现社会的可持续发展。

6.2　钦州市发展生态系统存在的问题

钦州市依水临海，自然环境优美，具有构建良好的城市生态系统的基础。近年来钦州市经济迅速发展，逐渐成为南海之滨的一颗明星，但在追求经济发展的过程中要遵循生态规律，才能保证经济的可持续发展，同时为打造宜居城市提供保障。此外，随着城市的发展和城镇化进程的推进，城市人口会急速上升，日常生活中产生的各种废弃物必须纳入到城市生态系统中，从而实现物质流的系统内循环。

钦州市是一个产业生态系统、社会生态系统、城市生态系统三个系统云集的特殊地方，三个系统在钦州交融和协同共生，是广义生态系统生态学在理论和实践上创新的具体内涵。在钦州市经济、社会发展有利的宏观环境下，钦州人以开拓的气质，弘扬了钦州精神，提出了钦州规划，展示了钦州速度，提供了令人深思的"钦州模式"。但钦州市的发展也存在着问题。

6.2.1　存在的问题

6.2.1.1　城市发展与生态保护问题

随着钦州市经济发展和城市建设步伐不断提速，城市空间、自然环境资源、产业转化升级对于生态环境的依赖性逐渐增加，造成了钦州市部分地区生态环境的恶化。如何平衡城市发展与生态环境保护之间的关系，是当前钦州地区城市建设的首要问题。旧城区整体格局和风貌保存较好，但物质性老化严重。钦州市在中华人民共和国成立后遗留下的旧城约 1.5 平方千米，虽然保留下来的建筑为数不多，且大多为清末以来的建筑，但旧城区的整体格局和面貌得以很好地保留下来，成为钦州市长久历史文化的实物见证。然而，随着时间的推移，钦州市旧城区的建筑物和设施很多已经超过其使用年限，变得结构破损、设施陈旧，需要维护甚至重建。

通过对钦州 1987 年、1992 年、2004 年、2008 年城市建设用地扩展及空间形态变化分析，考察城市空间演变的历史轨迹，为未来空间选择提供参考。相关建设用地数据和空间资料来源于历版城市总体规划。

1）总体扩展特征

20 世纪 80 年代末至今，钦州市城市空间扩展体现出分阶段特征。90 年代初由于经济发展水平较低，城市空间增长缓慢；1992 年以后随着钦州港的建成，城市空间拓展逐步增速；近年来由于临港大型工业企业的落户，整体城市空间扩张迅速。

（1）20 世纪 90 年代初缓慢增长。钦州地处中国西南，相较于沿海发达地区，经济发展较慢，尤其是工业发展相对滞后。由于缺乏坚实的经济基础和强大的经济推动力，城市发展缓慢。1987 年城市建设用地规模为 7.25 平方千米，1992 年为 9.77 平方千米，年平均增长仅 0.5 平方千米。城市建设用地构成中，居住用地占有较大比例，1992 年为 40.2%，而工业为 12.2%。工业发展对城市经济带动不明显。

（2）1992 年以来港区起步拓展增速。1992 年钦州港建立，1994 年钦州港两个万吨级码头竣工。城市发展提出了"以港兴市，以市促港"战略，港区发展起步，城市空间扩展增速。至 2004 年城市建设用地达到 27.87 平方千米，其中港区约为 10 平方千米。相较于 1992 年城市建设用地年均增长 1.51 平方千米，年均递增 9.13%。

（3）近年来临港工业带动的快速增长。近年来钦州港港口优势逐步形成，港口吞吐量增长迅速，年均增长率超过 40%。大型临港工业的落户促使城市空间迅速扩展。2008 年城市建设用地为 50.46 平方千米（含已批未建用地），相比较于 2004 年年平均增长 5.65 平方千米，年均递增 16%。城市工业用地构成比例为 31.3%，主要集中于港区。

2）空间形态演变

（1）"一城"集中式。从港区成立至工业初步发展前，城市主要围绕主城区的钦江市呈现集中式发展。20 世纪 80 年代末，城市建设集中于钦江以西、南珠大街以南。而后逐步向北扩张，近年来随着行政中心东移，主城区跨钦江向东推进的趋势明显。由于受北侧钦防、钦北铁路线限制，主城区空间拓展在钦江以西、南防铁路以南填充完之后，向东发展为最优选择。"一城"集中团块状发展格局随着港区的逐步发展而改变。

（2）"一城一港"分散式。虽然 1992 年钦州港建立，1994 年万吨级码头正式启用，但港区的快速发展主要是近年来依托中石油、金桂林浆纸等大型项目带动。港区建设用地为 25.58 平方千米，主城区为 24.88 平方千米，城市空间格局形成"一城一港"的分散组团式。功能结构上，港区主要发挥工业区功能，由于临港工业多为占地较大的能源、石化、造纸等重型工业，港区用地需求较大。主城区承担了城市居住生活及公共服务的功能，也为港区提供后方主要的配套设施，但工业发展相对滞后。尽管是分散格局，但两城区更多地在功能上互补。尤其是港区目前还没有形成相对独立的综合发展单元。

3）内部空间特征

城市居住与工业空间无论是用地规模还是空间分布都呈现出非均衡特征。居住空间主要分布于主城区并连年拓展，港区分布较少。钦州老城位于人民路以东、新兴街以南，分布着具有传统风貌的老街区。其后居住空间逐步向北扩展，建成一批环境较好的居住小区。由于城市化进程中遗留的各种问题，居住用地中夹杂着大量城中村，其中多为居民自建房，加大了今后城市改造压力。目前主城区沙井大道以东、钦江以西、钦防铁路以南地区还尚有较大的用地调整空间。尽管行政中心东移，但居住空间跨钦江向东推进的趋势并不十分明显。

工业空间主要于港区，依托港口呈现后方延伸的态势。由于临港工业对港口依赖明显，一旦港口设施建成，工业企业则于码头后方布置，有利于便捷的货物运输方式。目前西港区码头岸线相对利用充分，后方剩余的工业可用空间较少。主城区工业用地主要分布于东部的小江工业园，现状规模较小，大部分处于在建状态。

而钦江以西原有工业企业则需要进行"退二进三"的用地调整。目前主城工业发展面临着动力不足与产业选择的困惑，未来的空间布局也需要考虑与主城整体发展格局相协调。

4）空间演变的动因分析——港口拉动的非内生演化

钦州市面临着跨越式发展的选择，随着中石油、金桂林浆纸等大型项目建成投产及保税港区封关运营后，城市经济发展将跨上新的台阶，而在空间形态上跨过主城区在港区形成新的增长极也趋势明显。跨越式发展，有学者认为是在城市高速成长的初期，在现有城市建成区外，建设与老城平行的功能区，以容纳新生的城市职能，将单一增长核心变为多个增长核心的发展模式。而钦州市的跨越式发展属于港口拉动的非内生演化。它并不是主城区发展已经成熟后受外部条件限制，需要跨越寻找新的发展空间，而是因为在国家开发大西南的宏观背景下，钦州港区域地位日益提升，"以港兴城"模式促进了城市空间形态的跨越。目前钦州主城区还存在着较大的提升与发展的潜力，如何看待港口快速发展后对主城区的影响，如何处理好港城关系，将是未来城市空间发展面临的主要问题。

5）城市发展面临的问题

（1）长期以来的吸引力不足，缺乏工业带动。钦州市主城区发展相对稳定而缓慢，表现出吸引力不足，缺乏对周边地区的辐射带动作用。1987～2008年，空间扩展速度基本维持在5%～9%的年均递增水平。发展动力上缺乏工业带动。2008年主城区工业用地为2.22平方千米，占城市建设用地的比例为8.9%。其中约55%的工业企业位于钦江以西的旧城区，它们大多处于衰败的状态，面临着淘汰后的用地调整问题。而钦江以东的小江工业园则处于起步阶段，在建项目总占地仅52.54公顷。2008年主城区25.5万人口中，约80%人口的就业是通过基本的行政管理、消费服务等第三产业解决的。钦州市城镇居民人均可支配收入与广西其他城市相比处于中下游水平。工业不足无法提供足够的城市就业岗位，城市经济发展缺乏动力，由此也限制了房地产、商业金融等第三产业的发展。

（2）跨钦江东拓趋势明显，河东片区零星散点状开发。主城区发展体现了较强的规划导向性，基本上是按照城市总体规划逐步实施的。2008年，钦江以西、沙井大道以东的区域基本已填满，跨钦江向东拓展的趋势明显。钦江以东的新区开发框架已基本拉开，但仍然是围绕行政中心及南珠大街聚点沿路的分散发展，新区活力尚未展现。其中沿南珠大街的轴向延伸,是长久以来形成的发展格局。早在20世纪80年代末,钦州市至北海的对外通道就是由南珠大街东延跨钦江向东,而且南珠大街与人民路交会处即为老城中心,交通导向的沿路发展是新区发展之初的主导空间形式。市政府搬迁后,于永福东大街北侧形成集中的行政办公区,但政府搬迁对新区带动并不明显,政府周边只是零星开发了几个居住楼盘,还处于在建状态,周围几乎没有商业配套设施。因此,整体上河东片区开发还处于零星散点状,行政中心带动城市发展的模式并没有发挥作用。

(3)城市中心多点分散,缺乏富有吸引力的中心区。一般中小城市发展为单中心集中式。钦州城市规模不大,但城市中心为多点分散格局,并没有形成富有吸引力的强中心。城市商业中心集中于河西片区。人民路与南珠西大街交会处为老城商业中心。而后城区北拓,于钦州湾大道与永福西大街交会处形成新的商业中心。这种商业中心格局是与城市居住人口分布及空间演变趋势相吻合的,空间形态上为沿路条带式布局,在发展规模、服务水平、功能组织上与成片集中、功能完善的现代城市中心区相比,还有较大差距。市政府东迁后,规划的市级文化、体育设施位于市政府南侧,成为主城区的行政、文化、体育中心。这种分散、功能分离的中心体系,可以相对均衡地服务于城市各片区。但在目前城市财力、资源有限的情况下,不利于强力中心的提升。未来河东片区加快发展后,由于钦江的自然分隔影响居民可达性,现有的河西商业中心由于规模较小,无法辐射至新区,因此需要结合整体城市空间格局考虑新中心的布置。如何协调好河西与河东地区的发展,尽快形成合理的城市骨架和富有吸引力的中心区,为工业和城市化的发展提供更好的载体,是钦州市发展需要面对的主要问题之一。

(4)主城区仍存在较大发展与提升的空间。尽管目前主城区整体发展缺乏动力,尤其是河东片区刚处于起步阶段,但从另一方面也可反映出主城区未来还存在较大的发展与提升空间。沙井大道以东的河西片区还留有一定空余的未开发用地,而且分布了较多的城中村,其用地规模约为1.2平方千米。此外除若干建设较好的居住小区外,存在大量居民自建房屋。这些地区未来都有改造提升的可能。河东地区现状开发总用地约5平方千米,占城区总用地的20.1%,剩余可开发空间较大。从长远看,条件相对完备的主城区在公共服务、居住生活等方面仍具有较大优势,在城市职能与产业分工上应处理好与港区的协调关系。

6)钦州市重点生态管制区划分

根据钦州市城镇扩展及工业园区发展对建设用地的需求态势,要高度重视加强自然保护区、风景名胜区、饮用水源保护区、水源涵养区、近海与河口洲滩湿地及特殊海产品种质资源繁殖保护的需求,坚持生态保护、恢复与建设有机融合,实现在保护中加快推进区域经济社会的可持续发展,为实现有效的保护与有序的开发建设相结合，按照生态敏感度高、中、低的控制与防范要求，划分市域和规划区重点生态管制区。

对市域提出三类重点生态管制空间，即禁止开发区、限制开发区、适度开发区。

（1）禁止开发区。按照自然边界划分，包括茅岭江饮用水源保护区、钦江（青年水闸）饮用水源保护区、大风江饮用水源保护区、沙坪河饮用水源保护区、小江饮用水源保护区、武思江饮用水源保护区、洪潮江饮用水源保护区、大马鞍水库、南蛇水库、田寮水库、金窝水库、企山水库、垤龙江水库、对坎龙水库、灵东水库、牛皮鞑水库、龙头水库、小江水库等重要饮用水源保护区。

（2）限制开发区。以小流域边界划分，包括生态敏感性综合评价的高敏感区和中敏感区。该类区域集中分布在市域东北部高山地区，另外在灵山县的烟墩、太平、沙坪，钦北区的新棠、长滩、板城、贵台、平吉、大垌，钦南区久隆、那思等乡镇也有少量分布。这些区域或者地质灾害高易发，或者处于饮用水源的上游，或者林木保护区、林地生境维护区和森林公园与风景名胜区等集中分布，因此要严格限制城镇和工业开发建设。

（3）适度开发区。以小流域边界划分，主要为生态敏感性综合评价的低敏感区。该类区域综合生态敏感性比前两类区域低，但仍具有一定的地形地质、饮用水源或生物多样性敏感性，尤其是这些区域大都有较好的森林覆盖，为了维持区域绿生态的稳定性，要控制开发建设的方向和强度，尽量减少建设活动对生态空间的影响，确保钦州市优质绿色生态空间资源不被破坏。

7）规划区重点生态管制区

（1）建设用地控制指标。海拔高程大于 50 米的、岩性组成为基岩（石山）、坡度大于 25° 的山丘，禁止开发为建设用地。

（2）三类生态管制空间。禁建区：含饮用水源一级保护区和准保护区、水源涵养区、调水水源及输水通道、牡蛎增殖区、湿地、红树林生物多样性保护区、林木及其生境保护区、构造断裂带及地形起伏较大的陡坡区等高敏感区。这类区域禁止城镇和工业开发建设。避建区：包括地震断裂影响区、地质灾害、洪涝灾害、风暴潮灾害、城市景观河流等高敏感区。建设用地规划应尽量避开这类潜伏性的灾害风险较大地区。虽然，这类地区的生态敏感程度也处于较高水平，但是现代的科学技术与工程设施建设可以一定程度地缓解生态敏感响应程度。控建区：主要指基本农田、风景名胜区、森林公园、农业旅游观光景区等及规模化的生态产业区（包括无公害、绿色、有机农业示范区）。这类区域具有重要的农业及景观价值，要严格控制城镇和工业开发占用。基本农田面积较小，约为 300 公顷，主要是黎合江工业集中区和城西科教园区有一定分布，面积分别是 114 公顷和 186 公顷,只占新增建设用地的 1.8%,港区发展基本不涉及基本农田,未来调整难度不大。

6.2.1.2 城市区域发展协同问题

钦州城市发展与周边区域密不可分,钦州城市生态系统建设更需要与周边城市进行互补,因而钦州市及周边地区协同发展问题是当前钦州广义生态系统建设的重要一环。

1)北部湾区域空间格局

(1)总体定位。《广西北部湾经济区发展规划》(林婷等,2015)将北部湾经济区的功能定位为:立足北部湾、服务"三南"(西南、华南和中南)、沟通东中西、面向东南亚,充分发挥连接多区域的重要通道、交流桥梁和合作平台作用,以开放合作促开发建设,努力建成中国-东盟开放合作的物流基地、商贸基地、加工制造基地和信息交流中心,成为带动、支撑西部大开发的战略高地和开放度高、辐射力强、经济繁荣、社会和谐、生态良好的重要国际区域经济合作区。

(2)城镇空间结构。《广西北部湾经济区城镇群规划纲要》提出"南北钦防"区域城镇空间布局结构为"双极、一轴"。其中"双极"为"南宁+沿海"双极发展,沿海打造为西部地区和广西经济发展新的增长极。促进北海、钦州、防城港三市的分工合作,共同构筑沿海生产性服务中心、港口贸易和管理中心、生活服务中心、旅游发展中心。形成自北海—钦州—防城港—东兴的海岸城市走廊,为海洋经济和外向型经济的核心地区之一。"一轴"为培育南宁——滨海城镇发展主轴,重点作为承接临港工业、制造业、集装箱物流业等产业进一步拓展的功能区。

(3)内部功能组团。《广西北部湾经济区发展规划》提出区域城镇空间结构为南宁、钦(州)防(城港)、北海、铁山港(龙潭)、东兴(凭祥)五大功能组团。其中,南宁要发挥首府中心城市作用,发展高技术产业、加工制造业、商贸业和金融、会展、物流等现代服务业,成为面向中国与东盟合作的区域性国际城市、综合交通枢纽和信息交流中心;钦(州)防(城港)组团,包括钦州、防城港市区和临海工业区及沿海相关地区,发挥深水大港优势,建设保税港区,发展临海重化工业和港口物流,成为利用两个市场、两种资源的加工制造基地和物流基地;北海组团,开发滨海旅游和跨国旅游业,重点发展高技术产业和出口加工业,成为人居环境优美舒适的海滨城市;铁山港(龙潭)组团,以临港型产业为主。东兴(凭祥)组团,主要发展边境出口加工、商贸物流和边境旅游。

2）与周边城市群协调关系定位

（1）与南宁城市发展的关系。钦州处于北部湾沿海发展轴与"南宁-滨海"城镇发展轴的交会处，空间区位处于北部湾的中心。南宁联系沿海城镇及沿海城镇间的联系通道都经过钦州市。钦州市在北部湾城镇空间格局中承担了"承接南宁、联系沿海"的重要作用。与防城港、北海相比，钦州市距离南宁市最近，交通联系最为便捷。未来南宁市至钦州市的城际铁路建成将更为缩短两地的时空距离，同城效应更为明显。目前南宁承担了中国-东盟商务与投资峰会，未来其会展、旅游、商贸将进一步发展。钦州市将最先接受南宁市的辐射与带动。钦州市凭借良好的区位优势及滨海旅游资源，可以作为南宁会展、旅游业的重要补充，纳入北部湾区域性服务业体系，建设为区域服务的会展、商贸、旅游设施。因此，未来钦州市应加强与南宁市的交通联系，促进城际铁路建设，纳入南宁都市圈。接受南宁高新技术的辐射带动，为钦州市未来产业结构的优化创造基础。发展区域性会展设施，作为南宁举办中国-东盟博览会的分会场。结合滨海景观资源，布置度假旅游休闲设施，使其成为南宁都市休闲的外延之地。

（2）与防城港、北海城市发展的关系。钦州与防城港、北海都具有临港工业发展优势，应避免相互之间的产业同构与恶性竞争，加强相互之间经济协作与交流，利用临港产业链延伸，形成跨区域的产业集群。其中钦州突出石化、能源、造纸重工业，防城港以钢铁、重型机械产业为主导，北海以滨海旅游、高新技术、海洋产业为主导。

（3）与北海共同打造沿海旅游区，纳入区域旅游发展体系。北海的区域性旅游地位要高于钦州地区。从钦州三娘湾至北海主城区，规划为旅游生活岸线。三娘湾向东可联系北海廉州湾海湾新城。三娘湾旅游资源的开发、旅游休闲服务设施的布局，应考虑与北海的区域旅游联动，共同打造北部湾沿海旅游区。北海市突出海滩、海岛旅游。钦州市在加强三娘湾旅游区建设基础上，突出海产品特色美食及度假休闲功能。依据已有的项目意向，可结合国际游艇制造项目，发展游艇旅游。

（4）与防城港联合发展，南拓东进空间协调。在上位规划中都提出了构建钦州——防城港联合都市区、联合组团，促进防城港城市空间东进与钦州城市南进发展相协调。钦州与防城港在港口功能、产业类型上具有一定的类同性，城市空间相邻。依据在编的防城港市城市总体规划，远景城市空间将拓展至钦州龙门港镇西侧，与钦州港区紧邻。未来钦州与防城港可以实现联合发展，纳入联合都市区。港口布局围绕钦州保税港区按组合港发展，加强陆域沿海交通联系。临港重工业形成产业集群，加强相互间产业合作，实现区域大型基础设施共享。

6.2.1.3 生态子系统协同问题

城市生态系统是一种"人工生态系统"，可以分为生物与非生物子生态系统或者城市社会子系统、城市经济子系统、城市资源环境子系统等。

2012 年，钦州市上下认真按照"稳中求进、好中求快、多出成效"总基调，加快转变经济发展方式，努力克服经济下行压力带来的不利影响，在上半年实现经济发展第一次"撑竿跳"后，钦州市经济仍然保持平稳较快发展的良好势头。钦州市的社会经济状况出现以下几个特征。

（1）经济加速发展，出现增长拐点。从钦州市 1978 年以来的 GDP 增长趋势可知，其经济发展过程明显分为三个阶段：1978～1990 年为缓慢增长阶段；1990年～2003 年为较快增长时期，14 年间年均增长 14.2%；从 2004 年开始，出现明显的高速增长拐点，2004～2012 年 4 年年均增长 18.7%。

（2）产业结构迅速优化，重工业开始占据主导优势。2000 年以来钦州市产业结构变化巨大，并迅速得到调整优化。2000 年产业结构还表现为"一三二"的特征，尤其是第一产业占到 50%以上，体现为典型的农业社会特征。第二产业比重不断上升，2007 年第二产业比重开始超过第一产业和第三产业，产业结构转变为"二一三"结构特征，表明钦州市开始进入工业化发展初级阶段。工业内部结构的变化尤其显著，2000 年轻重工业比为 65.4∶34.6，2003 年重工业比重开始超过轻工业，到 2012 年轻重工业比已经变成了 29.7∶70.3。

（3）临港产业高速启动，大工业发展雏形初步形成。2000 年以来，随着广西临海工业布局的步伐加快，临海工业集群加快形成，以石化、能源、造纸和粮油加工为代表的临港工业框架已初步形成。钦州燃煤电厂一期、金桂林浆纸一体化工程、中石油 1000 万吨炼油项目等重大项目已落户钦州港开发区、东油沥青、广西木薯综合开发示范工程、大洋粮油、东方资源等一批企业已经建成并投产。这些重大产业项目的建设，为钦州市工业化的推进奠定了坚实基础，有力推动了钦州工业结构的战略性调整，大型临海、临港工业的发展格局已经见到雏形。

6.2.2 解决办法

6.2.2.1 注重社会生态系统政治和谐发展

发挥钦州市特色优势，与其他北部湾城市形成战略合作伙伴，共同发展。钦州地区位于中国大西南经济合作区、泛珠江三角洲区域经济合作区和东盟区域经济合作区的交会处，具有得天独厚的地理位置，牵系着东南亚区域的广义国际生态系统走向。其悠久历史、多样化的民族，文化也呈多样化发展；其城市空间、自然环境资源、产业转化升级对于生态环境的依赖性逐渐增加，导致生态环境的部分恶化；其城市居住与工业空间无论是用地规模还是空间分布都呈现出非均衡特征。目前主城工业发展面临着动力不足与产业选择的困惑，未来的空间布局也需要考虑与主城区整体发展格局相协调。钦州市主城区还存在着较大的提升与发展的可能，如何看待港区快速发展后对主城区的影响，如何处理好港城关系，将是未来城市空间发展面临的主要问题。工业发展不足无法提供足够的城市就业岗位，城市经济发展缺乏动力，由此也限制了房地产、商业金融等第三产业发展。

介于钦州地区社会生态环境中政治结构的复杂性，钦州市建设广义生态系统需要注重各部门、企业、园区的管理机构和谐发展问题，以为钦州经济发展提供良好的政策社会环境。实施"城市建设年"，推进新型城镇化发展，全面深化改革，建立充满活力的体制机制，实施为民办实事工程，构建民生保障网，加强节能减排和生态建设，建设实干钦州。只有发挥社会、资源、经济和生态等各子系统的协调作用和相互效应，才能使钦州地区无规则混乱状态变为宏观有序状态，实现区域生态安全状态。

6.2.2.2　做好产业规划顶层设计工作

以低碳经济和产业结构理论为指导，寻找低碳经济与产业结构优化的耦合点，实现区域产业结构的优化。在此基础上，进一步运用产业空间布局理论对产业空间布局进行优化，实现区域产业低碳发展的同时保持协调、健康发展。坚持政府为主导、企业为主体的管理模式，由于钦州市产业规划需要很多部门的协调配合，为此，由市委、市政府牵头，将各相关的职能部门联合组成钦州产业规划指挥部办公室，直接负责、协调和解决新区建设过程中的各种问题。

顶层规划合理布局应在城市产业经济发展中占据首要地位，发挥比较优势，面向国内外两个市场，同时以主导产业为龙头，深化产业链群，打造产业集群。注重产业关联度，发展循环型企业，建立产业之间的生态共同体。统筹抓好临港工业与县域工业，加快临港产目建设，扶持县域中小企业增产增效，以临港工业为基础，积极发展现代服务业，实现双引擎驱动，保持县域工业较快发展。注重现代服务业的培育与发展，利用保税港区和物流园区大力发展现代物流、国际贸易服务、国际航运服务、金融服务等现代服务业，使临港工业和现代服务业互相促进、共同发展，通过双引擎驱动完善港区产业结构，实现可持续发展。加快中国-东盟港口城市合作网络钦州基地建设，全面建成亿吨大港合理规划。做好产业布局，出台人才支持政策，营造吸引人才的优良环境，发展高科技产业。

6.2.2.3　提升北部湾城市群建设步伐

在快速工业化和城镇化进程中北部湾海域出现了栖息地破坏、过度捕捞和水域污染等现象，导致了海洋生物多样性下降、生态系统功能削弱等生态失衡问题。在交通、市政基础设施建设、产业空间布局、城镇建设、沿海岸线利用及环境保护、水资源利用等方面要加强与北部湾沿海地区的整体协调。促进沿海交通廊道建设协调，增强与防城港、北海间的交通联系。明确北部湾经营策略，坚持北部湾地区开发的系统性原则、内外并重原则、注重长远原则、政府主导原则，通过北部湾发展塑造独特城市形象，提高城市综合竞争力，获得竞争优势，增强城市发展能力。

第7章

钦州市教育生态系统的创新实践
——智慧钦州

7.1 教育生态系统生态学理论研究

在国外,人们普遍认为教育生态学这一概念首先是由美国哥伦比亚大学师范学院院长克雷明(L.A. Cremin)于1976年提出的。20世纪70年代是国外教育生态研究的繁荣时期,各种研究趋向纷纷出现。主要以埃格尔斯顿(J. Eggleston)、费恩(L.J. Fein)、坦纳(R.T. Tanner)、沙利文(E.A. Sullivan)等学者的研究为代表。到了20世纪八九十年代教育生态学研究不仅范围更加拓宽,而且向纵深方向发展(范国睿,1995)。一些学者把教育放在当代为世人注目的环境与发展的大背景下进行考察,如莱西(C. Lacey)和威廉斯(R. Williams)合编的《教育、生态学与发展》(*Education,Ecology and Development*)(1987);华盛顿大学的古德莱德(J.I. Goodlad)则侧重于微观的学校生态学研究,首次提出学校是一个文化生态系统(cultural ecosystem)的概念,目的在于从管理的角度入手,统筹各种生态因子,提高学校的办学效率(宋改敏,2009)。鲍尔斯(C.A. Bowers,1993)对微观的课堂生态和宏观的教育、文化、生态危机等教育生态问题进行了深入的研究。奥尔(D.W. Orr,1991)在探索现代教育观点与生态危机关系的基础上,呼吁加强"生态素养"(ecological literacy);约翰·米勒(J.P. Miller,1996)以整体观和内、外联系观,建构起"整体课程"(holistic curriculum);斯拉特瑞充分注意到课堂生态问题,既研究又实践了"生态模式"(ecological model)的改变;鲍尔斯(C.A. Bowers)和弗林德斯(D.J. Flinders)倡导将以生态为重点的、全局性的问题融入后现代的教育、教学中去,提出以"反映性教学"(responsive teaching)贯穿整体生态的理念(C.A. Bowers,1990)。

中国的教育生态学研究起步较晚。20 世纪 60 年代，台湾师范大学教育学系方炳林率先从事这一领域的研究，并著成《生态环境与教育》一书（方炳林，1981）；1989 年，台湾地区出版了李聪明所著的《教育生态学导论》，该著作针对台湾地区教育的现实，运用生态学的原理，对各种教育问题进行反思。中国大陆学者对教育生态学的研究始于 20 世纪 80 年代末 90 年代初。到目前为止，中国大陆学者出版了三本教育生态学专著，在研究对象和研究方法上各有不同。南京师范大学环境科学研究所吴鼎福（1990）的《教育生态学》是中国大陆第一本教育生态学专著，作者借用了不少生态学理论、概念、术语，生态学的色彩较浓厚，但在教育问题中移植的生态学理论需要进一步融合。任凯等（1992）所著的《教育生态学》希望借用生态学的原理与方法较深入地分析教育现象，但分析的深度和广度仍需进一步加强。华东师范大学范国睿（2000）所著的《教育生态学》在前两位学者的基础上有所突破，一方面在建构的学科体系上，力图从文化、人口、资源及环境角度来阐述教育生态；另一方面在研究方法上，用比较研究法引用了大量国外的研究成果进行类比，由于引用角度问题，有些地方需要进一步强化生态学和教育学之间的联系。三本教育生态学专著的出版及一些相关论文的发表，标志着教育生态学研究已成为中国教育科学研究的重要领域之一。从总体上看，中国的教育生态学研究起步较晚，在如何将生态学的原理运用于对教育现象与教育问题的分析与研究上，还需进一步加强。

基于国内外多年来对教育生态系统生态学的理论研究，结合钦州实践，本书将利用美国研究所丰富的人文资源，以切实可行的领导干部交流和培训为切入点，进行以钦州学院和钦州二中为基地的 ESDLP 到 EEP 的推广研究。ESDLP 培训、EEP 培训都是 GIESD 的子项目。GIESD 希望通过中美两国学者的合作，致力于教育生态实践，提供多方位、多形式的有效培训，帮助参与者提高认识、增强能力，促进集体或个体，尤其是全面、优秀、进取且等待机遇的大、中学生的可持续发展，力求在近万人的钦州二中和逾万人的钦州学院优秀的学生中选拔和培养富于挑战精神的领袖型人才，以推动各自学校的教育生态系统的国际化和可持续发展。通过前期一系列准备工作，推进构建智慧教育体系，筹建智慧大学（北部湾大学），转化智慧资本，最终完成基于智慧教育的智慧城市的构建。

7.1.1　教育生态系统的概念

生态系统的概念是由英国植物群落学家坦斯利（A.G. Tansley）在 20 世纪 30 年代首先提出的。由于生态系统的研究内容与人类的关系十分密切，对人类的活动具有直接的指导意义，所以，很快得到了人们的重视。20 世纪 50 年代后已得到广泛传播，60 年代以后其逐渐成为生态学研究的中心。生态系统是指在自然界的一定空间内，生物与环境构成的统一整体，在整个统一整体中，生物与环境之间相互影响、相互制约、不断演变，并在一定时期内处于相对稳定的运动平衡状态。生态系统具有一定的组成、结构和功能，是自然界的基本结构单元。也可以简单概述为：生态系统是生物群落与其生存环境组成的综合体。但是，以上的表述只是自然生态系统的定义，不能把人类生态系统的含义概括在内。中国生态学家马世骏提出，"生态系统是生命系统与环境系统在特定空间的组合"。依此类推，教育者、受教育者与教育环境在特定空间的组合就是教育生态系统。教育生态系统是教育生态学研究的中心。

实际上，在 20 世纪 80 年代末以来，中国许多学者开始提出教育生态系统的概念，并先后形成了多种定义，主要有以下几种。

（1）教育生态系统是教育体制下的教育环境与学校、教师、学生等的共存系统（李聪明，1989）。

（2）教育生态系统是由教育工作者、学员、自然环境、社会环境等要素组成的一种社会生态系统。它是一个有机的整体，具有一定结构和功能，通过系统内各种要素间的物质、能量、信息的交换，使人在德智体美劳各方面和谐发展，培养出合格人才、专门人才，这是教育生态系统最基本的功能特征。

（3）教育生态系统是由作为活动主导要素的人和各种教育环境构成的一个人工生态系统，且系统内部各种活动符合一定程度的生态规律。

（4）人类所有个体的健康成长和进步，都依附着一定的人际关系和环境因素，这种关系和因素的整体结构和功能称为"教育生态系统"。教育生态系统的内涵十分繁富，粗略地讲，主要包含："两种关系"——人与人的关系，环境与人的关系；"三个阶段"——优生、优育、优教；"四个场景"——家庭教育、群体影响、学校教育、社会教育；"五种因素"——生理因素、心理因素、环境因素、经济因素、政治因素；"六种需求"——生理需求、安全需求、社交需求、爱情需求、尊敬需求、创造需求（方然，1997）。

（5）教育生态环境包括自然的、社会的、规范的、生理心理的四个部分，每一类环境又分为若干生态因素或称生态因子，由它们相交组成多维复合的生态环境。其中所包含的各种各样的生态因素和生态因子分别满足人的生物的、社会的和精神的生活需要。它们之间以及它们和教育之间的相互作用，便组成了教育生态系统（梁保国等，1997）。

（6）人、教育、环境彼此相连，共同构成一个不断矛盾运动的生态系统。其中，无论是学校还是人（教育者与受教育者），作为教育生态主体，都在自身与环境的平衡—不平衡—新的平衡的矛盾运动中寻求发展。

（7）教育生态系统，是指一定时空范围内教育与其他自然生态系统、社会生态系统等通过物质循环、信息传递和能量流动所构成的教育生态学单位。教育生态系统是由施教者、受教者、自然环境、社会环境、学校环境、家庭环境等因素组成的一种教育生态系统，它是一个有机整体，具有一定的结构和功能，通过系统内各要素间的物质、能量、信息的交换，使受教者的情智和人格得到全面和谐的发展。这是教育生态系统最基本的功能。

（8）教育生态系统大体上可以看作是教育系统内部诸要素之间的交互作用及其外部环境之间的物质、能量和信息的交换关系。

（9）教育生态系统可以划分为教育的内部生态系统与外部生态系统。教育外部生态系统是一个由经济、政治、文化、科技等诸多因素构成的复杂系统，而教育内部生态系统，主要是以教师、学生、管理、科研和后勤层五个功能团为构成要件。

（10）教育生态系统是由教育的生态主体与生态环境组成复合与多元的整体系统。教育者、受教育者和各级各类教育机构构成教育生态系统的生态主体，教师、管理人员和学生通过管理、服务、指导、科研、教育、教学等关系形式联结起来，形成教育的生命共同体。共同体的一切理想、信念、教育活动与教育成果，总是要受到其生态环境的影响。

除此之外，还有一些学者虽然没有明确定义教育生态系统，但也提出了自己的认识和理解，如贺祖斌认为，教育生态系统是由教育系统与其生态环境共同构成的，教育者和受教育者是教育生态系统的中心（贺祖斌，2005）。这些定义、认识和理解都为我们进一步把握教育生态系统的概念与形成奠定了基础。遗憾的是，虽然定义较多，但除个别学者对教育生态系统进行了较为系统的研究之外，多数学者均未对教育生态系统做出深入的探究。总的来说，上述关于教育生态系统的诸多定义，大体可以分为三类。第一类认为人与环境之间的作用构成教育生态系统，第二类认为教育与环境之间相互作用构成教育生态系统，第三类认为教育要素与环境之间相互作用构成教育生态系统。

我们认为教育生态系统是指在人类社会的一定空间内，教育主体与教育客体及教育环境系统构成的统一体。在这个统一体中，教育主客体与教育环境之间相互影响、相互制约、不断演变，并在一定时期内处于相对稳定的动态平衡状态。教育生态系统具有一定的组成、结构和功能，是教育的基本结构单元。

7.1.2　教育生态系统的组成

教育生态系统的研究方法是基于生态学、生态学交叉学科和系统科学而提出的。它首先把教育作为一个系统来研究，分析系统的要素、结构和功能；其次把教育作为一个生态系统来研究，分析系统的要素与环境之间的关系。

教育生态系统具有自然生态系统的一般特征，但教育生态系统又不完全等同于自然生态系统，如其运动形式与自然生态系统不完全相同，特别是自然生态系统中能量流动的"十分之一定律"在教育生态系统中就不适用，因为教育生态系统是一种人工生态系统。人工生态系统比自然生态系统更加复杂，具有鲜明的社会性和易变性。所以，教育生态系统的研究方法不拘泥于自然生态系统中生产者、消费者和还原者之间的能量流动、物质循环和信息传递的研究，而是立足于生态因子的变化，集中研究教育生态系统的要素、结构、功能，重点把握教育生态系统的稳定性与调节状况（邓小泉，2009）。

生态系统的组成成分可分为两大类：一大类是生物成分，另一大类是非生物成分。生物成分可分为生产者、消费者和分解者。生产者主要是绿色植物，包括一切能进行光合作用的高等植物、藻类和地衣。这些绿色植物体内含有光合作用色素，可利用太阳能把二氧化碳和水合成有机物，同时释放出氧气。除绿色植物外，还有利用太阳能或化学能把无机物转化为有机物的光能自养微生物和化能自养微生物。生产者在生态系统中不仅可以生产有机物，而且在将无机物合成有机物的同时，把太阳能转化为化学能并将其贮存在生成的有机物中。生产者生产的有机物，一方面供给生产者自身生长发育的需要，另一方面，也用来维持其他生物全部生命活动的需要，是其他生物类群以及人类的食物和能源的供应者。

教育生态系统的基本功能是为社会培养所需要的专门人才，教育生态系统可分为生产者、消费者、分解者和教育环境。

7.1.2.1 生产者

人才培养是教育生态系统的基本职能。根据 20 世纪 20 年代国际劳工局最早对产业的划分及国内的产业划分方法，教育被划分为第三产业。那么，教育生态系统中的生产者是指各级各类学校及其附属的科研机构、科技文化组织，或者其他有教育功能的组织或个人。教育生态系统最主要的产品是学生个体的人力资本存量［即价值（value）的内涵］，其次是可以与市场直接或间接作用的科研成果及所提供的社会服务（这里重点关注学生个体的人力资本存量）。

我们认为，在教育生态系统中，生产者是各级各类教育结构（学校及其附属组织），这些教育机构内含有师资和相关的软硬件装备。在整个教育过程中，教育生态系统输入没有经过训练、尚未达到相应要求的智能和人格发展水平的学生，利用人类社会输入的各种教育资源（包括人力、物力、财力和科学文化知识等），学校及其附属组织通过教师，通过在教育生态系统内部的"加工和转化"，进行德、智、体、美、劳等方面的教育，培育出经过知识、技术和能力等武装的、适合社会所需的各种类型的专业人才，并将其输出到社会的各个企事业用人单位。换言之，教育生态系统输出的是合格的人才和学生内含的知识、技能和能力，这就是学生的人力资本存量。综上所述，在各级各类教育机构，把未经过训练的学生转化为适应社会发展的人才，把输入的资源和资本转化为学生的知识、技能和能力。教育机构在教育生态系统中将未达到相应要求的学生转化为社会用人部门需要的人才的同时，把价值转化为知识、技能和能力贮存在学生体内，从而使其成为社会用人单位的供应者。

7.1.2.2 消费者

在自然生态系统中，消费者属异养生物，主要是指动物。它们以其他生物或有机物为食。消费者在生态系统中的作用之一，是实现物质与能量的传递。例如，草原生态系统中的青草、野兔和狼，其中，野兔就起着把青草制造的有机物和贮存的能量传递给狼的作用。消费者的另一作用是实现物质的再生产，如食草动物可以把草本植物的植物性蛋白再生产为动物性蛋白。所以，消费者可称为次级生产者。教育生态系统的消费者包括用人单位及高校文化、科技成果和专利的受益者乃至全社会。他们根据各自的需求，通过不同的方式，接受来自生产者的各种服务。我们认为，消费者应该是全社会。生产者输出掌握知识、技能和能力的学生，他们毕业后被社会上的用人单位录用，用人单位成为教育生态系统中的消费者。用人单位将掌握知识、技能和能力的学生转化为劳动者，将知识、技能和能力转化为第一生产力，结合用人单位的资本，生产出更多的社会财富。消费者在教育生态系统的作用之一是实现了物质和能量的传递。例如，学生毕业后进入 A 企业，然后跳槽，进入了 B 企业，A 企业就将学校培养的学生及其赋予学生的能量传递给了 B 企业。实际上，在这一过程中，还存在着 A 企业对学生的物质和能量的再生产的过程。学生进入 A 企业工作后，经过训练、工作和不断的学习，掌握了更多的技术和技能，成为具有实践能力的员工，同时掌握了更多的技术和技能，实现了物质和能量的再生产。学生在 A 企业工作一段时间之后，成为掌握相关实践能力的学生，继而可以进入 B 企业。这就是消费者的另一作用，实现物质的再生产。

7.1.2.3 分解者

在自然生态系统中，分解者主要是指细菌和真菌等微生物。分解者的作用就在于把生产者和消费者的残体分解为简单的物质，再供给生产者，同时，贮存的能量得到最终的释放。所以，分解者对生态系统中的物质循环具有非常重要的意义。换句话说，自然生态系统的分解者能通过物理、化学或生物的分解过程，将生产者和消费者产生的各种物质分解成各种元素并还原到生态系统的环境中，以供生产者继续使用。凡是起到这种作用的物质实体都可以纳入到分解者的范畴。我们认为，在教育生态系统中，家庭和社会是教育生态系统中的分解者。具有一定人力资本存量的学生创造出的各种社会财富最终流向个人、家庭和社会，个人、家庭和社会最终消耗了创造出的财富。一方面，个人、家庭和社会得以维持生活和改善生活质量；另一方面，社会得到不断进步和发展。同时，一部分财富，包括知识重新流回教育生态系统，以补充教育生态系统流失的能量，甚至流入更多的财富，以不断改善教育生态系统的层次和结构，在更高层次上维持教育生态系统的平衡。此外，人类社会通过生殖和繁衍，产生了新的一代，作为教育生态系统新的物质重新输入教育生态系统，也就是未经训练的新的学生。具有一定人力资本的学生最终被自然过程所分解，消费的过程同时也是分解的过程。

7.1.2.4 教育环境

自然生态系统的生态环境，是相对于生态系统中的主体而言的，是生态系统中各种生态因子的综合体。王凤产认为，教育生态系统的环境是指以教育为中心，对教育的产生、存在和发展起着制约和调控作用的 n 维空间和多元的环境系统。教育的周围存在着自然环境、社会环境、规范环境三种环境圈层。自然环境包括生物环境和非生物环境；社会环境包括政治环境、经济环境、学校环境、家庭环境、院落环境、城市环境、村落环境等；规范环境包括文化、科技、宗教、伦理、道德、民族性、哲学、民主与法制、社会风气与习俗、艺术等。自然环境、社会环境、规范环境构成教育的外部环境。教育对象的生理和心理环境是教育者内在的生态环境。教育的生态环境往往是由自然因素和社会因素交织、物质因素与精神因素融合构成的，各个部分相互联结、嵌套、递归，形成 n 维多元镶嵌复合的教育生态环境。教育生态因子具有质的多样性，各种生态因子对教育的作用和影响，不是各种因子作用的简单叠加，而是一种非线性关系，它们对教育的作用和影响具有多向性、不确定性、随机性、非线性、混沌性、交互性、协同性等特点。教育生态因子的这些特点使各种因子对教育的作用不能简单地用牛顿力学和传统的数学进行分析，必须借助于混沌理论和非线性动力学进行研究。那些对教育生态研究简单的"种瓜得瓜，种豆得豆"的线性思维方式不但是不科学的，而且是非常危险的。

胡涌认为，教育生态系统的环境可以从三个角度和三个层次来分析：一是以教育为中心，结合外部的自然环境、社会环境和规范环境，组成单个的或复合的教育生态系统；二是以某个高等学校、某一教育层次或类型为中轴构成教育生态系统，反映教育体系内部的相互关系；三是以人的个体发展为主线，研究外部环境，包括研究个体的心理和生理等内在的环境因素。

厉春元（2007）认为，教育生态系统的环境有三个层次：国际环境、国内环境和个体生态环境。国际环境和国内环境共同构成教育的群体生态环境。群体生态环境，是指某一地区内的学校共同的社会环境。个体生态环境，是指特定的某一所学校的生态环境，即该学校的社会环境。学校个体生态环境反映教育生态环境的个性、特殊性。在研究某一所学校的个体生态环境时，与其相邻的其他学校也成为该校的个体生态环境的组成部分。同时，教育生态系统包括三个因子：政治环境、经济环境和文化环境。不同的生态因子进行不同的组合形成不同的教育环境，这正是各个国家、各个地区教育生态环境存在差异的原因。教育生态环境反映了学校教育生态环境的共性、普遍性。

贺祖斌（2005）认为，教育生态环境是多维性的环境，它由社会生态、自然生态和价值生态三部分环境组成。教育通过培养人才对社会环境产生一定程度的影响，同时，教育的发展也在很大程度上受社会环境的影响。教育生态系统对社会环境的适应，主要体现在教育所培养的各级各类专业人才的质量、规格要适应社会各子系统的需求，特别是适应当时当地的政治、经济发展的需求上。为适应新的形势，教育系统需要在教育体系、教育目标和教育内容等方面进行改革，它是教育系统适应社会大环境变化的结果。只有随着教育培养目标的改变，教育系统的各个层面才会发生相应的变革。在此基础上，客观上要求教育系统对环境主动适应，及时、准确地做好人才需求的预测工作，为主动适应社会形势做好准备工作。

综上所述，教育生态系统的环境就是以教育活动为中心，影响教育活动的自然状况、社会和文化条件，以及它们之间的相互关系的几维空间和多元环境系统。

7.2　钦州市教育生态系统的现状及相关问题探讨

7.2.1　钦州市教育生态结构特点及现状

"教育生态学研究的根本目的在于揭示教育生态系统发生发展的规律，促进教育生态系统的健康发展。"而这种健康发展也就是可持续发展，因而就要求"确立正确的人·教育·环境三者之间的关系的全新认识，确立正确的教育生态意识，全方位地促进教育生态系统自身的可持续发展"（邓小泉，2009a）。

截至 2016 年，钦州市有普通高等院校 2 所。普通高等院校全年招生 0.65 万人，在校生 1.9 万人，毕业生 0.5 万人。中等职业教育学校 20 所，在学校生 2.71 万人。普通中学学校 124 所，在校生 21.92 万人，其中，普通高中全年招生 2.05 万人，在校生 5.52 万人，毕业生 1.65 万人；普通初中全年招生 5.75 万人，在校生 16.4 万人，毕业生 5 万人。全市初中毕业升学率达到 91%。普通小学学校 1081 所，普通小学全年招生 6.94 万人，在校生 35.43 万人，毕业生 5.75 万人。本书主要针对教育生态系统生态学的理论创新研究及应用，包括机构创新和机制构建理论及应用研究、教育功能亚生态系统生态学理论及应用创新研究、教育生态链理论及应用研究、主要以钦州学院和钦州二中为基地的 ESDLP 到 EEP 推广研究等。

7.2.1.1　钦州学院

钦州学院是广西沿海地区唯一公立本科高等院校，实行广西壮族自治区与国家海洋局共建、以钦州市管理为主的管理体制。2015 年，学校由钦州市西环南路整体搬迁至钦州市滨海新城，校园占地面积 1800 亩①。学校设有海洋学院、海运学院、机械与船舶海洋工程学院、石油与化工学院、食品工程学院、电子与信息工程学院、经济管理学院、陶瓷与设计学院、理学院、人文学院、国际教育学院、工程训练中心等 18 个教学单位。截至 2017 年，有专任教师 789 人，其中正高级职称 122 人、副高级职称 290 人，博士 222 人、硕士 405 人，博士生导师 16 人、硕士生导师 88 人，国家千人计划 1 人、八桂学者 1 人、楚天学者 1 人、自治区特聘专家 6 人，"双师型"教师 265 人，外聘教师 116 人。建设有钦州市人才小高地 4 个、广西博士后创新实践基地 1 个、广西专家服务基地 1 个、钦州市博士后创新实践基地 1 个。

学校教学科研仪器设备总值 14 782.77 万元，建有海洋科学实验中心、轮机工程实验实训中心、航海技术实验实训中心、机械工程实验中心、船舶与海洋工程实验中心等 21 个实验中心，共 307 个实验室。有重点学科、重点实验室、工程技术研究中心、特色专业、创新创业改革示范专业、实验教学示范中心、虚拟仿真实验教学中心等省级及以上教学科研平台（建设项目）55 个。有馆藏纸质图书 100 万册、电子图书 40 万册，已建成完备、信息化程度高的电子图书系统和覆盖全校的现代化校园网络服务体系。

钦州学院的可持续发展战略在解决各种生态危机问题上起着非常关键的作用。这是因为高等教育不仅是社会生态系统的一个有机锁链，它自身的结构、功能的平衡发展亦关系到整个全局的良性循环；更为重要的是，在社会各个领域中起主导作用的人是由教育培育出来的，教育是否培养出了大批具有生态化主动性

---

① 1 亩≈666.67 平方米

素质的人也关系到未来社会能否可持续发展、能否走向生态平衡。所以，高等教育的可持续发展是整个社会通向生态文明的关键。关于生态可持续发展的研究，概括起来，可以分为两个方面：一是高等教育如何为经济与社会的生态可持续发展战略服务；二是高等教育自身如何根据生态可持续发展的理念与原则进行改革。但如何在生态可持续发展战略中贯彻生态化的教育理念、关注系统内个体的可持续发展是未来高等教育生态研究的一个方向（胡靖姗，2011）。

7.2.1.2 钦州二中

钦州二中创办于 1974 年，是广西示范高中、广州军区国防生生源基地、全国模范职工之家、全国体育运动先进学校、全国依法治校示范学校，是中国科学技术大学等国家重点高校的生源基地。

2004 年 8 月，钦州市第二中学新校区正式落成启用。新校区总投资 1.5 亿元人民币，开创了广西示范高中整体迁建的历史。学校具有广西一流水准的校园校舍，实现了教学现代化、办公自动化、管理网络化，为学生提供了求学、生活的理想场所。

钦州市第二中学实行名师治教、科研兴校的工作思路。学校拥有一流的教师队伍，任课教师均为本科以上学历，其中研究生有 30 多人，一大批中青年教师成为自治区和钦州市的学科带头人，使学校成为钦州市两个"人才小高地"之一，教育教学成绩一直在广西一流中学的前列，成为北部湾沿海地区大学生的摇篮，在老百姓心目中享有崇高的声誉。

从教育生态系统生态学的角度讲，实现教育生态系统的可持续发展，要做到输入和输出的平衡，也就是输出的人才能够满足社会的需要，这需要教育系统自身不断调整，输入的物质和能量要能够协调发展，也就是输入到教育机构的学生和财富在教育机构的作用下能够协调发展。另外一个是教育系统本身结构和层次的调整，可以刚好调整它与环境的输入与输出，这样就可以做到教育的可持续发展，这是一个螺旋式的上升过程，即出现矛盾—解决矛盾—出现矛盾—解决矛盾。

7.2.2 钦州市教育生态系统目前存在的关键问题

虽然近几年有关教育生态学的研究日渐增多，但都未能在理论创新与实践上有很大进展，目前存在的关键问题有以下几个方面：有关教育生态系统的能量流、信息流等限制因子的研究有待进一步深入；教育功能亚生态系统生态学理论及其应用仍需结合实际进行创新性研究；教育生态位共生理论应用研究仍需与时俱进；尤其教育生态链至今尚未有人对其进行过定量研究，可视为灰色系统，需用现代科技成果、定性与定量相结合,动态地加以研究、探讨。整体而言,教育生态学作为一门学科,还要走较长一段历程。

7.2.2.1 对教育生态系统的重要性认识有待深入

就教育生态学本身而言,人们对教育生态系统的关注有待提高。虽然有学者认为教育生态学的研究对象应该是教育生态系统,但并未引起广泛关注。教育生态学研究应该重点分析教育生态系统的构成,正确认识教育生态系统动态平衡性的内涵,准确把握教育生态系统中的物质流、能量流与信息流的实质及其对教育生态系统的影响,特别要强调教育生态系统中各因子之间的相互联系、相互作用及功能上的统一。

7.2.2.2 对教育生态的层次和结构的研究有待平衡

从教育生态的层次看,有教育外部生态、教育内部生态,也有学校生态和班级生态等。已有研究主要集中于学校生态和班级生态,而对教育外部生态(如教育生态在社会生态中居于什么地位、发挥什么作用等)和教育内部生态(如区域生态、制度生态等)的研究则相当缺乏。从教育生态的结构上看,有学校结构、水平结构、年龄结构等。目前有关学校结构的研究较多,其中又以高等教育生态研究居多,而有关教育水平结构和年龄结构的研究偏少。这种对教育生态的层次和结构研究的不平衡状态,一方面不利于认识教育的整体生态、促进教育的全面协调可持续发展,另一方面也与生态学的整体性思想不协调。

7.2.2.3 对教育生态历史变迁的分析有待更加重视

理论的科学性就在于既能解释历史事实,也能分析现实状况,又能指引未来。教育生态学自从产生以来,就始终缺乏对教育生态历史变迁的研究。国外以克雷明为代表,他运用生态学理论分析了美国教育的发展历史,写就了三卷本的《美国教育》。而在克雷明之后,关于教育生态史的研究所见不多。国内研究仅见 1 篇论文与 1 本著作,未做历史解释的理论研究有失根基,缺乏厚重感。

7.2.3 拟解决的关键问题及主要研究内容

教育生态系统生态学是有待创新开发和深入探讨的社会生态学、人类生态学和城市生态学交叉的重要领域,是关系千家万户和以人为本发展的核心价值和利益的聚焦。本书将对教育生态学的内涵、范围、指标等理论问题和实践问题进行研究和不断完善。根据不同的阶段和需求,构建沟通中美不同文化教育背景的渠道和载体是本书的重要内容。本书对北部湾教育生态系统的现状、优势和劣势及发展机遇进行着重探讨，拟解决以下几个问题：①教育生态系统生态学的理论创新研究及其应用，包括机构创新和机制构建理论及应用研究、主要以钦州学院和钦州二中为基地的 ESDLP 到 EEP 推广研究等；②提高地方整体教育质量水平，尤其以钦州市为代表的北部湾教育，包括高等教育、义务教育及学前教育等，为实现"中国梦"输出更多更高质量的智慧人力资源；③促进以钦州市为代表的北部湾智慧教育体系的构建与完善；④促进智慧大学（北部湾大学）的筹建；⑤促进智慧教育生态系统内智慧资本的转化；⑥打造"智慧钦州"，为人们提供更加便捷、更加生态、更加智慧的各类相关服务，实现智慧教育生态系统智慧能量的最大化。

为解决上述问题，本书在国内外现有研究的基础上，结合北部湾地区教育生态系统的现状、优势及发展趋势，对教育生态学的准确定义、范围、指标和内涵等理论和实践问题有所研究和不断完善，着重从以下几个方面进行探讨分析：①教育生态系统机制的构建；②教育生态系统生态学的实践和参与研究，主要是以钦州学院和钦州二中为基地的 ESDLP 到 EEP 推广研究；③教育生态系统务实性的研究；④教育生态学持续性的研究。

7.2.4 关于钦州市教育生态系统平衡问题的相关探讨

生态平衡是指某生态系统各组成成分在较长时间内保持相对协调，物质和能量的输入和输出相接近，结构和功能长期处于稳定状态，在外来干扰下，能通过自我调节恢复到最初的稳定状态。也就是说，生态平衡应包括三个方面，即结构上的平衡、功能上的平衡及输入和输出物质数量上的平衡。

对于教育生态系统的生态平衡，也就是某教育生态系统各组成成分在较长时间内保持相对协调，学生和财富的输入和输出相接近，结构和功能长期处于稳定状态，在人类社会等各种干扰下，能通过自我调节恢复到最初的稳定状态，则这种状态可称为教育生态系统的生态平衡。例如，在大学教育过程中，起初是输入有待进一步发展的学生，通过大学内部和外部各种资源的装换和配置对他们进行"系统科学的输入"，将其培养成为社会所需的各种专门人才，从而实现预期输出，保证大学生态与社会生态的协调发展。

人、教育、环境彼此相连，共同构成一个不断矛盾运动的生态系统。其中，无论学校还是人（教育者与受教育者），作为教育生态的主体，都在自身与环境的平衡—不平衡—新的平衡的矛盾运动中寻求发展（环境也是生态系统的一个组成部分）。因此，揭示出反映教育生态系统与各种生态环境之间、不同教育生态主体之间的复杂关系，是教育生态学研究的重要任务之一。

教育生态系统的发展是全社会持续发展的重要条件之一。在社会生态系统中，持续发展需要对资源进行再分配或再配置，充分利用人力资源，保证人类的基本需求，战胜饥饿，给那些生活极度贫困的人提供基本服务，满足人们在识字、初级卫生保健等方面的基本需求。这是输入资源，也就是能量输入的必要性。

教育生态系统的发展不是一般意义上的发展，同样也应是持续发展，这种发展表现为人、教育、环境的有机结合，表现为不同水平、不同层次教育之间的有机联系，表现为教育资源投入的不断增加，表现为现在的教育发展是未来教育发展的准备与基础，表现为教育组织的日益完善、教育活动的不断丰富及教育质量的不断提高等各个方面。教育生态系统是一个较为稳定的系统，系统内各子系统之间有着非常紧密的联系，任何大起大落的变化或是各子系统之间发展不平衡，都会使教育生态系统本身的发展面临曲折的历程。因此，教育生态系统的持续发展是保持教育生态平衡的重要前提之一（范国睿，1997）。

教育生态系统持续发展的目标在于，处理好教育与自然环境、教育与社会、当前与长远、局部与整体、效益与效率，以及学校、家庭、社会、国家之间的复杂的生态冲突关系，实现教育生态系统环境合理、和谐、高效、规范的健康的综合发展。

教育生态系统与其环境之间、不同教育生态主体之间，在其运动变化过程中，也总是经历着由彼此的平衡到失衡以至达到新的平衡的动态发展过程。教育生态系统中的平衡与失衡，主要表现在教育生态系统的输入和输出以及结构与功能上。其中，前者主要是从教育生态系统与其环境进行物质与能量交换的角度来说的，而教育生态系统结构与功能的平衡与失衡则体现在教育生态系统内部诸要素的功能发挥过程中。从教育生态系统与其环境进行物质与能量交换的角度来看，所存在的问题主要表现在两个方面：一方面是教育资源供应不足，从而严重影响教育生态系统的生存与发展；另一方面是教育滞后，即教育的发展落后于社会的发展。造成教育滞后的根本原因在于社会系统，尤其是教育系统所特有的惰性，这种惰性不仅造成教育体制的僵化，而且也使课程内容在知识和实践领域以更快的速度不断变化的同时，变得越来越陈旧，从而使教育生态系统在适应外部新的需要时，运行得非常缓慢。即使在教育资源供应不构成障碍时，也是如此。这比因资源供应不足造成的失衡更为严重。教育跟不上社会的变化与进步，将会造成教育系统与社会之间的冲突和矛盾，最终将导致教育自身的功能失调。教育生态系统自身结构与功能的平衡与失衡，主要体现在各级各类教育在数量、布局等方面的比例关系是否合理、教育系统自身的组织是否完善、教育生态系统的育人功能是否为教育生态系统的各种派生功能（如政治功能、经济功能、宣传功能等）所掩盖、教育内容与受教育者的实际所需是否协调等诸多方面。

因此，在推进钦州市教育生态系统发展的过程中，要特别注重教育生态系统的平衡问题。注重人、教育、环境的有机结合，使不同水平、不同层次教育之间进行有机联系，在建设北部湾大学的过程中，保证教育资源供应充足，使教育的发展不会滞后于社会的发展，避免高等教育系统与社会之间的冲突与矛盾，在教育生态系统持续发展的前提下保持教育生态的平衡。

7.2.5 关于钦州市教育生态系统教育机构务实创新问题的探讨

7.2.5.1 教育机构创新的目的及原则

创新是以新思维、新发明和新描述为特征的一种概念化过程。它起源于拉丁语，其原意有三层含义：第一，更新；第二，创造新的东西；第三，改变。IUEI项目中创新的含义包括了以上三种，并主要突出整个教育生态系统中教育机构的务实创新。

以教育生态系统生态学基础的相关教育机构主要包括各级教育主管部门和各级各式教育科研、培训单位等，本书主要探讨和研究后者，即教育体系内的各教育实施机构。为提高各级教育质量水平，提高教育系统输入、输出的转化效率、效果，更加高效地将系统输出结果转化为社会生产力，从而更好地服务大众，进而提高人民生活质量水平，需对当前的教育生态系统生态学教育机构进行务实创新。本书拟结合当前教育生态系统环境，对系统内的教育机构进行务实创新研究，以期提高整个系统的运作及转化效率，使智慧资本在智慧教育的基础上实现最大化的社会转化，为智慧城市的构建奠定良好的基础。

IUEI研究主要本着以下原则进行教育生态系统教育机构的务实创新：①科学、规范。坚持用科学的态度、科学的方法制定钦州市教育生态系统教育机构完善的计划，符合科学的规范，确保计划切实可行。②精简、效率。坚持机构的精简、人员的高效，使钦州市教育生态系统教育机构的各方面都可以高效运行。③激励、制衡。既要坚持科学地运用各种激励手段，使它们有机结合，从而最大限度地激发人们在钦州市教育机构务实创新中的积极性，鼓励人们发奋努力，也要注重发展过程中各方面的制约与平衡。④平等、公平。坚持将平等、公平的理念贯彻始终，使钦州市在完善教育机构过程中的各项问题都能得到平等公平的解决。⑤以社会需求为导向。坚持注重社会的需求，从社会的需要出发，有针对性地完善钦州市教育机构系统。⑥以人为本。坚持以人为本的理念，提高钦州市教育系统输入、输出的转化效率，将系统输出结果转化为社会生产力，从而更好地服务大众，进而提高人民生活质量和水平。

7.2.5.2 机构创新的系统方法论

IUEI 拟采用系统方法论进行相关机构的务实创新。系统方法被引入创新活动，意味着人们运用"系统"或"整体"的概念和方法来研究和处理创新，这在创新发展历史上具有重大的意义，是创新思维方式的一个历史性转变。但系统论与系统方法本身已经历了三个历史阶段。

首先，系统整体论的诞生——从机械分割占据统治地位到整体性系统思维方式的形式与确立。

其次，从封闭系统到开放系统，这大致相当于第三代创新模型，即链环-回路模型。

再次，系统的自组织性，自组织系统是指无需外界特定指令而能自行组织、自行创生、自行演化，能够自主地从无序走向有序，形成有结构的系统。当前创新研究越来越多地涉及自组织理论。

最后是复杂适应系统，复杂适应系统是从构成论转向生成论，它强调的是演化、突现与生成，一旦创新系统引入复杂适应系统，用演化、突现与生成来研究并实施创新，弥补原有创新系统那种静态的时间维度的缺失，进入动态过程。

在应用创新系统方法论进行教育生态系统机构务实创新过程中，应注意以下几点。

（1）运用系统方法。教育生态系统是一个极其复杂的系统，对系统内的教育机构进行务实创新，需要运用系统方法，才能获得好的成效，从而提高创新效率，达到事半功倍的效果。

（2）把握好自由度。教育生态系统是开放的、演进的，教育机构创新是一个复杂的动态过程，是系统处在混沌与有序之间的"混沌边缘"状态下实现的，这种"混沌边缘"如果没有自由度和灵活性，也就没有创新。因此，在进行教育生态系统内的教育机构务实创新过程中一定要把握好自由度和灵活性。

（3）互动学习。创新是一个互动学习的过程，成功的创新不仅来源于机构（组织）内部不同形式的能力和技能之间多角度的反馈，同时也是机构（组织）与它们的竞争对手、合作伙伴及其他众多的知识生产和知识持有者之间联系和互动的结果（机构内和机构外）。各创新要素之间的联系是创新系统的核心。创新需要在不同技能、不同思想和不同价值观的人们良好的融合与交流中，才能激发出有创意的解决方案。教育生态系统教育机构的务实创新也不例外，需要各级主管部门、各教育机构管理人员及各相关工作人员予以高度重视，并采用多种形式、持续不断地互动学习。

（4）应用模型，模拟创新。著名的复杂性研究专家约翰·霍兰（J. Holland，1996）在谈到建模、隐喻和创新的关系时说："无论是模型还是隐喻，所产生的结果都是创新，都让我们看到了新的联系。对那些大量从事创造性活动，都会同意这样的结论'隐喻和模型的运用是创造活动的核心'。进一步研究隐喻和模型的构建学到一些新的方式，这些方式使能够在对支持创新过程的机制所知不多，甚至根本就不知道的情况下，一样能够加快创新过程。"因此，在进行教育生态系统内的教育机构务实创新过程中可以应用一些模型，进行模拟，以期提高创新的成功率及降低创新成本。

7.2.5.3 机构创新的主要形式

教育生态系统生态学机构（组织）创新的内容随着整个教育生态环境因子的变动与教育机构组织管理需求发展方向等而各不相同。一般可涉及以下一些方面：①教育机构功能体系的变动，即根据新的任务目标来划分组织的功能，对所有管理活动进行重新设计；②教育机构管理结构的变动，对职位和部门设置进行调整，改进工作流程与内部信息联系；③教育机构管理体制的变动，包括管理人员的重新安排、职责权限的重新划分等；④教育机构管理行为的变动，包括各种规章制度的变革等。

教育机构是一个大系统，因此，研究教育生态系统内教育机构的务实创新，应进行系统分析。具体来说，机构创新可遵循自我创新与合作创新相结合的总体思路，而关键是教育机构的自我创新。教育机构创新可以是理念创新、定位创新、组织机构形式创新、发展模式创新及相关支持体系创新，本书主要探讨教育机构的组织机构形式及发展模式创新。

除了现有的纳入正规教育体制的教育机构外，目前已经出现了诸多适应当前教育发展的新形式，主要有以下几种。

（1）某学校独立开设分支机构。知名高校在其他地方开设学习班、办学点或者分支机构等，同时通过开展各种形式的培训班扩大学校的教育辐射范围。

（2）院校合作办学。不同地区、不同类型、不同实力的学校通过强强、强弱、弱弱等形式展开不同程度的交流合作。

（3）校企联合。采用订单培养式、合作培育开发式等形式有针对性地培养应用型人才。

（4）企业办学。如今各大商业组织都纷纷开设企业大学，对企业内部员工展开相关培训，以弥补大众化教育的不足。

（5）社会办学。针对特定人群特定需求的各种形式的培训班、培训机构、咨询机构等，如北京新东方教育科技（集团）有限公司（新东方）、北京阿博泰克北大青鸟信息技术有限公司（北大青鸟）等。

（6）国家公益教育机构。某个国家为了在全世界范围内推广某种语言或者文化而开展的公益性教育机构，如孔子学院、塞万提斯学院、法语联盟等。

（7）虚拟教育机构。各电子商务网站、各高校、各民间组织等开设的互联网培训机构，其中还不乏来自各名校的"公开课"，以满足人们对更加便捷、更加经济、更加公平的教育的需求。

（8）某些知名高校针对特定群体开展特定项目的高质量培训机构或计划，如位于美国耶鲁大学所在地康涅狄格州纽黑文市的 GIESD、GIESD 与清华大学合作创建的 ESDLP 和针对优秀的中国大中学生、精英培养的 EEP 计划。

根据 GIESD、耶鲁大学和清华大学过去十年的重要实践和经验，与钦州城市实际和本书需求相结合，构建沟通中美不同文化教育背景的渠道和载体，是十分必要的。因此，根据不同的阶段和需求，构建相应的合作渠道和互动桥梁，应该是本书研究的重要内容。在初期阶段，应以 GIESD 和来自耶鲁大学的专家言传身教、互通有无为主要形式；在中期阶段，应强化钦州城市方面的参与介入，逐步提高其合作贡献力度；在后期阶段，应以培养和鼓励钦州方面的能力建设和实际贡献为主流。

7.3 钦州市教育生态系统的创新——实践智慧钦州

教育生态系统生态学是有待创新开发和深入探讨的社会生态学、人类生态学和城市生态学交叉的重要领域，是由多种要素相互联系、相互作用、相互制约组成的复杂生态系统，它由各要素构成。按照系统学来推论，教育生态系统包括内部系统（因素）、外部系统（环境）和控制系统（介体因子）。所以从总体上讲，教育生态系统是内部因素（受教育者）和外部环境（教育者）相互联系，通过运用控制系统的介入来共同构成一个不断运动、不断发展、不断演绎，并最终实现教育者与受教育者和谐发展的自组织系统。

7.3.1 教育生态系统机制的构建

7.3.1.1 机制构建的原则及思路

1）机制构建的原则

（1）确保系统运行时内部各要素之间相互影响、相互制约、相互促进。

（2）内部系统和外部系统能量和信息的交流也无处不在，机制构建离不开外部环境的依托和影响。

（3）机构的机制对教育活动的直接影响是一种对立统一的关系，机构的机制干预对教育目标、教育任务的完成产生重大影响。

2）机制构建的思路

本研究对教育生态系统生态学机构的创建机制是非线性的，非线性机制主要是指生态系统各要素之间的关系是复杂的、相互关联的、不能用简单的加减乘除来算出结果的。非线性关系的例子有学生知识结构的形成、良好世界观的培养、正确的人生价值观等。对于教育生态系统而言，因为其内部是丰富、复杂多变的，而且受教育者本身也是一种复杂的生态系统个体，所以教育生态系统生态学机制创建轨迹是非线性的。机制创建示意图如图 7-1 所示。

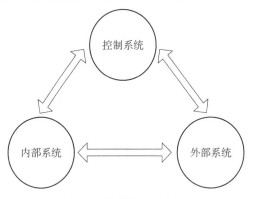

图 7-1　机制创建示意图

其中内部系统主要包括教育主体和教育客体，内含受教育者的身体素质、智力素质、心理素质，教育者的政治素质、技能水平、智力素质、知识结构等以及机构的设置和组织形式。外部系统主要指社会环境和家庭环境，内含社会环境的生产力发展、经济关系、政治制度和文化背景，家庭环境的教育方式、家庭状况和文化习俗等。控制系统包括教育方法、教育手段、教育内容、实施措施、校园文化和党团组织的影响力等。

这里的内部系统、控制系统和外部系统是相互联系，相互作用，共为一体的。这是在教育生态系统中的一个信息流的扩大化和具体化，是一个有价值的、信息流的调节的过程。简单一点说，内部系统就是学生、老师和学校；外部系统就是家庭环境和社会环境；控制系统就是教育过程的各种具体的体现。家庭环境和社会环境从生态学、社会学和经济学的角度不停地评估这个学生，社会环境和家庭环境从能力（performance）、地位（legacy）和价值（value）三个角度不停地评估学生、老师和学校，同时社会环境和家庭环境也影响到内部系统的终极目标，也就是老师、学生和学校的能力、地位和价值，促使内部系统，也就是老师、学生和学校围绕能力、地位和价值这三个方面也做出相应的调整，这个调整就是通过控制系统来实现的，控制系统通过教学过程的调整，促使内部系统的能力、地位和价值更接近于外部系统的能力、地位和价值，但这个调整有一个较为滞后的过程，前文已经指出，这种教育生态系统的调整过程相对来说是比较慢的，由此外部系统和内部系统产生了矛盾，也就是说外部系统和内部系统并不是步调一致的，内部系统缓慢于外部系统。同时，内部系统的能力、地位和价值也影响到了外部系统的能力、地位和价值，也就是一个信息交换调整的过程，而这个过程是极其复杂的。控制系统和外部系统也是相互影响的，社会环境和家庭环境影响到了控制系统，比如社会的科技进步极大地促进教学手段的提高，原来是黑板粉笔，现在是现代化教学，各种音响手段、远程控制和显示手段，甚至可以在宇宙飞船上给学生上课，给全球的学生上课，这是外部系统对控制系统的显著影响。控制系统的过程也影响到了外部系统。例如，现在流行现代化教学手段，各种现代化教学的器具被外部系统大量钻研和生产。内部系统和控制系统也是相互影响的，控制系统可以影响内部系统是毋庸置疑的，但是内部系统也同样影响控制系统，不同的学生老师和学校，其教育过程应该是不一样的，正如孔子所说，因材施教，这是最简单的内部系统对控制系统的影响的例子。总的来说，这是一个教育生态系统中信息的流动过程，不过更加具体化、现实化了。信息流扩大化的最主要的目的是实现内部系统、控制系统和外部系统的利益平衡，最大程度实现学生、家庭和社会的价值，最大程度平衡内部系统、外部系统和控制系统的价值，最大程度实现学生的能力、地位和价值。针对耶鲁的 ESDLP 和 EEP 来说，我们希望能使一个学生影响一个家庭，一个家庭影响一个街区，一个学校影响一个社会。

同时，这是一个控制系统、内部系统和外部系统信息流动的过程，也是一个控制系统、内部系统和外部系统反馈和调整的过程。信息流动的过程包括外因控制和系统内部两个部分，以达到控制系统、内部系统和外部系统利益最大化的平衡的目的。这是一个螺旋形的上升的过程，也是一个平衡—不平衡—平衡不断重复的过程，但总体上是在不断上升。另外，这也是一个设计—实验—调整不断重复的过程。在这个信息流不断重复的上升的过程中，外部系统更能促进内部系统的调整，使内部系统更加符合外部系统的需要，学生的能力、地位和价值也得到不断提升，渐渐符合外部系统对于能力、地位和价值的需要。这是教育生态系统中非常重要的信息流动对于整个教育生态系统的调节。所以，我们要构建信息化教育服务联盟，以更好地沟通教育信息；如果没有这个信息流，教育生态系统就谈不上前进。

7.3.1.2 机制构建的模型设计

本书将机制构建的模型以三维立体图呈现，如图7-2所示。

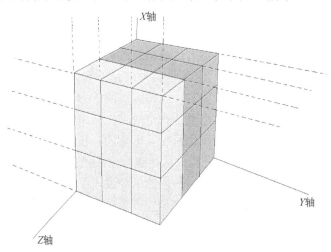

图7-2 机制创建模型图

1）*X*轴

主体——a.学生；b.家长；c.老师。

载体——a.学校；b.导师；c.其他相关载体。

相关体——a.亲朋；b.中介；c.其他。

这是一个核心机制，也是一个创新点。我们认为物质是学生，能量是社会、家庭和学校输入的财富，包括精神财富和物质财富，信息是财富的评价，是价值观的体现，是价值评价流。然而能力是物质，也就是学生吗？这一点仍不确定。主体部分的学生、家长和老师大致可以认为是教育生态系统中的物质流，是教育生态系统的战略核心利益群体。载体是学校、导师及其他相关载体，这是教育生态系统中的能量流。能量流为教育生态系统的主体提供经验和教训，使未掌握相关知识和技能的学生成为掌握相关知识、技能和思想的学生，促进教育生态主体的个人利益的最大化。

对于美国来说，家庭利益是核心利益，所以能量是为了促进核心利益的发展。社会生态学注重平衡彼此的核心利益。相关体可以认为是亲朋、中介及其他。事实上，关于中介问题，中国目前存在非常多的中介，表示着扩大化的信息。这些中介包括各种才艺培训、各种教育培训、各种出国的商业运作等。中介有助于扩大信息流。这些中介慎重地评价学生的价值，关注投入产出比，然后在投入产出之间赚取差价，通过机会成本赚取差价。通俗地说，风险就是发生不幸事件的概率，也就是说，风险是指一个时间产生我们所不希望的后果的可能性，如人或事物遭受损失、伤害、不利或毁灭等。作为表述不幸时间发生的概率的风险，符合一定的统计规律，即在一定的时间条件下，在一定的空间范围内，某个时间具有一定的发生概率。

作为事物处于险境中的状态或形势的代表，风险不仅与时空条件及时间性质有关，而且还与时间的承受者——人或事物紧密相连。风险具有两个显著的特点：不确定性和危害性。不确定性是指人们对事件发生的时间、地点、强度等难以准确预料；危害性是对事件的后果而言，具有风险的事件对其承受者会造成威胁，并且一旦事件发生，就会对风险的承受者造成损失或危害，包括对人身健康、经济财产、社会福利乃至生态系统等带来不同程度的危害。

如教育中介没有成功帮助学生申请出国，或者培训的学生没有达到相应的培训标准，就是教育生态风险；又如学生的知识没有掌握完全，技能没有掌握，或者思想发生错位，甚至有极少数的危害性事件导致学生病、伤、残、亡等损失，也属于教育生态风险。教育生态风险评价，是指在教育的实施过程中，教育中介对学生的健康、知识和能力等方面所造成的风险以及可能带来的损失进行评估，并以此进行管理和决策的过程。风险与教育生态系统的发展是联系在一起的，风险对教育生态系统发展所面临的不确定因素，特别是一些重大的不确定性影响进行分析、预测和评价，以帮助决策者进行更为科学的决策。同时，从教育生态系统的开发行为的效益和风险两方面评价人类的行为，也反映了人们认识范围的扩大和水平的提高。注重"费用-效益分析"，任何教育生态项目在实施的过程中都需要花费费用，其目的是取得一定的效果。所花费的费用包括教育成本以及社会付出的代价等，所得到的效果包括学生在知识上的掌握和技能的提高，或者是出国留学签证的取得。在费用-效益分析法中，可以把上述的费用和效果看作是社会经济福利的一种度量尺度，并把由项目引起的社会经济福利变化以等量的时长商品货币量或一定的支付愿望来表示。当根据市场需求和供给曲线分别计算出在不同生产或消费水平下的总效益或者总费用，便可以得到总效益和总费用曲线。当社会经济福利或净效益最大，也就是生产和消费的最优水平，此时边际效益等于边际费用。拥有市场价值和资本的各种机构和人群，通过风险评价和费用-效益分析，可以决定是否投资教育，以获得相应的回报，即价值。当产出大于投入时，相关机构、中介和亲朋才会继续投入。

这是实际意义上的价值，是从经济的视角来看教育生态系统，衡量投入和产出，判断是否能获得一定的效益。如果可以获得一定的效益，则继续投入；如果不能，则终止投入。从社会视角看，地位即社会对学校的认可程度。对一个教育机构社会地位的评价，等同于对该教育机构传递能量能力的评价。比如从清华大学毕业的学生，社会对其比较认可，正是因为该教育机构传递能量的能力较强，培养的人才更为优秀，社会地位自然就高。社会上各类用人机构和人群在认可教育机构输出的学生的时候，就是看学生在社会上存在的价值。价值是学生可以真实创造的价值的体现，这是以经济学的视角来看的，更侧重于从信息流动的方面。而能力是从生态学的视角来看学生的综合素质、各方面知识和能力。通过教育，学生获得的综合素质是物质方面，也是核心主体方面。耶鲁的 ESDLP 和 EEP 对教育生态系统的物质流、能量流和信息流进行了积极的重构。针对教育生态系统的主体，学生和家长是教育生态系统的核心利益环节，EEP 将学生、家长和老师作为一个整体纳入教育生态系统，并将其作为该系统的主体。

中国社会可持续发展从一定层面上说是家庭可持续发展。家庭里几乎每个人都心系孩子，子女的发展也就自然而然地成为家庭的核心利益。由此，家长之间，以及家长和老师、校长之间的博弈愈演愈烈。EEP 和 ESDLP 是教育生态系统的相关体。相关体通过开展价值评价，关注主体学生和家长的核心利益，并将学生和家长的核心利益最大化。

2）Y 轴

包括个人能力（overall performance）、社会地位（your legacy）、个人价值（value）。

Y 轴是我们的目标，也就是说，通过在教育生态系统中的物质流、能量流和信息流的流动，我们能够基本实现学生的三方面价值，这三方面价值就是 performance、legacy、value。从某种程度上来说，performance 是学生的综合素质的体现，这里的 performance 是从生态视角来看的，类似于我们生态学中的 biomass，从人类生态学的角度来看学生各方面的综合素质，涵盖身体健康、心理素质等，也就是我们通常所说的德、智、体、美、劳。

通过物质流、信息流和能量流，我们应培养出各方面健康发展、均衡发展的学生。legacy 是社会对学生的认可程度，从某种程度上来说，是学生在社会中的社会地位，比如，清华大学毕业生和耶鲁大学毕业生，两者在社会上的认可程度还是有差别的。value 是社会对学生的评价，是学生能够创造的价值的一个现实衡量。投入了多少价值，需要消耗多少价值，又创造出多少价值，这三方面是社会从经济学角度，从投入产出角度对学生的衡量。

例如，当前有一些中小企业经过理性的选择之后，宁愿选择本科生，而不是硕士、博士，这是因为对于某些工作来说，本科生已经足以胜任，雇佣硕士和博士不划算，因此，从经济学的角度来看学生的价值，企业做出这样的决策，是主体、客体和介体综合作用以期获得教育生态系统的核心学生的核心利益，也就是说，最终社会对学生的评估包括能力、地位、价值三个方面。学生最终输出的内容、我们投入的物质能量和信息，类似于植物的有机质，是隐含在学生上的价值。

我们最终产出的是将普通学生转化为具有能力、地位和价值的学生，这是我们教育生态系统的终极目标，而这些品质来源于我们输出的赋予学生的能量。简单地说，教育生态系统输入了物质——未接受教育的学生，输入了能量——各种物质和精神的财富，以及信息——各种投入产出的评价和反馈流动，然后在各个教育机构的作用下，输出物质——接受教育的学生，输出能量——能力、地位和价值，这些投入社会各个企事业单位，就进入生产价值的循环，并创造大量的物质和精神财富，这些物质和精神财富有一部分重新进入教育生态系统，作为能量继续推动教育生态系统的前进。

换言之，我们在培养学生的过程中，就应该从这三个角度，也就是从生态、社会和经济学的角度，从终极目标能力、地位和价值三个角度反过来调整我们的物质、信息和能量的流动过程。耶鲁平台可以较好地实现这个终极目标。耶鲁大学针对学生的这三个方面展开对学生的核心利益的调整。对耶鲁来说，也就是对ESDLP 和 EEP 来说，地位是强强联合，也就是中国和美国之间的联合，中国有中国的特色，美国有美国的先进，通过横跨太平洋，通过耶鲁——美国最优秀的教育机构之一和中国的著名教育机构——同济大学和清华大学展开合作，很大地提升了地位，可以得出社会各界，从政府到民间，对 ESDLP 和 EEP 都是非常认同的，而且认同程度是比较高的。从能力来说，耶鲁的 ESDLP 和 EEP 从各方面培养了学生学习能力、实践能力、团队合作能力、创造能力、人生规划能力，大大提高了学生各方面的综合素质，在较短的时间内补充学生在常规学校日常学不到的东西，使学生的综合素质更为均衡饱满。

从价值角度来说，经过 ESDLP 和 EEP 的训练，学生对于人生的规划和认识更加清晰，对于未来更有把握，而且本身的能力得到了全面的提升，在同样的企事业单位赋予的条件下，能够创造更多的价值，能够团结更多的人，这就是价值的提升。这也就是耶鲁的 ESDLP 和 EEP 最终希望能够达到的目的。具体的途径就是 X 轴，通过这些方式来改变能量、信息和物质的流动，从而实现我们的终极目的，也就是能力、地位和价值。

3）Z 轴

Z 轴是时间。如短期目标，目前想上什么学校，中期目标，将来想上什么学校，长期目标，整个人生的目标是什么，这需要设计，然后实践，再不断进行调整，从而达到教育生态系统的不断完善。

Z 轴是一个非常重要的轴，教育生态系统的物质流、信息及其流动（X 轴）及我们要实现的终极目标（Y 轴）都是有一个时间限制的，我们有短期的、中期的和长期的目标。这是一个逐步演进的过程。我们的最终目标是为了实现长期的目标，也就是最终的顶级的目标。在实现这个最终的顶级目标之前，我们有无数个短期的目标，这个短期的目标或者中期的目标逐步实现，逐步演替，如从小学生到中学生到研究生到博士生，在这种逐步演替的过程中，逐步实现我们的顶级目标。这类似于生态学的群落演替和顶级群落。但是，短期目标是为中期目标服务的，中期目标是为长期目标，也就是我们的顶级目标服务的。这就需要学生能够认识到自己的顶级目标是什么，长期目标是什么。我们现在很多学生走一步算一步，很不清楚自己将来的目标是什么，随波逐流，这对于学生和家长最终的核心利益的实现是有伤害的。

而且，很多学生的长期利益目标是父母所希望的，有的时候并不是学生自己希望的，这个时候就产生了矛盾，非常不利于学生和家长最终的核心利益的实现。实际上，Z 轴就是学生可持续发展的一个核心所在，厘清了短期目标、中期目标和长期目标并逐步实现，这是物质流、能量流、信息流和终极目标的一个载体，以逐步实现终极目标。我们的物质流、能量流、信息流和终极利益、终极目标是在短期、中期和长期内逐步实现和展现的。

要想到十几年的未来要干什么，就要以未来看现在。耶鲁学生的成功有三个因素：①入门水平高；②不断要求自己；③与有头脑同学之间的互动。这些因素，都将在本次 EEP 中得到体现。

7.3.2 教育生态系统生态学的实践与参与——实践智慧钦州

教育生态系统生态学的实践与参与研究主要是以钦州学院和钦州二中为基地的 ESDLP 到 EEP 的推广研究，而 ESDLP 和 EEP 都是 GIESD 的子项目。GIESD 位于耶鲁，是一家非营利性国际环境研发机构，由中国清华大学和美国耶鲁大学的多位学者于 2002 年创立。2003 年在美国获得联邦政府认可核准，主要开展促进中美合作为主的全球环境与可持续发展的相关研发培训和实践活动。

GIESD 致力于通识教育生态实践，促进广义生态系统，尤其是人类和城市生态系统和谐；致力于环境友好与可持续发展科学，关注中国和美国乃至全球在相关领域的对比互动包容共生的研究和发展。其宗旨是通过中美两国学者的合作，坚持广义生态系统理论创新、研发案例和方法举措的统一，关注和解决环境与可持续发展相关的实际问题，实践环境友好和包容持续发展，提供多方位、多形式的有效培训，帮助参与者提高认识、增强能力，促进集体或个体，尤其是全面、优秀、进取且需待机遇的大、中学生的可持续发展。

　　GIESD 自成立以来，得到了中国、美国两方的认同和支持，在政策建议和咨询，生态、环境和可持续发展交流，研发与合作，以及中高等及精英教育等领域开展了重务实、有影响、可持续的活动和项目。主要包括以下几个子项目：广义城市生态创新——以中国广西钦州为例（IUEI）研究；城市生态资源创新——以中国贵州贵阳观山湖区为例（UERI）研究；城市环境危机管理合作（UECM）研究；环境与可持续发展领导力（ESDLP）培训；教育生态系统实践计划（EEP）；中国南方集体林区产权转型和管理（SHIFT）研究等。

　　GIESD 所完成的教育实践可以用一个天平的形状来表示，也就是 EES 教育生态系统生态学的实践模型（图 7-3）。

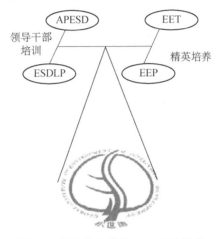

图 7-3　教育生态系统 EES 天平模式

　　如上所述，包括同济大学、清华大学现在和耶鲁大学的合作，主要是ESDLP，这是现在教育生态系统生态学实践的执行者，这代表的是国内，是现在我们做的事情；当中是 GIESD，这是连接耶鲁和中国（清华大学或者同济大学）的主体、中间者，也就是我们和我们现在正在做的事情；另一头是耶鲁大学，耶鲁大学带的头，同时，也是我们现在的研究机构做的事情，为将来的一代做的实验，做的试点工作，我们正在做 EEP，这是为将来的教育生态系统生态学将来的实践做的工作。也就是说，从地点上看，两头是美国和中国；从时间上看，我们在中国推广、示范，在耶鲁试点新的教育生态系统生态学的实践工作。而当中的 GIESD 则是这两者的中间点，起到了承上启下和中间调节的作用。

　　作为教育生态系统生态学的重要内容，认真研究吸收和借鉴过去十年美国GIESD、耶鲁大学和清华大学关注于在职领导干部培养的环境与可持续发展培训计划和针对优秀的中国大中学生、精英培养的 EEP 十分重要。就 ESDLP 的推广和实践而言，本书与钦州市有关部门及钦州学院认真探讨切实可行的方案，加强探索领导干部和 GIESD 充分利用耶鲁大学的丰富人文资源进行交流和培训的可行性。与此同时，本项目将与钦州学院和钦州二中进行认真探讨，分期分批地推广 GIESD 主导的 EEP 培训计划，如在钦州二中建立国际班，力求在近万人的钦州二中和逾万人的钦州学院最优秀的学生中首先选拔和培养具有挑战国际精英的领袖型人才，实现国际-钦州在教育上的对接，以鼓励和带动各自学校的教育生态系统的国际化和可持续发展。

ESDLP 是耶鲁-清华环境与可持续发展高级培训计划，溯源于 2012 年 6 月，是在时任钦州市市长肖莺子同志在耶鲁 ESDLP 培训期间，与 GIESD 所长宋雅杰进行友好互动的基础上所创建的。应钦州市有关部门邀请，宋雅杰三赴钦州市实地考察。经双方认真调研和讨论，决定启动以实践城市广义生态系统创新为内涵，以"美丽钦州、实干钦州和智慧钦州"为目标的战略研究教育研发合作。

基于学员不同需求、发展目标和个人条件，EEP 分为五种不同类型和时间段。其中，EEP-B 以广义生态系统和通识教育为主导的耶鲁大学城市广义生态系统安全（RESS）、UECM 等研究项目为平台（这是通识教育，是 EEP 五种之中的一种），充分动用精英资源，通过在耶鲁大学和相关城市的培训学习活动，帮助学生在短期内全面体验耶鲁大学丰富严谨的治学氛围、加强个人能力建设、亲历美国社会和文化，为学生在国内外深入学习和个人可持续发展提供指导和帮助，奠定坚定的实践平台。该项目于 2010 年 1 月启动，至今已成功举办八次，越发证明其创新性、务实性和成功性。其核心活动主要有以下几种。

全方位体会耶鲁教学氛围：课堂体验，参加讲座，介入研讨。

深入耶鲁研发实践：介入耶鲁研究项目，完成文献查阅、案例调研、翻译写作等研究任务，积累经验，丰富实践。

实现自我提升和规划：通过个性化指导，创新思路，合理规划和实践个人短、中、长期可持续发展。

7.3.3　教育生态学持续性的研究和发展

7.3.3.1　教育生态学持续性的表现

实践证明，教育如果不能取得社会生态平衡，不仅使当代社会发展受到影响，而且的确会给后代带来负面的甚至是灾难性的后果。因此，教育的未来走向将是坚持生态可持续发展之路。可持续发展观强调综合思维，不仅把教育生态系统看成是一个有机整体，而且把教育置身于人、社会和自然界相互联系和相互作用而构成的统一的有机整体之中，它具有整体性的特点。

教育生态学持续性发展主要表现在两个方面。

（1）教育生态系统自身的可持续发展。教育是促进社会可持续发展的重要力量，而社会的可持续发展，客观上也要求教育系统自身在改革中实现可持续发展。依据可持续发展的理念、原则和特征，教育系统自身的可持续发展应包括如下三个方面：一是教育系统的发展，要与整个人类生态系统的可持续发展相衔接、相协调并不断优化结构，实现共同发展，充分体现教育系统（子系统）与社会生态系统（母系统）的平衡性、协调性；二是教育系统的发展，既要满足当代人的需要又要给后代人留下可持续发展的充裕资源和充分空间；三是教育系统的发展，应使社会的每一个成员都能够公平地接受教育，得到全面的、持续的发展，不断满足人们日益增长的文化教育需求，并不断提高教育的质量和效益。

（2）教育促进经济与社会的可持续发展。教育在解决各种生态危机问题上起着非常关键的作用。它不仅是社会生态系统的一个有机锁链，它自身的结构、功能平衡发展亦关系到整个全局的良性循环；更为重要的是，教育为社会各个领域培养众多的起主导作用的人才，它是否培养出了大批具有生态化主动性素质的人也是关系到未来社会能否可持续发展、能否走向生态平衡的根本原因。

7.3.3.2　教育生态学持续性发展的实现

要以教育为中心、以人的个体发展为主线，教育系统与生态环境的相互适应是实现教育系统生态平衡的基本前提和首要条件。教育要适应社会，要根据环境的客观要求不断深化教育体制改革和转换教育运行机制，按照市场经济与社会发展的客观需要和教育自身的运行规律来合理有效地配置教育资源，并通过教育培养适应社会发展的急需人才，以最大限度地发挥其社会功能，实现自然性与社会性相耦合。

教育作为一个相对独立的生态系统而存在，其本质有其自然性和社会性。自然性即教育内部的作为培养人的教育教学运行规律；社会性是包括教育对象的个人社会化和教育本身的社会化的特征。长期以来，我们过多地强调教育本身和其中作为培养对象的人的社会性，而忽视了其自然性，因而常常由于很多人为因素使教育的生态系统失去平衡和作为教育对象的人的自然性受到压抑。因此，我们应致力于解决教育过程中教育本体的自然发展和教育的社会化发展的矛盾，使其自然性和社会性得以耦合，以形成系统（自然性和社会性的矛盾、教育的本体自然发展和社会化发展的矛盾）。

教育投入与产出要相对应。教育要实现可持续发展，就必须与系统内的各种生态因子组成的环境取得生态平衡。也就是说,教育只有与经济、政治、文化、科技及其他教育部门等协调发展,才是健康的、可持续的。教育要从其他社会生态子系统中取得资金、人才、信息等资源,并对其进行合理配置。社会必须为教育提供足够数量和优质的资源(良好的教育生态环境);教育必须向社会输出对社会发展有用的新资源。要保持教育系统的生态平衡,在物质、能量、信息交换方面必须保持相对稳定,教育大众化的一个显著特征是大投入、大产出。要实现教育投入与教育输出的相互对应,一方面要增加投入,另一方面要增加产出。近年来,中国教育的大发展政策,使教育系统的人员输入大大增加,人员增加了,只有保持相对应的投入才能使教育生态系统保持相对稳定,否则,将使输出的人才质量下降,进而使生态系统失衡。此外,中国教育系统内部的信息投入不足、骨干教师流失及资源的闲置浪费等问题也是影响生态平衡的因素,这些应在发展中逐步克服。

教育生态系统生态学的落地:教育实践是我们的主体系统。通过各方面努力探讨,以实践城市广义生态系统创新为内涵的,以"魅力钦州、实干钦州和智慧钦州"为目标的战略研究教育研发合作已经启动,IUEI 团队将创建和完善中国和美国(耶鲁大学-清华大学-北京大学等)钦州教授博士工作点设想为起点,将构建当今城市发展制高点低碳人居、低碳产业和低碳城市设想为目标,将发展北部湾大学和钦州滨海工业园区,尤其是面向东盟的中马工业园区为基地的国际合作机制推动 IUEI 项目和钦州城市的创新和发展设想为重点。而基于学员不同需求、发展目标和个人条件,EEP 教育生态系统实践培训分为五种不同类型和时间段。其中,EEP-B 以基于广义生态系统和通识教育为主导的 RESS、UECM 等研究项目为平台,充分动用精英资源,通过在耶鲁大学和相关城市的培训学习活动,帮助学生在短期内全面体验耶鲁大学丰富严谨的治学氛围、加强个人能力建设、亲历美国社会和文化,为学生在国内外深入学习和个人可持续发展提供指导和帮助奠定了坚定的实践平台。

目前钦州二中和钦州学院的发展平台,都有了较大的提升。分期分批推广GIESD 主导的 EEP 培训计划,如在钦州二中建立国际班,力求在近万人的钦州二中和万余人的钦州学院最优秀的学生中首先选拔和培养具有挑战国际精英的领袖型人才,实现国际-钦州市在教育上的对接,以鼓励和带动各自学校的教育生态系统的国际化和可持续发展。

第 8 章

广义城市生态创新国内外案例对比分析

  IUEI 项目将选取近几年有关生态系统研究的具有代表性、可比性的国内外案例与钦州"广义城市生态创新"进行分析和对照研究,从而借鉴和移植经验与教训,推动钦州的建设更好更快地发展,这既是研究初衷,也是其成果的重要组成部分之一。针对前面章节已经介绍和论述的钦州"广义生态城市创新"理念,取得相关研究案例,深入对比分析,阐述具体可借鉴与学习的内容,以钦州市人民利益为根本,探讨有效的、符合本地实际的政策制度、保障体系和管理模式,使项目具有更高的可操作性,为钦州生态城市和可持续发展建设提供建议、参考和科学依据。本章主要从国内相关案例研究展开对比。

8.1 国内典型案例

8.1.1 深圳大鹏半岛

  大鹏半岛位于深圳市东南部海岸地带,东临大亚湾,与惠州接壤,西抱大鹏湾,遥望香港新界,包括北半岛、南半岛及其间的颈部连接地带,形似哑铃。大鹏半岛陆地面积 295.33 平方千米,其中森林面积 224 平方千米,森林覆盖率高达 76%,海岸线总长约 120 千米,拥有独特的山海风光、丰富的人文景观等旅游资源。

  深圳自 1979 年成立经济特区以来,经济发展十分迅猛,创造了一个世界奇迹。现在的深圳已全面实现了城市化。然而,深圳的快速城市化冲击了原有的生态系统。深圳市的大鹏半岛拥有丰富的森林资源和水资源,生态基础条件优越、环境本底质量好,被称为"深圳之肾";若不及时加以防护和保育,随着城市化的推进和一些高生态风险行业在大鹏半岛的落户,大鹏半岛乃至整个深圳的生态环境将面临新的更严峻的挑战。将广义生态学理论和中国提出的"坚持以人为本，树立全面、协调、可持续的发展观，促进经济社会和人的全面发展"及推进改革和发展的理念有机地结合，以城市环境危机管理视角分析、评估和推动大鹏半岛的生态资源和环境质量的创新发展和建设，体现出后现代理念和生态文明追求的新城区。推出深圳大鹏半岛 UECM 模式，促进深圳作为中国改革龙头的角色，与国际接轨，立足中国，走向世界。

8.1.1.1 大鹏半岛水生态系统

大鹏半岛水资源丰富，是深圳市重要的水源涵养区之一，其地表水以溪流、水塘、水库等形式分布。半岛内溪流众多，汇合或直接注入水库，也有部分直接入海。大鹏半岛的地表水资源主要分布在大鹏湾、大亚湾两大水系以及一些中小型水库。其中，大鹏湾水系控制面积 179.35 平方千米，共有大小河流 45 条，独立河流 24 条，一级支流 18 条，主要包括葵涌河等；大亚湾水系控制面积 178.10 平方千米，共有大小河流 35 条，独立河流 28 条，一级支流 7 条，主要包括东涌河、王母河、黄坑沥、鹏城河等；水库主要有葵涌的盐灶、罗屋田、径心水库，大鹏的打马沥、水磨坑、长坑、岭澳、大垄水库，南澳的枫木浪、铁扇关门、香车、大茅田水库等。大鹏半岛主要河流为自然的生态河流，全部流入大海，其主要功能为排洪排污。大鹏半岛的供水主要由水库提供。大鹏半岛河流径流小，自净能力很弱，无充分的其他水源补充，耐污染程度弱。大鹏半岛的地下水资源比较缺乏。龙岗区地下水以冲积层、洪积层孔隙水为主，富水性属中等到贫乏，不适合作为城市集中供水水源，仅可作为城市供水补充水源或应急水源。半岛的近岸海域水资源主要包括位于大鹏半岛东西两侧的大亚湾和大鹏湾。其中大鹏湾有集装箱码头盐田港，大亚湾有大亚湾核电站，两个海湾水质良好，是深圳著名的海滨旅游胜地。

水作为人类生存的必备条件，对人类社会起到了极其重要的作用。因此，水资源的监测指标也就显得尤为重要。UECM 项目中水资源指标（water resource index）包含了饮用水源、环境卫生程度、海啸监测、台风监测及地震监测五个子指标。通过饮用水源及环境卫生程度两个终端指标来评估人类活动对环境的污染程度；海啸监测、台风监测及地震监测指标对城市危机进行量化展现，从而给决策者指定预防和抵抗危机政策带来便利的信息辅助。大鹏半岛常年受到在太平洋海域热带气旋的威胁，遭受过多次大型台风的侵袭，如 1922 年登陆潮汕地区的台风，1954 年登陆粤西南地区的 5413 号台风等。深圳作为一座海滨城市同样也面临着海啸和地震等自然危机的威胁，并且地震和海啸，还有台风，都有相互密切的关系。将这三个危机要素使用科学的量化指标来表示，能够起到良好的监测预警作用。与水资源指标不同，UECM 项目还设定了水生态系统指标，该指标从水质量、水缺乏程度还有水压力三个指标来体现出城市中水生态系统的活力状况。

为有效保护深圳市水库水源，深圳市水务局水库管理处在对水库水源保护区及周边片区违章建筑、鱼塘进行大规模清理的同时，及时跟进，拆一处种一处，积极加强水库水源涵养林的建设管理工作。自 2006 年开始该管理处就在市水务局的领导下加快开展水源保护区涵养林的建设管理工作，多次组织实地考察，研究比较方案，先后选种了橡胶榕、青皮竹、澳洲白千层、水翁、水蒲桃等多种适应不同高程、不同环境且涵养功能较好的涵养树苗，目前都已成活、成林，与天然湿生植物相映形成局部湖滨带，在涵养水源、拦截面源污染及保护水源等方面发挥了很好的功效。为了做好大鹏半岛生态保护，对该地区常住村民进行合理补偿，深圳市政府于 2007 年颁布了《关于大鹏半岛保护与开发综合补偿办法》，对大鹏半岛的环境保护、空气质量、水质量达到环境保护区域的要求和提高广义生态系统质量起到了促进的作用。为满足大鹏半岛用水需求的日益增长，《深圳市供水水源规划修编》提出 2010 年在大鹏半岛内南澳新建东涌水库，在大鹏扩建打马沥水库，在葵涌扩建径心水库，以及兴建大鹏半岛支线供水工程。建库水质保障主要有两点：一是底库清理，包括淹没区农田腐殖土和腐殖物的清理、卫生防疫清理、鱼塘清理；二是征用水源保护区，并在征用区限制种植养殖。此外，东涌水库建库工程将涉及附近居民房屋拆迁安置及公路改线、道路工程、桥梁工程等。2011 年底，根据当地居民收入，环境保护的需求和提高民众保护生态的积极性，深圳市政府又提出了多项补助措施，其中包括在该年度内，对每位常住居民提供每人每月 1000 元的生态保护专项补助。截至 2011 年 12 月 31 日，总计投入该项生态补偿资金约两亿元，就世界各国的生态补偿现状而言，这也是一项果断、有力和明智的举措。深圳市对现行的对企业自建污水设施并经环保部门审定达标排放免缴污水处理费的政策进行了调整。调整后，在城市污水处理厂没有覆盖的区域，鼓励企业自建污水处理设施处理污水，出水经环保部门检测达标的，免征污水处理费；在城市污水处理厂覆盖的区域，对企业自建污水处理设施，其处理后的污水经环保部门检测达到排放标准，并经环保、水务部门共同确认没有排入污水管网的，免征污水处理费。

为支持深圳市的可持续发展，提高水资源承载能力，创建生态城市，须实施水资源发展的供水零增长均衡发展战略，采取相应的对策措施。①强调节约用水和科学用水，加强需水管理，提高用水效率，创建节水防污型城市。②推行污水资源化和发展海水利用，及早规划、分步实施。③注重水资源的节约和保护，改善水生态环境，同时合理安排生态环境用水，改善河道周边生态环境和城市景观。④改革水价政策，促进供水产业市场化。按照经济规律进行新水源的开发，通过水价的调整激励用户集资建设水源工程、节水工程、污水处理回用及海水利用工程。⑤调整产业结构，提高第三产业的比例，增加高新技术产值的贡献率，限制高耗水、高污染行业的发展，大幅度提高用水效率，降低工业取水量的增长速度。⑥实现水资源统一管理，完善水资源法律法规体系和制定综合用水规划，强化监管，实现政府宏观调控和企业微观运营的有效统一。⑦强化公众水的忧患意识，清醒地认识潜在的城市水危机，理解水资源可持续利用的重要性，增强对城市环境危机管理的认识、理解和参与。

合理开发和利用水资源，需要保护好水资源的存在形式和存在条件。一是保护好目前正常运行的水生态系统，如河流、湖泊、水库等，防止情况恶化影响城市的健康和谐发展；二是完善、优化区外供水设施同时修复已经被破坏的水生态系统，如湿地等；三是要采取综合措施保护水资源存在的条件，如增加林草地面积，改变局地气候、增加降雨量，并改善地表水与地下水的交换条件，保护地下水位和地下水量等；四是要通过约束人类自身的行为减少对水资源的过度开发、不合理利用及浪费现象。

水源保护措施的有效不仅在于水源当地对发展规划与管理制度的认可，同时应配置以多种方式保障水源当地群众生产生活利益的办法。美国纽约各项水源地保护措施得以实施的关键在于保护当地权益的《纽约市水源地保护协议备忘录》的签署，它使得各相关利益方拥有了一个相互磋商协调的平台和机制。纽约市水源地伙伴合作计划模式启示我们在水源保护地亟待搭建合作平台和伙伴机制，以保护和发展当地群众利益带动水资源和土地资源可持续地开发利用。纽约市水源地征地计划实施了优先征用，取得了较好的效果。纽约水源地保护规划中的土地利用机制在水源保护过程中发挥了重要作用，是使水源免受水质恶化威胁的最有效的策略之一。

8.1.1.2 大鹏半岛森林生态系统

大鹏半岛拥有丰富的森林资源，其森林覆盖率在东部珠江三角洲地区居首位，达80%以上，主要分布在排牙山和七娘山两个森林生态系统中。深圳大鹏半岛存在着三种特殊群落景观：一是葵涌街道办盐灶古银叶树群落保护区；二是南澳街道办西涌海南香蒲桃林保护区；三是南澳街道办东涌红树林保护区。红树林具有生态系统屏障的重要功能，红树林湿地位于南澳街道办东涌村入海口内湖，面积300多亩，分布的红树林主要品种有秋茄、老鼠簕、白骨壤、木榄等。该地同时也是各种野生水禽的栖息地，据调查统计，其分布的野生动物有鹭鸟、野鸭、田鸡等30多种。在近20万平方米的内湖中和岸边，生长着不下3万平方米的红树林，尤其是内湖中央近4000平方米的红树林长势最为喜人，仿佛一座绿岛安卧湖中。这片湖水是咸淡水交界处，每到雨季，山水流入其间；涨潮时，海水会倒灌进来。独特的自然环境，使这个内湖鱼类成群，大片的红树林更使这里鸟雀繁盛，形成一道独特景观。

红树林是保护区特殊的植物资源，它是生长在热带（亚热带）海洋咸淡水交界处潮间带的木本植物。东涌红树林是珠江河口海岸生态系统中最主要的红树林湿地生态系统，不仅有直接的生态价值，而且具有保护堤围、防风消浪等作用，是良好的自然防护林、生态林，具有较高的生态保护价值。红树林主要由红树植物组成，动物资源十分丰富，尤其鸟类资源颇为丰富，红树林不仅为鸟类提供了丰富的食物来源，同时也为鸟类提供了理想的栖息和繁殖场所。面积不大的东涌红树林里有很多鸟类栖息和繁衍，有较高的保护价值。

森林生态系统指标（forest ecosystem index）是 UECM 三个生态系统之一，包括了生物多样性及栖息地指标、森林指标、农业指标三个子分类。生物多样性及栖息地指标中包括生物群落保护、关键栖息地保护和海洋区域保护三个终端指标。森林指标中包括树木积蓄量变化、森林覆盖率两个终端指标。农业指标中包括杀虫剂法规、灌溉强度、农业补贴三个终端指标。

2005 年 6 月，深圳市向社会公布《基本生态控制线划定方案》。控制线范围主要包括一级水源保护区、风景名胜区、自然保护区、集中成片的基本农田保护区、森林及郊野公园，坡度大于 25% 的山地及特区内海拔超过 50 米、特区外海拔超过 80 米的高地，主干河流、水库及湿地，维护生态完整性的生态廊道和绿地，岛屿和具有生态保护价值的海滨陆域，其他需要进行基本生态控制的区域。根据划定的控制线，深圳全市有 984.7 平方千米的土地被列入控制线范围内，占全市陆地总面积近 50%。这是中国国内公布的首个基本生态控制线。同年 11 月，《深圳市基本生态控制线管理规定》颁布实施，根据规定，除了重大道路交通设施、市政公用设施、旅游设施和公园绿地以外，禁止在基本生态控制线范围内进行建设；已建合法建筑物、构筑物，不得擅自改建和扩建。

此外，深圳市有比较健全的应急机构——处置突发事件委员会，负责处理和管理突发公共事件。深圳市森林防火指挥部是森林防火专业应急机构，负责贯彻执行国家森林防火工作的方针、政策，监督相关法律和法规的实施，制定森林火灾应急预案，掌握火情动态，组织指挥扑救森林火灾，进行森林防火宣传教育，组织森林防火科学研究，配合有关部门调查处理森林火灾案件，进行森林火灾统计，建立火灾档案等工作。市森林防火指挥部办公室是其日常办事机构，设在深圳市农林渔业局。

2016 年 1～9 月，深圳市共发生森林火灾 4 起，其中元旦发生一起，除夕发生两起，7 月份发生一起，总受灾面积 1.1 亩。而去年同期发生火灾 29 起，受灾面积 36.7 亩。火灾次数和受害面积分别下降了 90% 和 97%。龙岗区是深圳的主要林区，全区林业用地面积 42 867.6 公顷，占全区总面积的 50.75%。在多年的森林防火工作中，取得了一定经验，总结如下。

（1）林火预测预报技术。森林防火指挥部办公室利用深圳市森林防火指挥中心现已具备的卫星监测系统和远程视频监控系统，进行火场火情监视，及时发现火点。市气象局负责森林防火气象监测、评估和预报，及时向指挥部提供火情信息，并利用各种通信手段，尽快报告前线指挥部，必要时，派人员赴前线指挥部进行现场指挥。

（2）林火阻隔技术。建立林火阻隔网络是防止火势蔓延最有效的方法之一。深圳地区主要采用营造生物防火林带的方法，防火林带主要以木荷和火力楠为主。

（3）林火监测技术。林火监测通常分为地面巡护、瞭望台定点观测、空中飞机巡护和卫星监测。主要目的是及时发现火情，是实现"打早、打小、打了"的前提。

（4）瞭望台登高望远监测森林火情。

（5）防火通信技术。高效通畅的通信是森林防火顺利进行的重要保证。随着中国通信技术的发展，森林地面通信已经基本完善。通过无线、有线、对讲机和程控等方式，可保证互通信息的畅通。

（6）宣传与演习。各级森林防火指挥部向社会公布森林火灾应急预案，大力宣传有关森林防火的法律、法规和规章制度，利用山火典型案例引导和教育群众；充分利用电台、电视台、报纸杂志等各种宣传媒体，广泛开展森林防火宣传活动。

8.1.1.3 大鹏半岛产业生态系统

大鹏半岛在发展经济的同时，也在着力保护环境。在招商引资工作中，拒绝高污染、高能耗企业来大鹏投资建厂。他们心怀"环境就是效益，环境就是生产力"的理念。所以，大鹏半岛的经济增长虽然保持一定速度，但是相对于深圳其他一些地区来说，仍然存在着一定差距。大鹏半岛在保护生态和环境的同时，根据自身的优势，把旅游及其他相关的第三产业作为支柱产业。

深圳在近 30 多年的发展中，完成了由一个小渔村向现代化大城市的快速发展。2006 年，龙岗被评为国家级生态示范区。在龙岗区，大鹏半岛的生态环境保护良好，是深圳的优秀代表。大鹏半岛拥有独特的山海风光和旅游资源，是深圳市生态面积最大、保存最为完好、生态景观资源价值最高和历史文化资源相对集中的地区，是全深圳市的宝贵资源和重要财富。2010 年 12 月，深圳市政府批准建立大鹏半岛市级自然保护区，面积 146.22 平方千米（不包括大鹏半岛国家地质公园面积 51.63 平方千米），范围包括排牙山和笔架山山地森林、葵涌香蒲桃林等，对半岛内的生态环境进行严格保护。2011 年 12 月 30 日成立大鹏新区，辖大鹏半岛的葵涌、大鹏、南澳三个街道。大鹏新区的发展思路定位为，将大鹏半岛建设成为集国际旅游度假胜地、战略性新兴产业集聚区、全国海洋经济科学发展示范区、生态与生物资源重点保护为一体的现代化国家化生态型先进滨海城区。可见，大鹏半岛的生态环境在深圳具有特殊地位和重要性。

深圳市政府为保护大鹏半岛自然生态资源，于 2008 年 1 月 8 日发布了《大鹏半岛保护与发展管理规定》；2007 年 3 月 2 日通过了《深圳市人民政府关于印发〈关于大鹏半岛保护与开发综合补偿办法〉的通知》，体现出深圳市政府对大鹏半岛环境保护的重视，采取了保护与发展并重的总方针。在《深圳市龙岗区国民经济和社会发展第十一个五年规划纲要》中指出，必须科学保护和合理开发利用龙岗独特的山海景观资源、良好的生态环境，坚持走新型工业化道路，大力发展清洁生产、绿色消费和循环经济，努力降低单位产值能耗和污染排放水平。

大鹏半岛建设将重点保护优势资源，加强环境污染整治，完善基础设施；在条件相对成熟的地区发展旅游精品项目，进行高标准、示范性开发，树立该地区开发建设的“标尺”。其中，2002 年起开始在葵涌街道规划的坝光片区精细化工园区已于 2011 年初完成，即将其重新定位为战略性新兴产业，大鹏街道规划下沙片区，南澳街道规划桔钓沙片区，从而将大鹏半岛建设成区域性的滨海旅游度假区和自然生态保护区。

为有效保护这一重要的生态净土，促进大鹏半岛的可持续发展，2004 年，深圳市政府出台了《大鹏半岛产业规划及政策研究报告》，规定大鹏半岛的中远期产业发展定位是：以旅游产业为主导，适度发展工业，推进特色农业产业发展。为保证大鹏半岛的有序开发和可持续发展，2008 年，深圳市政府再次颁布《大鹏半岛保护与发展管理规定》，随后又提出《深圳市城市总体规划（2010—2020）》《深圳市东部生态组团分区规划（2006—2020）》《大鹏半岛保护与发展规划实施策略》等重要专项规划等决策，明确提出大鹏半岛的发展目标：一是要保护好良好的自然与人文资源，实现人与自然的和谐发展；二是按照深圳建设国际性旅游城市的战略目标，调整产业结构、大力发展第三产业，解决目前低水平开发、旅游产品单一的问题，建设国际水准的生态型滨海旅游度假区；三是以人为本，实现城市化后原居民的可持续发展。

2016 年，深圳市突破生产总值 19 492.6 亿元，比上年增长 9%，产业适度重型化成效显著。比亚迪汽车研发中心建成启用，F6 汽车正式下线，哈飞、标致合资项目积极推进，汽车产业集群及相关产业链初步形成，优势传统产业集聚基地建设加快。以发展汽车、精细化工、装备制造、生物医药为重点的工业适度重型化战略全面启动，工业生产稳步增长，第三产业比重上升。按照《深圳市循环经济"十二五"发展规划》，近几年来，深圳市各区、各部门在产业发展、城市建设、社会管理方面认真践行循环经济理念，启动了一批循环经济试点项目，循环经济推广月活动和建筑节能示范试点全面展开，在重点行业或领域逐步形成了一批资源节约型、清洁生产型、生态环保型的企业和工业园区，生态产业体系建设等方面都初见成效。在本项目现场调研开始的 2007 年，深圳市万元 GDP 能耗就在不到全国平均水平一半的基础上继续下降：万元 GDP 水耗 27.7 立方米，下降7%，相当于世界平均水平的一半；全市二氧化硫和化学需氧量排放量分别下降6.9%和 4.7%，空气质量优良天数比例达 98.9%，被确定为国家发展循环经济示范城市和国家机关办公建筑及大型公共建筑节能检测示范城市之一。

作为衡量城市生态系统活力的重要指标之一，产业生态系统指标（industrial ecosystem index）的建立意在通过可持续发展的经营策略，实现经济发展与环境活力之间的平衡。为了衡量工业生产对可持续发展环境所造成的影响，以下几方面数据的有效结合是重中之重：城市人口、城市人均 GDP、单位 GDP 所需消耗的资源，以及每单元资源的使用对环境造成的影响。产业生态系统指标的确定，可帮助政府制定有效政策从而衡量城市代谢，估计重要资源在使用中的存量，通过控制人口以控制输入流和废物流及循环利用再造资源。通过规范生产方式，提高生产技术，促进循环经济和产业共生，便可在有限资源的最大化利用之中，得到高效的经济增长。

从产业的发展现状看，大鹏半岛目前仍以传统农业为主，第二、第三产业相对不发达，但生态环境保护基础较好，且具有人口密度较低、土地资源相对丰富的特点。从产业发展定位和总体目标来看，如果要实现到 2020 年地区生产总值240 亿元的目标，就需要开展现代生态产业体系建设，就要积极发展与生态建设有关的产业和与第三产业及珠江三角洲发展相关的现代生态产业，逐步实现三次产业的融合发展。

8.1.2　无锡惠山城铁新城

惠山城铁新城位于无锡市西北部，规划面积约 10 平方千米，是无锡市重点打造的城市副中心之一、长江三角洲一体化区域性综合交通枢纽，是无锡市双核联动、一环镶嵌、三区协同（即以中心城区和太湖新城为双核，环蠡湖地区为一环，锡山高铁商务区-东亭商务区，惠山新城-惠山城铁新城，新区空港商务区-太科园三区协同）的城市空间布局的重要组成部分。

8.1.2.1 产业

惠山区位于无锡市较为偏远的西北部，地理面积较大，以传统工业为主。到 2010 年，该区第二产业产值占 GDP 总量为 71%，而第三产业仅占 27%，相对比无锡市的整体水平来说，惠山区第二产业所占比重太大，而第三产业发展严重滞后。此外，惠山区工业综合能源消费量、高耗能行业能耗指标值均呈现上升趋势。近年来，惠山区开始大力发展新兴产业，确立了风力发电设备、光伏、生物医药、汽车零部件四大支柱产业，新兴产业逐渐占领主导地位。

城铁新城产业发展优势：沪宁高铁、宜澄城际铁路 Z3 线及无锡地铁 3 号线三站合一，多条公交线路直通市区，交通优势最大化；处于长江三角洲一小时都市圈，技术、人才、文化资源丰富，区位优势明显。

发展劣势：地处传统工业区，空气污染、水污染严重，环境整治成本高；缺乏配套文体卫公共设施，基础设施薄弱。

发展机遇：惠山区风力发电设备、光伏、生物医药、汽车零部件四大新兴产业蓬勃发展，产业依托稳固；新城与江南大学共同成立了无锡市低碳城市发展中心，给新城低碳产业的发展奠定了理论和技术基础。

发展挑战：新城所处的惠山区各类工业园区较多，周边竞争激烈。

新城产业结构围绕低碳、智慧理念设计，主要以环境友好型产业为主。图 8-1 为城铁新城产业规划树图，第一产业以生态、观光农业为主；第二产业则以低能耗、低污染的新能源、新材料、低碳生态技术设计、工业设计等产业为主；第三产业主要发展现代服务业，以文化创意、软件设计、商业服务为主。

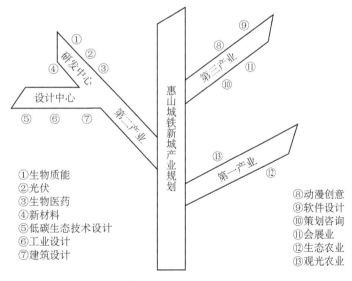

图 8-1　惠山城铁新城产业规划树图

根据低碳、生态、智慧的规划理念，新城第一产业走"三品"（无公害食品、绿色食品、有机食品）基地模式与休闲观光模式同步发展的道路，打造新型、绿色的都市型农业。第二产业走研发设计加生产制造模式的发展道路，以科技研发、工业设计带动生产制造，打造新城科技、低碳、智慧的高端制造业。首先新城在建设初期可以引进先进的低碳生态技术，依托无锡市低碳城市发展中心，给整个产业打下低碳智慧的产业基调；其次，新城需吸引新能源、新材料的技术人才及各类设计人才，打造新城科技研发中心、工业设计中心；最后，新技术和市场需求相结合，引导新城制造业向高端业态发展。作为未来先进的人流集散中心，各种新思想、新技术在此交汇，城铁新城第三产业主要以现代服务业为主，突出文化创意产业的重要地位。

2008年联合国在贸易和发展会议发布的《创意经济报告》中，首次用统计数据证实创意产业是全球贸易活动中最具活力的新型产业之一。报告显示，2005年全球创业产业出口额达到4244亿美元，其中创意产品和创意服务所占份额分别为80%和20%。1996~2006年，全球创意产品和服务的贸易额以平均每年6.4%的速度快速增长，而2000~2005年的五年间，增长速度更是达到8.7%，是全球平均贸易额增长率的两倍左右。2008年联合国贸易和发展会议的报告显示，中国已成为电影、音乐、工业、设计与建筑等创意的出口大国。惠山城铁新城处于沪宁城际铁路的中间位置，与上海、南京、杭州等创意产业发展迅速的城市距离很近，新城可以充分利用交通优势，整合周边城市的创意、文化、人才资源，成为长江三角洲地区最大的创意产业集聚区。根据城铁新城周边及无锡市本身的产业资源，新城可重点向动漫创意，软件设计、策划咨询及文化会展业发展。

8.1.2.2 新能源

世界能源消费量的增长，随之二氧化碳、氮氧化物、灰尘颗粒物等环境污染物的排放量也逐年增长，化石能源对环境的污染和全球气候的影响亦日趋严重。据美国能源信息管理局（Energy Information Administration，EIA）统计，2025年二氧化碳的排放量将达到371.2亿吨，年均增长1.85%。面对以上挑战，未来世界能源供应和消费将向多元化、清洁化、高效化、全球化和市场化方向发展。

无锡市在社会经济快速发展、人民生活水平普遍提高的同时，能源消耗和碳排放量也日益增大。近年来，无锡市的能源消耗总量一直呈增长态势，原煤和电力消耗量的增加趋势尤为明显。为致力于发展以低碳经济为特色的现代产业体系，《无锡市低碳城市发展战略规划》明确了低碳产业发展目标：到2015年，建成一批低碳经济试点园区和项目，初步建成低碳经济产业体系，碳排放总量增长得到缓解，工业碳排放强度较2005年降低30%，项目节能评估率达到95%以上，可再生能源占能源消费总量的比例达到15%，力争做到五大高耗能行业在经济结构的比重降低20%左右；到2020年，建立起较完善的低碳城市工业体系，基本改变高投入、高能耗、高碳排放的传统经济发展模式，使无锡市成为生态城、宜居城、低碳城。工业碳排放强度较2005年降低45%，可再生资源占能源消费总量的比例达到20%。

无锡市为进一步推进新能源的发展，制定了相应的优惠政策，支持太阳能光伏发电产业化发展。一是税收优惠政策。参照小水电6%的增值税率计征办法、对光伏发电提供的清洁能源实行增值税减免；对国内供应紧张的硅片、太阳能电池片及封装材料征收较低的关税或免除关税；将光伏企业列为高新技术产业，给予高新技术企业和外资企业所得税减免政策；对通过质量认证和检验合格的光伏发电、太阳能光伏产品，给予有关政策和优惠待遇。二是电价优惠政策。尽快制定和实施光伏并网发电管理办法和相应的技术标准，明确光伏发电上网电价优惠政策，以一定的优惠收购电量，由电网公司对光伏并网发电进行全额收购，实施"阳光屋顶计划"示范工程。三是环保优惠政策。对环保措施实施到位、有相应节能措施的企业给予一定的奖励。优化新能源产业的创新和发展环境，增强新能源产业的创新能力和产业竞争力，推动新能源产业成为支撑和拉动经济发展的重点领域。

8.1.2.3　低碳城市

惠山城铁新城主要由前洲、玉祁、洛社三镇的部分乡村组成，原住民人口数约10万人，多为农村户口，整体受教育程度不高，家庭人均收入5万~8万元，收入差距相对不大，住宅居住面积较大（与无锡市区比较）。

我们对个人收入情况、受教育情况和户籍情况与低碳行为的相关性进行了调查，通过分析可得，个人收入情况与低碳行为呈现出一定程度的负相关关系。这说明现住居民表现出的低碳行为主要受经济收入的制约，属于自发行为，多数人对低碳行为的内涵还不很了解，需要政府加大宣传力度，尤其是要加大对高收入人群低碳理念的宣传和培训。受教育情况与低碳行为呈正相关关系。由此看出，提高新城居民文化素质，引进高层次、高水平的外来人口，将对低碳城市建设起到重要推动作用。此外，调研还发现低碳行为与户籍基本无关。城镇户口与农村户口的居民的低碳行为并不因户籍的差异而有所不同，低碳行为是居民个人自发的一种行为。在不增加投入的情况下，低碳生活习惯只是举手之劳，既降低了能耗和污染又顺应了时尚健康生活的理念。

1）交通

发展低碳经济，建设低碳社会已成为当今世界发展的目标之一，其中低碳交通是一个十分重要的领域，为减少温室气体二氧化碳的排放，许多发达国家分别从交通工具、交通方式、政策制度、清洁能源、税收政策、驾驶行为等方面采取了一系列的措施，中国一些城市也出台了相关的举措。

惠山城铁新城交通现状：交通工具结构方面，无锡市的摩托车数量十分庞大，私人汽车的数量也在一直攀升。而在城铁新城内部，根据问卷调查，目前城铁新城中的大部分人上下班采用的交通工具是摩托车，摩托车的拥有量较大。使用的汽车全是燃油的汽车，暂时还没有发展新能源的汽车。

道路、站点情况：2011～2015 年，累计新辟公交线路 18 条，优化线路 41 条，建成投用地铁堰桥公交首末站、杨市公交客运站等 5 个场站，新建改建公交候车亭 100 余个。2014 年地铁一号线开通后，全区启动了新一轮公交布局调整，通过增加枢纽站、提高换乘率、创新微循环、定制长专线等多种方式，减少线路重复系数，增加线网覆盖范围，解决群众出行“最后一公里”难题。2016 年，惠山区交通运输局联合锡惠公交公司，共同致力于优化辖区线网，提升公交服务，全年新辟线路 6 条，优化调整线路 12 条，新建改建公交候车亭 19 个，完成政和大道公交总站调度用房建设，重点推进常规公交与地铁的接驳换乘。至 2016 年底，惠山区通达或途经的公交线路已达 71 条，其中夜间线路增至 13 条，公交线路里程近 1250 千米，日总发班次达 2948 班，区公交出行分担率达到 28%，镇村公交通行率保持 100%。

结合惠山城铁新城现实情况，低碳交通目标如下。

居民出行方面：鼓励人们使用公共交通工具出行，发展公交优先战略。2016 年，惠山区的公交分担率已到 28%。城铁新城要想实现低碳的目标，公交分担率至少要达到 30%，并争取到 2020 年达到 40%，以后甚至要求更高。公交线路网密度达到 3 千米/千米^2，绿色出行所占比例大于或等于 80%，控制小汽车出行比例至 10%。

道路方面：大力发展慢行车道。

二氧化碳排放：在低碳生态城的理念下，惠山城铁新城人均交通二氧化碳排放量年均增长率应低于 3%。

新能源利用：为节能减排，打造低碳交通，城铁新城在交通方面使用利用天然气、生物质、电能等新型能源交通工具的比例至少要达到 50%。

公共出行的设施：在公交方面，低碳城的公交设施间距应在 500～800 米。而就自行车而言，租赁点密度要达到 11 个/千米^2，且每个租赁点至少配备 11 辆自行车，以满足城铁新城居民的需求。

在低碳这一目标上，新城具有如下优势：①低碳化的综合交通体系。惠山城铁新城具有独特的交通优势，铁路、公路、水路俱全，尤其是沪宁城际铁路、宜澄城际铁路 Z3 线（规划）、无锡地铁三号线在此三站合一更是惠山城铁新城最大的特色之一，更重要的是，这三者都属于低碳化交通工具，具有零排放的优点，为惠山低碳城的打造奠定了坚实基础。此外，惠山城铁新城道路通畅便捷、路网不断完善，城铁新城公交线路的安排比较充分，公共交通覆盖密度较大。②低碳化的交通枢纽。经常性和长时间的交通堵塞易导致过多的碳排放。新城的交通枢纽点非常广阔，在某种程度上可以减少多余的碳排放。非机动车停车场也较大，鼓励人们使用非机动车出行，同时未来在广场旁边可能设置自行车租赁点，这对于近段的旅客会是十分合适的低碳化交通工具，可能成为人们热衷的出行方式之一。

发展低碳经济已成为国际社会的共识，低碳交通则是低碳经济的一个重要部分。为了达到建设低碳生态新城的目标，结合在城铁新城开展的调研，就城铁新城发展低碳交通提出若干建议。①推行自行车租赁服务。②改善公交车管理，推广燃气汽车。公交车改用天然气为燃料后，一氧化碳排放量将减少 90%，颗粒杂质排放量将减少 42%。而一辆以压缩天然气为燃料的出租车，每天燃烧 30 立方米的天然气，与燃油相比较，全年可减少碳氢化合物排放量约 1613 千克，减少氮氧化合物排放量约 361 千克，减少一氧化碳排放量约 430 千克，同时基本避免铅、苯和一氧化硫排放。这些数据乘以车辆数量，得到的总的碳排放量数据是相当庞大的。尽管各方统计数据不一，但不管是何种统计结果，都可以表明与燃油汽车相比，燃气汽车低碳效果极为明显。③铺设低碳路面，最大幅度地节能减排。路面铺筑是低碳交通的重要一环，路面铺筑领域的低碳经济研究，主要体现在三个方面。第一是协助建设单位提高路面质量，延长路面使用寿命，这样自然能达到减少养护、节约资源的作用。第二是减少施工中的碳排放量。第三是废弃材料的重复利用。④路灯的高效节能技术。路灯选择太阳能路灯。⑤加强交通管理，完善交通规章制度。加强交通管理，尤其是对摩托车的管理，其次加强对交通违法行为的惩罚力度，完善交通监督设备。构建和谐有序的交通环境也是构建低碳城的重要组成部分，交通堵塞、违禁车辆的驶入都会给新城带来多余的碳排量。因此，要坚持对路面交通违法行为严查、严处，形成长期的高压严管态势。这样，交通违法行为就会明显减少，人民群众遵守交通法规的自觉性就会普遍提高，交通秩序明显好转，这不光有益于建设低碳城市，也是对人民的生命、财产安全的负责。此外，还需要完善地铁站管理，为人们创造洁净的出行环境。

2）建筑

近百年来，地球气候正在经历以全球变暖为主要特征的显著变化，以二氧化碳为代表的温室气体正随着全球经济的增长和能源的大量消耗而持续增加。资料显示，全球温室气体排放量的 18% 来源于建筑物排放；许多发达国家，建筑物温室气体排放量甚至超过全国温室气体排放量的 30%；城市里的碳排放量，60% 来源于建筑维持功能本身。据调查：中国住宅建设用钢平均比发达国家高出 10%～25%，为 55 千克/米^2；水泥用量为 221.5 千克/米^2，平均每立方米混凝土相比发达国家多消耗 80 千克水泥。而住宅使用过程中的能源消耗与发达国家相比，在相同技术条件下为发达国家的 2～3 倍。有专家曾经计算过："中国每建成 1 平方米的房屋，约释放出 0.8 吨碳。"现阶段，中国处于建设鼎旺期，每年新增建筑面积 20 亿平方米，相当于所有发达国家新增建筑总和。但是中国现有的 441 亿平方米建筑中，97% 属于高能耗建筑，不能达到节能标准。如果继续目前的建筑能耗，全国每年将消耗 4.1 亿吨的标准煤。若能严格执行节能标准，积极推动节能环保型住宅建设，预计到 2020 年，每年可节约 2.6 亿吨标准煤，减少二氧化碳等温室气体排放 846 亿吨。

自 2014 年起，无锡市城镇新建民用建筑全部按照一星级以上绿色建筑标准设计建造。中瑞低碳生态城示范项目及可再生能源建筑应用示范城市示范项目逐项通过验收。2014 年全年新增 21 个获得绿色建筑评价标识的项目，其中有 2 个项目获得绿色建筑运行标识，全市获得绿色建筑评价标识的项目数累计达到 63 个。全市新建居住建筑、公共建筑完成建筑节能面积 2180 万平方米，其中应用可再生能源建筑面积 620 万平方米，相当于节省 25 万吨标准煤的能源。

低碳建筑（low carbon building）是指高能效、低能耗、低污染、低排放的建筑体系，从建筑材料、设备到施工建造再到建筑物使用的整个生命周期内，采用生态建筑、节能技术、生态材料等，通过合理的开发强度，减少化石能源的使用，提高能效，降低二氧化碳排放量，实现建筑低碳化。低碳建筑的主要特征为舒适宜居、采光通风、节能减排。低碳建筑全方位体现"节约能源、节约资源、保护环境、以人为本"的基本理念。具体到建筑上，低碳建筑具体的指标要求是：节能——减少建筑能耗需求，提高能源系统效率，开发利用新能源；节水——减少用水量（强化节水器具推广应用），提高水的有效使用效率（再生利用、中水回用、雨水回灌、污水处理），防止泄漏（降低供水管网漏损率）；节地——提高土地利用率，提高建筑空间使用率，原生态保护，旧建筑利用，地下空间利用；节材——建筑设计节材，建材应用节材，建筑施工节材，建筑垃圾利用；人居环境——降低化学污染、生物污染、放射污染，优化声光热环境、景观绿化。

作为历史上第一个正式提出"低碳世博"理念的世博会，上海世博会场馆建造的过程中，许多细节上都采用了环保节能型的设计和材料，既为世博会留下了绿色财富和低碳世博的理念，也为未来城市建筑发展起到示范作用（表 8-1）。

表 8-1   上海世博会中各展馆节能建筑材料的应用

展馆	材料
瑞士	大豆纤维,可以发电,世博会后可以被生物降解
日本	循环式呼吸孔道技术,号称"会呼吸的展馆"
意大利	由 20 个功能模块组合而成,可以组装拆卸。外墙可变换透明度,还能随时感知建筑内、外部的温度和湿度;采用了一种新型"透明水泥",由这个水泥制成的透明面板覆盖了意大利国家馆 40% 的面积,使得场馆在一天内可连续不断地变换出不同画面
芬兰	由废纸和塑料复合而成
山西馆	粉煤灰加气砼砌块,主要原材料为工业废料粉煤灰,重量轻、保温隔热性能好,是优良的墙体填充材料
西班牙	外墙覆盖着柳条,这样的设计不仅方便日后拆卸,也可以让自然光随意地透过钢管和柳条射进室内。展馆内部主要使用竹子和半透明纸作为材料,顶部则使用太阳能
挪威	由 15 棵巨大的"模型树"构成,原材料来自木头和竹子,并可在展后回收利用
卢森堡	主要材料是钢、木头和玻璃。开放式结构外表将由 500 吨 4 毫米厚的耐候钢材构成。耐候钢又称考顿(Corten)钢,这类钢材具有抗腐蚀的保护作用,可以让场馆外立面无须涂保护漆
河北馆	主体墙、地脚线全部选用了晶牛玉和晶牛集团生产的其他微晶产品
中国馆	国产高性能氟碳涂料,高强度 PTFE(聚四氟乙烯),陶氏旗下舒泰龙挤塑聚苯乙烯(XPS)隔热保温板;BIPV(光伏建筑一体化并网电站);世博轴屋面顶棚采用的索膜结构创造了"世博主题馆界索膜结构之最"。整个屋顶膜面由 31 个外桅杆、19 个内桅杆及牵引桅杆的各类钢索作为支撑系统,整个屋顶膜面长约 843 米、最宽处约 97 米,膜面展开面积达 7.7 万平方米,是世界上最大的索膜结构
石油馆	聚碳酸酯板加工成管道单元,经纵横交错"编织"而成
零碳馆	混合型水泥,其中含有 50% 的建筑废料。这种材质的水泥是对原本会污染空气的煤灰、煤矸石、矿渣进行二次利用,它的保温性也很好,能减少室外热渗透,吸收室内多余热量,稳定室内气温波动
印度馆	小型风车与屋顶上的太阳能电池充分利用永久性的可再生能源。零化学物质的场馆设计,安全排放无污染。经过工厂处理的再循环水将用于绿化灌溉,展示了一个雨水收集系统。中央穹顶外覆各种草本植物,配以铜质"生命之树",楠竹网格与钢筋混凝土的使用织就了吸音天花板。此外运用太阳能电池板、风车及穹顶上草本与竹木等建筑元素
波兰馆	聚氨酯隔热保温材料。聚碳酸酯(P3)屋顶板材具有很高的透光率及质量轻、抗冲击、隔热节能等特点,与相同厚度的传统板材相比,可节省 25% 的能源。奥运会有 3 座比赛场馆使用了 PC 板材智能化屋面系统。波兰馆采用 PC 板作为屋面材料

注:本表由江南大学任红艳根据相关资料整理

　　早在"八五"期间,江苏省就已经开始着手建筑节能试点工作。1995 年 9 月首次颁布了《江苏省民用建筑节能设计标准实施细则》(DB32/T122—95);2001 年江苏省出台《夏热冬冷地区居住建筑节能设计标准》(JGJl34—2001),节能建筑由 30% 的设计标准上升到 50% 的设计标准;2017 年江苏省落实《江苏省绿色建筑发展条例》,强化全过程监管,城镇民用建筑全面按照一星级以上绿色建筑标准设计建造,"十三五"期间新增绿色建筑 5 亿平方米,着力提升二星级以上绿色建筑比例,继续开展绿色生态城区建设示范,推进绿色建筑向深层次发展。实施建筑能效提升行动,开展节能 75% 和超低能耗被动式绿色建筑试点示范,预计到 2020 年末,城镇新建建筑能效水平比 2015 年提升 20%,"十三五"期间累计新增节能量 1450 万吨标准煤。从早期的建筑节能试点时期开始,江苏省的建筑节能规划设计工作就坚持"引进吸收"与"传统创新"并举的原则:一方面积极参与国际交流,引进吸收国外先进的设计理念和建筑节能技术;另一方面注重对本地区传统建筑节能技术的继承和再创新。

江苏省现行的建筑节能设计执行标准主要包括《民用建筑热工设计规范》(GB50176—1993)、《公共建筑节能设计标准》(GB50189—2005)、《夏热冬冷地区居住建筑节能设计标准》(JGJ134—2001)或《民用建筑节能设计标准(采暖居住建筑部分)》(JGJ26—1995)、《江苏省居住建筑热环境和节能设计标准》(DGJ32/J71—2008)。此外,江苏省还颁布实施了一些有关建筑节能的技术规定,如《江苏省民用建筑工程施工图设计文件(节能专篇)编制深度规定》(2009 年版)、《江苏省建筑节能设计专篇参考样式》(2009 年版)、《江苏省太阳能热水系统施工图设计文件编制深度规定》(2008 年版)、《江苏省公共建筑用能计量设计规定(暂行)》等。

太阳能是江苏省建筑中已经广泛利用的可再生能源,江苏省规定,全省城镇区域内新建 12 层及以下住宅和新建、改建和扩建的宾馆、酒店、商住楼等有热水需求的公共建筑,应统一设计和安装太阳能热水系统。城镇区域内 12 层以上新建居住建筑应用太阳能热水系统的,必须进行统一设计、安装。鼓励农村集中建设的居住点统一设计、安装太阳能热水系统。没有热水需求的公共建筑可设计利用屋顶和幕墙安装光伏发电系统。如屋顶面积有限,可以设计利用阳台围栏外壁,甚至外墙面安装太阳能利用系统。《江苏省太阳能热水系统施工图设计文件编制深度规定》(2008 年版)已经颁布实施。

惠山城铁新城办公大楼建议按照国家绿色建筑三星级标准和美国 LEED 金质认证标准进行规划设计,建成江苏首座低碳建筑示范建筑。大楼将集成应用太阳能光伏和建筑一体化技术、太阳能光热和建筑一体化技术、新型外墙外保温技术、屋顶绿化技术、双 Low-E 中空玻璃外窗节能技术、智能卷帘外遮阳技术、全新风置换通风系统全热回收技术、高效节能空调技术、雨水收集中水回用技术、绿色照明系统技术、真空垃圾回收系统技术、智能楼宇控制技术等多项节能技术。

低碳生活需要政府政策的推动,更需要居民的自觉行动。

(1)根据国家政策法规制定新城节能减碳政策的实施细则。

建筑物节能减碳:全世界每年消耗的能源有 36%是用于室内取暖和降温,因此节能建筑是解决能源紧缺问题最好的方法。①仿照欧盟实行建筑物能源证书制度,政府对所有建筑物都按每平方米耗能情况进行登记,并制作成证书;②鼓励使用节能绝热的保温材料。

交通节能减碳：美国《新闻周刊》载文指出，全世界 1/4 的能源用于交通运输，其中包括 2/3 的原油，因此进行交通节能减碳将会产生明显的减碳效果。①改善交通条件；②积极使用其他替代能；③倡导良好的驾车习惯等。

家电和照明节能减碳：全世界 20%以上的二氧化碳排放量是居民用电造成的，而居民用电大多用于各种家用电器。全世界 20%的电能消耗在照明上，在照明程度相同的情况下，节能荧光灯不仅比白炽灯省电 75%～80%，而且使用寿命也达到后者的 10 倍。建议政府在新城建设期间，向居民发放购物券，指定此券在 2010～2012 年必须用于购买节能灯具。根据国际能源机构的一项研究，如果消费者都选择最节能的电器，那么全世界的居民用电量将减少 43%。政府可以通过宣传和奖励措施，鼓励消费者选择节能电器。

环境友好生活方式减碳：城铁新城的消费碳足迹大致与无锡市居民消费产生碳足迹相似，主体主要是居民生活用电和肉类产品消费，针对无锡市的居民消费特点需求：①建立居民消费导向机制。加强群众消费的导向性，正确引导居民的消费观念至关重要，要建立合理的居民生活导向政策，大力宣传低碳消费的重要性，引导、约束居民消费行为，为降低居民生活碳足迹提供政策支持。②培养居民消费低碳意识。

（2）垃圾分类、加强可再生能源利用。

城铁新城设计常住人口 30 万人，流动人口 10 万人，平均每天产生垃圾 300～400 吨，如果能对垃圾进行分类，就能大大提高其利用率，既节约资源又节能减排。

其中垃圾分类方法包括：家庭、宾馆、饭店等生活场所的垃圾分类，车站等流动人口较大的场所的垃圾分类、商务区垃圾分类，其他地区的垃圾分类。同时，垃圾桶的设计与布局对垃圾的分类也起到了至关重要的作用。根据城铁新城特点，建议生活区每幢楼前只放置餐厨垃圾和其他垃圾两只垃圾筒，在小区中心区域放置六只标明如下分类的垃圾筒：①餐厨垃圾；②玻璃（瓶子、罐子及其他玻璃制品）；③塑料（塑料瓶、塑料资源垃圾）；④小型金属类；⑤有毒有害（主要指电池和灯泡等）；⑥其他垃圾（扫尘土、卫生间废纸、烟头等）。纸（纸箱板、报纸杂志、各类纸张）和大件垃圾（大型家电、废弃家具）采用每周定时定点收取的模式。车站等公共区域的垃圾筒建议学习上海模式，主要放置以颜色分类的四种垃圾筒，醒目标注分类方法：①餐余垃圾；②可回收物（玻璃、塑料、纸等）；③有毒有害；④其他垃圾（扫尘土、卫生间废纸、烟头等）。

政策法规的支持是促使垃圾分类回收顺利实施的重要保证。另外，要结合有效的宣传，如直接与市民对话，通过印刷品、宣传栏、报纸、电台、电视台和网络进行宣传，组织参观等。给予合理的经济补贴、加强监督，奖惩并举是使更多的社会力量介入废弃物回收领域可尝试的方法。

8.1.3　临安市生态文明建设

中共十七大将生态文明建设纳入国家发展战略目标。临安市生态文明规划将关于生态文明的相关解析概括为两种，其一可谓"形而上的生态文明"，即从哲学层面对生态文明内涵的解读，其特点是侧重意识形态的阐释，对实践层面的关注较少。其二可谓"形而下的生态文明"，其特点是强调实践，但理论定位不明晰。需要强调的是，如果缺乏对生态文明建设的理论把握，生态文明建设很容易被误解或简化为新一轮的环境保护和生态建设战略。临安市力求规避上述两方面的局限，着力从理论和实践两方面界定生态文明的内涵和外延。

从人类文明演替视角解读生态文明：人类文明始终处于演替之中，包括同一文明时代中的演变（量变）和两个文明时代之间的更替（质变）。当"环境-社会系统"两个或任何一个基本矛盾发展到其自身无法协调的程度，文明演替就将发生。迄今为止，人类社会已经历了原始文明、农业文明、工业文明三种文明形态。这三种文明形态的演替都伴随着生产技术的革命性飞跃。而生态文明这一新文明形态的萌生，主要是由人类社会所面临的生态危机驱动的。人类文明的演替是与人类生存方式的变化同步的。人类如果继续沿着工业文明的路径发展，将不可能从根本上消除产生三大危机（资源耗竭、环境污染、贫富分化）的根源，人类社会也将丧失可持续发展的能力。工业文明的组织方式和主流价值观是造成生态危机的根源。为了消除生态危机，需要对工业文明进行彻底变革；而对工业文明进行彻底的变革，则意味着新文明形态的出现。这一新的文明形态即生态文明，它是继原始文明、农业文明、工业文明之后的一种新文明形态。换言之，只有生态文明形态能够从根本上化解、克服工业文明时代人与自然对立的矛盾与冲突。因此，生态文明是人们深刻反思工业文明难以摆脱的弊端和危机之后所提出的一种新文明形态。这一新文明形态转折期的出现，是社会发展规律所决定的，是不以人的意志为转移的。

从文明具体形式视角解读生态文明：人类文明的成果集中体现于物质文明、政治文明、精神文明领域。因而，生态文明建设要求将生态文明理念融入物质文明、政治文明和精神文明建设。建设生态文明还需要清醒把握以下区别：生态文明建设不仅在于强化环境保护和生态建设，而且涵盖了人类的生存方式、社会制度和意识形态三大领域；生态文明建设固然要求提高生态文明意识与提升生态文化，需要开展生态知识教育和宣传活动，但更重要的是要切实转变经济发展方式；生态文明建设不仅是自然环境优美与物质丰富的机械组合，而追求的是人、社会、环境三元之间稳定的、和谐的共生关系。

8.1.3.1 产业

临安市经济现状：2016 年，临安市全市实现生产总值 505.17 亿元，按可比价格计算，比上年增长 8.6%。其中第一产业增加值 42.24 亿元，第二产业增加值 253.00 亿元，第三产业增加值 209.93 亿元，分别增长 2.9%、6.9% 和 12.2%。按户籍人口计算的人均 GDP 为 95 226 元。2016 年度，根据抽样调查，城镇居民人均可支配收入 44 858 元，比上年增长 8.8%，城镇居民人均消费性支出 32 068 元，增长 5.5%。农民人均纯收入 25 849 元，增长 8.9%，农民人均生活消费支出 18 556 元，增长 3.5%。

产业结构现状：近年来，在"创业富民、创新强省"的发展战略指导下，临安市的经济结构有所调整，2016 年三次产业比例由 2015 年的 8.5∶52.2∶39.3 调整为 8.4∶50.1∶41.5。其中第一产业比重下降了 0.1%，第二产业比重增加了 2.1%，第三产业比重增加了 2.2%。依托省科技园区，突出培育了新材料、新能源、先进制造、机电一体化、信息技术、生物医药、绿色化工、节能环保等产业；在东部地区重点发展了竹产品加工产业；西部地区主要发展了山核桃加工产业及旅游等服务产业。

树立自然环境是人类社会的基础观念，并使自然环境对人类社会的进步发挥更大的作用。生态文明时代的产业体系，应该在传统的第一、第二、第三产业基础上，再增加"第零产业"和"第四产业"，形成由五次产业构成的产业体系。发掘培育"第零产业"——"第零产业"的发展为解决工业文明以牺牲生态环境为代价的发展道路所带来的环境污染、资源破坏等危机提供了新的途径，因而是产业领域的生态文明建设的重要组成部分，在协调经济与环境之间的冲突中具有不可或缺、不可替代的独特功能与重要地位，是生态、生产和生活共赢的可持续发展的重要保障。

"第零产业"的首要任务是增强生态系统的服务功能，现阶段的重点是其功能的恢复与提升。而临安市的生态系统主要为森林生态系统（包含竹林），因此其"第零产业"的发展主要是森林生态服务系统功能的建设。根据临安市的生态资源、产业基础及未来发展方向，借鉴国内外关于森林生态系统服务功能的市场发展经验，创建符合临安市实际的"第零产业"运行模式，即以市场需求为导向，重点行业为龙头，政府和市场双轮驱动的"第零产业"运行模式，使"第零产业"成为临安市新的经济增长点和生态文明建设"临安模式"的主要特色。

维系"第零产业"市场运行的资金模式：资金来源主要为政府投入及六个重点行业的市场运营两大方面。政府投入包括政府对水源涵养、碳汇、土壤修复、森林游憩四个重点行业的补贴等，其余资金主要来自六个重点行业市场运作的收益。

"第四产业"是指专门从事废物资源化、无害化的产业。"第四产业"的前身是传统第一、第二、第三产业中的减排增效部分。在生态文明时代,伴随着专业化和规模化优势的不断引导,大量的减排增效环节从传统第一、第二、第三产业中剥离出来,形成了独立的"第四产业"。传统第一、第二、第三产业产生的废物,不再直接排放到生态环境,而是输送到"第四产业"。可以进行资源化的废物,变成资源返回传统第一、第二、第三产业,减轻了向生态环境获取资源的压力;不能进行资源化的废物,通过无害化处理,排放到生态环境,减轻了生态环境净化废物的压力。在这一过程中,"第四产业"通过收取废物处理费、出售回用资源的形式,从传统第一、第二、第三产业获得资金支持,实现自我发展。通过积极发展"第四产业",在实现传统产业减排增效的基础上,进一步降低生产、生活对生态系统的危害。"第零产业"是指专门从事恢复与提升生态系统承载能力的产业。优化传统产业和扶植"第四产业"的目的在于减轻人类活动对生态系统的压力,而发展"第零产业"的目的在于恢复与提高生态系统自身的健康水平及其服务功能。"第零产业"通过保育生态环境,恢复、维持和提升生态系统承载力,使之能够满足持续提供资源输出、消解污染的要求。"第零产业"把生态服务作为产品,通过把这些产品出售给传统第一、第二、第三产业和"第四产业",回收资金,从而实现自我发展。与"第四产业"在工业文明时代即已初具雏形不同,"第零产业"是生态文明时代的一个全新产业,是在人类历史上首次以产业形式促进人类社会对自然界的反哺。

8.1.3.2 自然生态保护

自然生态保护是生态文明建设的基础和标志,临安市生态系统多样,各区域自然生态状况和经济发展水平不一,面临的生态问题也有所区别,需要因地制宜采取措施。

临安市总面积为 312 680 公顷,自然生态系统类型多样,包括森林、湖泊、河流、草地等。山地面积广阔,占全市总面积的 86%,森林覆盖面积约占临安市总面积的 76.6%。河流、湖泊众多,且是钱塘江、太湖两大水系的源头,水域生态系统面积为 7617.27 公顷,占临安市总面积的 2.44%。农田面积 30 127.02 公顷,占临安市总面积的 9.64%。自然保护区数量众多,类型多样,省级以上保护区面积占全市总面积的 6.14%。临安市现有 2 个国家级自然保护区,即天目山国家级自然保护区和清凉峰国家级自然保护区,一个国家级森林公园——青山湖,还有省级自然保护小区 12 个,市级自然保护小区 1 个(表 8-2)。

表 8-2 临安市自然保护区概况

自然保护区名称	面积/平方千米	保护区类型
①天目山自然保护区	43.00	天目山国家级自然保护区范围
②清凉峰自然保护区	115.25	清凉峰国家级自然保护区范围
③青山湖国家森林公园	7.61	青山湖国家森林公园核心景区
④禾木坞浪广野生梅花鹿自然保护区	3.13	省级自然保护小区
⑤合溪源领春木自然保护区	2.54	省级自然保护小区
⑥上溪华东黄杉自然保护区	1.63	省级自然保护小区
⑦桐坑南方红豆杉自然保护区	1.1	省级自然保护小区
⑧英公水库天然常绿阔叶林自然保护区	2.44	省级自然保护小区
⑨於潜天然常绿阔叶林自然保护区	2.33	省级自然保护小区
⑩东天目山自然保护区	2.32	省级自然保护小区
⑪林家塘金钱松自然保护区	2.57	省级自然保护小区
⑫庵里亚热带常绿阔叶林自然保护区	1.63	省级自然保护小区
⑬柴湾里领春木自然保护区	3.05	省级自然保护小区
⑭双石源野生梅花鹿自然保护区	2.47	省级自然保护小区
⑮大源里野生梅花鹿黑鹿自然保护区	2.45	省级自然保护小区
⑯高山村野生蜡梅自然保护区	1.28	市级自然保护区

促进生态系统健康，完善生态系统功能的途径与方法如下所示。

1）基于生态文明的要求定位生态系统功能

对于临安市生态系统功能的重新定位，有助于临安市居民及政府部门转变对人与自然关系的理解，提高生态保护的意识，也有利于制定合理的生态资源价格，促进对环保措施的科学评价，实现区域的可持续发展。

2）创建临安市共轭的复合生态管理思路与机制

共轭的复合生态管理是协调人与自然、资源与环境、生产与生活及城市与乡村、外拓与内生之间共轭关系，是城市人与环境间开拓竞生、整合共生、循环再生、适应自生平衡关系的管理方式，特别是协调社会服务和生态服务的平衡、经济生产和自然生产的平衡、空间关联与时间关联的协调、物态环境和心态环境的和谐的管理方式。

3）探索政府主导下利用市场机制，开发利用自然资源的新模式

建立社区-企业-政府三方共赢的自然保护区管理模式；建立一体化的水资源开发利用养护的管理机制；推进多功能农业发展模式；加强自然资源开发监管，完善生态服务功能。

4）建立与经济共赢的生态保育长效机制

促进生态旅游从"迎合型"到"引导型"的转变；以生态农林产品品牌促进

生态保育。

完善保障机制如组织管理保障、资金保障、科技支撑、监督考核机制等。

8.1.3.3 污染控制与节能减排

多年以来，临安市在经济快速发展的同时也非常重视环境污染控制和生态保护，取得了经济发展与环境保护的双赢，先后获得了国家环保模范城市等称号。但受传统产业发展模式和社会生活模式的惯性影响，目前临安市仍存在诸多环境问题。在生态文明建设进程中，需要还清环境欠账，加大污染控制的力度。同时，在进行新一轮产业结构调整时，亟须将节能减排落到实处，避免旧账未清又欠新账。

由于工业文明时期的资源—生产—废弃模式仍然是临安市当前的主要经济模式，因此今后在相当长的时间内，环保工作的重心将不得不以末端治理为主，无害化处置和达标排放仍然是主要目标。总体而言，临安市目前的环境保护措施尚具有工业文明的中期阶段的特征。由于采用工业废水和生活污水混合处理的模式，临安市污水处理厂经过处理后的排水很难达到一级 A 的水质标准，难以实现中水回用，只满足达标排放的要求。城市生活污泥中混入了工业污泥成分，污泥难以满足农林使用的要求，只能进行无害化处置。因此，其水污染控制措施也属于末端治理类型。

1）管理对策

（1）加强科学管理，优化产业结构，延伸产业链条，加大品牌建设力度。

（2）编制管控行业和企业目录，建立淘汰机制，引导产业升级、进入可持续发展轨道。

（3）实施特种废水源头控制，完善清污分流系统，加大中水回用力度。

（4）加快城乡垃圾收运与处理系统一体化进程，完善垃圾分类体系，建立危险废物全过程管理制度，推行行业管理机制。

（5）开展土壤重金属污染普查，加强重金属污染源头控制，制定重金属污染土壤修复规划。

2）重点措施

（1）适度规模化种植山核桃，延长生态化产业链，提升山核桃品牌。

（2）建立淘汰机制，整治节能灯行业，强化危险废物和危险化学品监管，加强全过程管理。

（3）完善农村生活垃圾收运与处置体系，建立山区垃圾管理模式。

（4）源头控制工业特种废水排放，加大中水回用力度。

（5）加强重金属污染源头控制，加快土壤重金属污染修复。

3）污染控制与节能减排指标体系

（1）工业废水纳入城市污水管网之前达到相应行业工业污水综合排放标准。

（2）城市生活污水排放达到《城镇污水处理厂污染物排放标准》（GB18918—2002）中一级 A 排放标准限值的要求。

（3）中水回用率大于 90%。

（4）城乡生活垃圾收集率 100%。填埋处置污染物排放满足《生活垃圾填埋场控制标准》（GB16889—2008）的要求，焚烧处置污染物排放满足国家标准《生活垃圾焚烧污染控制标准》（GB18485—2001）的要求，其他处置方式均应满足国家相关污染控制标准的要求。

（5）危险废物收集率 100%，无害化处置率 100%；工业固体废物收集率 100%，资源化利用率大于 80%。

（6）农业土壤环境质量达到《土壤环境质量标准》（GB15618—2008）中二级质量标准要求；工厂搬迁后的工业用地满足《展览会用地土壤环境质量评价标准（暂行）》（HJ350—2007）要求。

（7）农业和林业生物质资源化利用率大于 90%。

（8）大气环境质量达到《环境空气质量标准》（GB3095—1996）中的二级标准限值。

以临安市山核桃产业、节能灯产业、生活垃圾处理、污水处理和土壤修复为例，通过贯彻实施污染物源头控制和管理治理并重措施，加快推进临安市环境保护的历史性转变，实现生态文明建设的目标。规划设计案例及保障机制：①适度规模化种植山核桃，延长生态化产业链，提升山核桃品牌；②建立淘汰机制，整治节能灯行业，加强全过程管理；③完善农村生活垃圾收运体系，建立山区垃圾管理模式；④源头控制特种废水的排放，实现中水回用；⑤加强重金属污染源头控制，加快土壤重金属污染修复。

4）生活领域的生态文明建设

生活领域的生态文明建设旨在通过宣传、引导、激励、规制等方式，促进以公众为主体的生活行为和方式的转变，积极培育资源节约、环境友好的生活方式。

临安市人群生活方式的主要特点：临安市生活消费方式还相对粗放，人们适度消费、适度餐饮的观念尚未形成，造成资源的浪费，也增加了环境压力，生活习惯与生态文明的要求存在差距。缺乏绿色节能的出行方式，尚未形成绿色办公的氛围。道路建设规划以机动车需求为主，没有建立适宜的行人、自行车、公交车等绿色专用通道。绿色、节能的办公建筑和装修寥寥无几，政府单位部门和公共场所没有发挥出明显的带头作用。政府绿色采购机制还未形成。

结合临安市生态基础、资源禀赋、环境状况、社会生活的实际状况，从生活、办公、出行三个方面，提出临安市生活领域实现向生态文明转变的规划，提出切实可行的宣传、推进、激励方案。

（1）精心引导绿色家庭生活方式：以减少资源消耗、亲和自然环境、提高生活品质为目的，针对临安市家庭生活方式的特点，主要从居住方式、消费方式、饮食习惯、生活行为等方面提出规划建议，促进全市向绿色生活方式的转变。推行简约、绿色的居住方式；引导资源节约、生态环保的消费方式；培养环境友好的生活习惯。

（2）强力打造绿色办公环境：以减少资源消耗、营造绿色办公环境、提高办公效率为目的，针对临安市办公场所和办公方式的现状和问题，重点从办公场所、办公方式、办公效率等方面提出规划建议，以形成从环境到行为的绿色办公氛围。建设政府、企事业单位绿色办公环境；大力推进政府绿色采购机制；规范绿色办公方式。

（3）积极倡导绿色出行方式：以减少碳排放、提高舒适性、实现便利性、打造多元化的绿色出行方式为目的，重点从基础设施完善、经济手段刺激、政策工具约束、日常习惯培养等方面提出规划建议。完善基础设施建设，科学规划、重点发展慢行交通系统；利用经济手段，促进绿色出行方式的发展；加强政策引导，确保绿色交通体系的实现；推广低碳驾驶技术。

（4）开拓面向公众的宣传途径。

（5）开展生态文明示范与评比工作。

（6）完善保障机制：资金保障、政策保障、科技支撑、监督考核机制等。

8.1.4 贵阳观山湖区 UERI 研发项目

贵阳观山湖区开展的 UERI 项目，是在钦州 IUEI 研发的启发下，基于该项目的研究与发展经验和成果，以广义生态系统生态学的框架理论和"一带一路"战略构想为指导思想，运用创新思维，文献调研、实地调查、对比研究，归纳总结等科学的研究方法，在调研的基础上，探讨生态文明核心内涵"实践天人，今明与知行合一，健康地享用，有效地利用，可持续地保护和发展广义城市生态资源"。

贵阳 UERI 项目，从生态系统生态学的视角，对广义城市生态学的理论进行了探讨，提出了独到的见解，脚踏实地尝试与中美实践进行比较，在国内外相关学术论坛和研发场合，介绍观山湖及 UERI 项目的现状、探讨、发现和发展；借鉴国内外相关的城市生态研究、有对比度的评价指标等生态研究要素，有针对性地为观山湖提供参考。

贵阳 UERI 在对观山湖区充分调查的基础上，结合贵阳观山湖区生态环境资源的特点和发展定位，采用国际认可并在耶鲁大学所在地美国康涅狄格州纽黑文等城市研发实践获得成功的 Stratum 及 i-Tree 模型，基于观山湖区城市公共生态资源（即对辖区主干道，相当于纽黑文市同等规模便于开展对比创新研究的大约 3 万株公共树木的研究）开展研究，科学地得出产生的节能低碳、雨污分流、空气净化和城市美化等具体货币形式体现的社会效益，得出每年公共生态资源为改善贵阳观山湖区的总体社会效益、理论创新和实践成果，并且成功地在生态文明贵阳国际论坛 2016 年会期间进行展示，受到国内外普遍的关注和借鉴。

贵阳观山湖区城市生态资源生物量及社会效益量质论证创新研究有五个部分内容和四个初步成果。五个部分内容包括：UERI 项目研究的创新，要点及背景分析；UERI 项目研究的现实意义，重要内容和步骤；UERI 研究方法，群众参与，实施措施和科学安排；项目的延伸及发展前瞻。该研究的成果包括：①构建和展示贵阳观山湖生态文明 UERI 模式的理论创新和实践成果；②探讨建立 UERI 项目的研究方法，发展路径和指标体系；③探索贵阳观山湖区 UERI 案例对贵阳乃至贵州发展生态文明-大数据化等新模式构建的贡献及示范作用；④完成贵阳观山湖区 UERI 项目研究报告，并于 2016 年 7 月通过国内外专家评审，其研究成果已经与科学出版社签署出版合同，出版专著和积极启动在国内外的论文发表，探索贵阳观山湖区 UERI 项目经验，建立具有更大范围推广作用的观山湖 UERI 模式。

8.2　国际典型案例

"生态城市"是城市不断生态化后的最终结果，也是现代城市发展的一种崭新模式，随着社会经济和科学技术的不断进步，生态城市的内涵也在不断得到充实和完善。"生态城市"即社会和谐、经济高效、生态良性循环，人、社会、自然三者能够和谐共生的一种人类居住形式，是物质文明与精神文明高度发达的标志。本部分选取了温哥华、西雅图、新加坡、波特兰四个代表城市及马斯达尔生态城、丹麦卡伦堡循环经济生态工业园，列表对比总结其各自的城市（地区）特点概况（表 8-3）并总结出各个城市（地区）的生态城市建设措施。

表 8-3　典型案例分析对比表

城市（地区）	概况	特色	经验
温哥华	高密度下的生态城市。三面环山，一面傍海，加拿大西南海岸的"度假村"。气候温和湿润，环境宜人，有丰富的人文资源	遵循"精明增长"的理念，走发展紧凑型都市区之路	①有助于形成更加紧凑的城市形态 ②减少土地消耗，防止低密度扩张，集约和"精明"地使用土地 ③统一公共基础建设及其他城市服务
西雅图	美国位于太平洋西北海岸的商业、文化、技术和高科技产业中心	率先提出并贯彻实施了"可持续发展的西雅图"模式，按建设密度从大到小分四大类，每类按照各自的特点分别进行规划	①减少资源消耗、注重环境保护 ②态度积极与情绪高昂的公众参与度 ③独创新颖的城市规划模式——都市集合
新加坡	热带城市岛国，北隔柔佛海峡与马来西亚为邻，有大桥与马来西亚的新山相通；南隔新加坡海峡，与印度尼西亚相望。地处太平洋与印度洋航运要道——马六甲海峡的出入口	有明确、清晰和强有力的政府控制体制，依据坚实的政策环境，使专业规划者与企业很好地合作，使新加坡成为现今的世界著名生态城市	①完善良好的城市绿化环境 ②制定交通总体规划，完善城市交通建设 ③注重居民住房问题，切实推行生态概念
波特兰	位于美国的俄勒冈州，波特兰的别称是"玫瑰之城"，气候温和，阳光充沛，风景秀丽。波特兰是美国最大的城市之一，也是美国重要的经济中心	被誉为"杰出的规划之都"，其在生态环境建设中的诸多经验已被逐渐传播，尤其是其通过公共交通与慢行交通系统的规划，有效地减少了居民交通出行时对小汽车的依赖，已经被很多地方当成成功的典范	①功能混合的土地利用模式 ②重视建成区内的改造和更新开发 ③适度提高建筑密度与高度的建筑设计 ④能为不同收入者提供适合与优质的住房等
马斯达尔生态城	位于阿拉伯联合酋长国阿布扎比，自然资源匮乏，环境承载能力差，"零碳""生态"成为必须达到的目标。2008年初开始地面建设，在2016年完成时，计划入住5万居民和1000家企业	三层次交通系统：底层是连接阿布扎比及国际机场的轨道交通服务；第二层是到达公交站点最远距离控制在200米以内的地面步行系统；最后是个人快速公交系统——被称为"平面电梯"的个人轨道电车及全自动控制系统	①高密度封闭城市建设 ②三层次交通系统 ③因地制宜，充分利用当地资源
丹麦卡伦堡循环经济生态工业园	全球产业生态学者最常引用的生态工业园区原型典范，是位于丹麦卡伦堡的发展案例。它位于哥本哈根市以西100千米处，全市人口仅19 000人。在那里一群公司使用彼此的废弃物作为其本身制造所需的原辅材料。该地区的产业共生关系演变过程，是自发、缓慢演化而成的。而这些企业之间及与社区间的物质与能源交换网络，20多年来，已沿着距哥本哈根西边75英里处海岸地区发展成为一小型产业共生网络	丹麦卡伦堡循环经济生态工业园是世界上最早和目前国际上运行最为成功的生态工业园，它把生产发展、资源利用和环境保护相互结合，形成了一套良性循环的工业园区建设模式，它们通过贸易的方式把其他企业的废弃物或副产品作为本企业的生产原料，建立起工业横生和代谢生态链关系，最终实现园区的污染零排放，形成一个举世瞩目的工业共生系统	—

8.2.1　温哥华生态城市建设

温哥华是加拿大的工业中心，人口 190 万，是加拿大第三大、西部最大城市，同时也是北美第二大海港和国际贸易的重要中转站。

温哥华是一座把现代都市文明与自然美景和谐汇聚一身的魅丽都市，拥有很多大型的公园、现代化的建筑、迷人的湖边小路、保存完美的传统建筑。怡人的气候和得天独厚的自然美景，使它成为最适合享受生活主义者的乐园。1986 年，温哥华在庆祝建城 100 周年的同时举办了世界博览会，从此知名度扶摇直上，近年来又多次被国际机构评为最适宜人类居住的城市，2004 年被国际城区协会授予"城区建设奖"，2005 年被英国经济学家智囊团授予"世界最适宜居住的城市"（李业锦等，2008）。

8.2.1.1　紧凑型城市发展道路

温哥华在城市发展建设中，遵循"精明增长"的理念，走发展紧凑型都市区之路。市政当局通过刺激中心城区的人口增长，促进就业岗位和住宅数量之间达到平衡以减少对机动车交通的需求。这不仅有助于形成更加紧凑的城市形态，而且避免了低密度的城市扩散及其对城市周围富庶的佛斯河谷底地区的威胁。同时，运用"集中增长模式"，在划定范围内统一公共基础建设及其他城市服务；增加公共交通设施，鼓励人们改变出行方式，劝诫单独使用交通工具；减少土地消耗，防止低密度扩张，集约和"精明"地使用土地。

8.2.1.2　合理的城市规划，完备的城市基础设施

温哥华的城市设计注重规划、比例和色彩等。城市用地生态空间富裕，建筑物以花草树木作为屏障，控制商店店面宽度以适应行人的要求，加设遮蔽设施以避免天气变化的干扰。建筑的底层部分道路红线取齐，以加强街道上的城市气氛；所有的高层塔楼避免直接进入行人视觉范围，以提高街道的舒适宜人度并保证街道上阳光充足，令现代化的城市设计与自然风光相互辉映。市内交通便利，公共服务完备，景观优美且丰富多样，这些铸就了温哥华优质的城市生活品质，也树立了大城市打造生态的典范。

8.2.2　西雅图生态城市建设

西雅图位于美国西北的华盛顿州，是全美著名的"翡翠之城"。西雅图政府和民众对城市生态环境的重视，使该市在环境保护和生态修复方面成绩斐然。西

雅图用优美宜人的生态环境印证了其生态修复策略的可行性，推动了城市生态修复的研究和实践。

西雅图在生态城市建设方面最突出的贡献在于它率先提出并贯彻实施了"可持续发展的西雅图"模式，成为世界上众多城市效仿的对象。

8.2.2.1 独创新颖的城市规划模式

都市集合的用地模式，主要是将西雅图都市区按建设密度从大到小分为"都市中心集合""核心型都市集合""居住型都市集合"和"社区中心点"四大类，每类按照各自的特点分别进行规划，充分体现了控制增长、节约土地资源、降低能源消耗、高效利用基础设施、保护环境、鼓励公众参与、提倡社会公平、改进生活品质、加强社区意识，保护地方特色及整体规划等可持续发展的思想。在交通规划中，力求缩短通勤和购物距离，鼓励公交、小巴、自行车、步行等多种出行方式，并为其规划和设计完善的设施及环境，体现了可持续发展中节能、环保、高效、循环、多样及区域性和社区性等综合特征。社区规划则遵循自上而下、协调合作、平衡利益等可持续发展的原则。规划要素界定了规划的总体原则和框架，设计了专门的规划程序和格式，以保证每个不同的社区在规划上的同一性。

8.2.2.2 态度积极与情绪高昂的公众参与度

高质量、高效率，系统而程序化的公众参与是西雅图成为城市的重要保障。在环境建设、基础设施建设和城市开发等多方面，都能保证切实有效的公众参与，参与行动随具体项目进程分阶段分解到整个过程中。在参与过程中，制定了比较系统的规划操作程序，涉及内容根据具体项目的特点，由政府、专家和利益相关人共同协商制订，公众进行评判和监督。为保证公众参与的质量与效率，尽可能地量化程序中的各项指标，使其具有很强的可操作性。

8.2.2.3 减少资源消耗、注重环境保护

减少各类资源消耗、维护资源环境也是西雅图建设的一项重要举措，包括减少家庭及办公环境的资源消耗，降低城市对各项资源的使用，增加资源的再利用和循环利用等方面。

8.2.3 新加坡生态城市建设

新加坡位于东南亚，是马来西亚半岛最南端的一个热带城市岛国。面积为699.4 平方千米，由 50 多个海岛组成，新加坡岛占全国面积的 91.6%。截至 2015年 11 月，新加坡人口总共有 553.5 万。连续多年被评为全球宜居城市，连续 10 年

当选亚洲人最适宜居住城市。

新加坡发展最大的约束是土地资源，但城市的发展并未受其影响，其开发成功主要归因于有一个明确、清晰和强有力的政府控制体制。它依据坚实的政策环境，使专业规划者与企业很好地合作，才使新加坡成为现今的世界著名生态城市。基于国土面积小、资源匮乏和多元文化等国情，新加坡的城市可持续发展是在根深蒂固的脆弱感和忧患意识下进行的。在其独特的核心价值观下，通过对城市规划、建设、管理和发展实施动态治理，新加坡城市发展实现了生态低碳化过程，蝶变成一个井然有序的花园中的城市。

8.2.3.1 完善良好的城市绿化环境

新加坡为了推进城市绿化平稳快速前进，主要采用了如下措施：首先，规划部门提出"绿色和蓝色规划"，这确保新加坡在城市化进程飞速发展的同时仍拥有绿色和清洁的环境；其次，新加坡在不同的发展时期提出不同的绿化美化目标，以保证与城市变化的方向相一致；最后，政府出台了诸如《公园与树木法令》《公园与树木保护法令》等一批法律法规，要求所有部门都必须承担绿化责任，对损坏绿化的行为实行严厉处罚。

8.2.3.2 注重居民住房问题，切实推行生态概念

新加坡政府充分发挥职能，实现"居者有其屋"。政府设有建屋发展局，专门解决经济适用房和廉租房的问题。新加坡的经济适用房称为组屋，政府对购买组屋人群的收入有一定限制。至于商品房，政府只根据政策批租土地。为了让居民都能买得起房，新加坡政府推出一系列优惠措施：制定公积金制度；坚持组屋小户型、低房价原则；对居民购买组屋实行免税优惠措施等。另外，为了保证居民的生活质量，建屋发展局在组屋的地址选择、样式设计及配套设施建设上也颇费心思。

8.2.3.3 制定交通总体规划，完善城市交通建设

新加坡政府投入巨额资金，加快城市陆路交通网络的建设并且通过将快速轨道系统延伸到新城镇和居住区中心来获得一个整体有效的交通系统。

8.2.4 波特兰生态城市建设

波特兰，位于缅因湾沿岸，是美国缅因州最大的城市。自17世纪初期以来，这里就是个重要的国际港，老港为城市的传统商业和现代商业架起了桥梁。这里有停靠在赏鲸船旁的渔船，有来自世界各地的豪华游艇、游船和油轮。繁忙的商

业街与水面平行，两边都是 1866 年大火之后修建的砖式建筑和大型商店，这些建筑已经存在很多年了。19 世纪，蜡烛制造商和帆布制造商在波特兰开始交易，如今，特色商店、艺术画廊和饭店在这里占据了一席之地。波特兰现在是一座非常时髦的城市，但是有时候它也会刮复古风。它是少数设法减少温室气体排放的美国城市之一。友好与公民介入在其他地方日渐式微，在这里却欣欣向荣。周日的早上，位于市中心公园大道上的农贸市场里熙熙攘攘，来逛市场的人在蓝草和乡村音乐中，专心地挑选着有机芝麻菜、威拉米特河谷出产的榛子及手工制作的奶酪。人们有的住在城里有的住在郊区，环绕着城市的农田被保留下来；一个小时多一点的路程，就能去到滑雪和冲浪的地方。在波特兰，四处可以看见可持续性的、对环境损害小的生活方式，其中自然包括出行方式。

波特兰的交通系统规划是在波特兰地区"2040 增长概念"规划和《区域交通规划》的框架下进行编制的。波特兰地区"2040 增长概念"中确定了长期区域发展增长和优先发展的空间模式，并明确了要通过便利的慢行交通系统和公共交通系统的发展，减少居民对小汽车的依赖，来实现这种空间增长模式；根据《区域交通规划》中的要求，波特兰形成了以中心城区为核心，通过轨道交通与周边区域中心相连的交通骨架，同时规划要满足波特兰城市经济发展的需求，巩固波特兰在国际经济分工中的地位。

波特兰交通运输局研究发现，一味地建设更多的道路设施并不是解决城市不断增长的有效手段，因为在道路修建过程中会花费大量的经济成本，并对环境产生极大的负面影响，更多的街道和停车场地会造成居民社区的相互分隔，促使城市蔓延。在城市中心区建设大规模的道路与停车场所还会造成市区内的交通拥堵及市区内大量汽车废气的污染，因而波特兰政府采用了大力发展公共轨道交通与慢行交通相结合的交通发展方式。

在确定城市交通发展方式之后，波特兰政府需要在促进社会公平的前提下，协调分配交通资源与有限的交通发展的资金以达到社会最大的利益。在该发展目标下，波特兰政府通过引入相关利益者参与到规划过程中，包括都市区政府、社区居民、商务机构、交通服务机构等，基于不同群体的发展诉求，制定了城市第一个交通系统规划，目的是为不同群体提供交通选择的机会（图 8-2）。

波特兰经验——精明增长的十项原则：功能混合的土地利用模式；重视建成区内的改造和更新开发；适度提高建筑密度与高度的建筑设计；能为不同收入者提供适合与优质的住房；交通规划与城市规划的紧密结合；市区内有舒适安全的步行系统；方便交往、具有亲情的社区，居民有归属感；基础设施建设符合环境保护要求；良好的城市管理，公开、公正、高效的管理过程；政府、企业、市民在发展建设中的紧密合作。

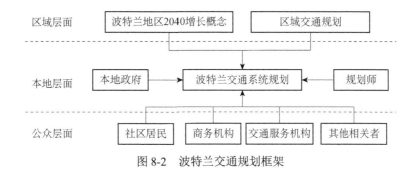

图 8-2　波特兰交通规划框架

8.2.5　马斯达尔生态城建设

为改变"世界上最不生态的国家"形象，阿拉伯联合酋长国于 2006 年在首都阿布扎比的马斯达尔新城区着手规划建设一个全新概念的"零碳城市"。计划耗资 220 亿美元，开发面积 6 平方千米，可容纳 5 万人口，城内 30%区域为住宅区，24%为商业或科技区，13%为轻工业区，6%为马斯达尔理工学院，19%为服务及运输区，8%用于文娱用途。由于处于热带沙漠气候的恶劣生存环境，客观上自然资源（如水、植物）匮乏和环境承载能力差，马斯达尔在进行城市设计与实践中，围绕碳中和、零废物的目标，采取了多项措施，从能源规划、建筑规划与设计、饮用水与污水管理、废弃物管理和交通规划等方面进行积极的实践探索。

8.2.5.1　高密度封闭城市建设

根据沙漠气候特点，建筑物间距设计小，利用遮阴街道和庭院为城市降温，改善步行环境，利用当地"围墙"的传统理念，封闭整个城市，以保护城市不受沙漠风沙侵袭。根据风向使建筑布局偏向西南方，优化阳光和阴影的平衡。马斯达尔城位于中东海湾南岸，属典型的沙漠气候，年降雨量极少，平均气温在 25℃以上，夏季的地表温度可高达 50℃。

"零碳城"的能源构成与利用主要有以下部分：沙漠里终年炙热的阳光是最丰富的清洁能源，为实现"去石油化"生态城提供了可能性；全城以阿拉伯露天市集为蓝图，遮阳篷其实是新式太阳能电池板，城内的电力由它提供，空调制冷由聚光太阳能提供，太阳能海水淡化工厂为饮用水源，可见太阳能几乎成为城区赖以生存的生命之源；城区外铺满了巨大的太阳镜，聚焦太阳能以驱动太阳能发电站运转；城区通过充分利用沙漠环境丰富的阳光和地热能，保证马斯达尔城的能源完全自给自足。

8.2.5.2　三层次交通方式

马斯达尔城在交通规划中放弃了传统的汽车交通，也就是说，所有来访者的汽车都必须停放在小城之外。在城区内，配备系统完善且布局合理的交通网络，从任何一个地方出发到最近的交通网点和便利设施的距离都不超过200米。除了最环保的步行方式外，市民还可以选择自行车和其他不"喝油"的交通工具。电车就是其中一种方便的公共交通工具，设计中的公共电车无人驾驶，并且在半空中的轨道上行驶，充满了未来城市的概念。

8.2.5.3　因地制宜，充分利用当地资源

为降低空调能耗，马斯达尔城内采用了多种绿色降温手段。首先，城内狭窄的林荫街道纵横交错。不过提供林荫的主要不是树木，而是由覆盖在城区上空的一种特殊材料制成的滤网。其次，城中将建设一种叫"风塔"的装置，利用蒸发冷却的方式形成一个天然空调系统。同时风塔设置监控设备，可显示整个城区内电能、水能消耗情况及风能利用情况等。再次，城中密布水体（海水引入）和喷泉以发挥降温增湿的作用。最后，城内街道设计得非常窄，道边密布城区的棕榈树和红树林可以减少阳光直射，增加阴凉。另外，对于建筑立面进行"模块化"处理，设计师强调一种可复制的"复杂性"——丰富的立面，可以用简单的方式来达成，无须费工费料。

城市建设所需建筑材料采用"当地获取"的政策。利用当地和可重复使用的环保材料，减少交通运输，以减少对环境的影响。规划了一个比现有效率高80%的脱盐厂，通过低能耗海水淡化和中水、污水回收，提供整个城市的淡水需求。

8.2.6　卡伦堡工业园建设

8.2.6.1　卡伦堡工业园的运作模式

全球产业生态学者最常引用的生态工业园区原型典范，是位于丹麦卡伦堡的发展案例。丹麦卡伦堡循环经济生态工业园是世界上最早和目前国际上运行最为成功的生态工业园，它将生产发展、资源利用和环境保护相互结合，形成了一套良性循环的工业园区建设模式（图8-3），同时也形成了一个能够充分发挥人的积极性和创造性的具有高效、稳定、协调、可持续发展的人工复合型生态系统。卡伦堡工业园有5家大企业与十余家小型企业，它们通过贸易的方式把其他企业的废弃物或副产品作为本企业的生产原料，建立起工业横生和代谢生态链关系，最终实现园区污染零排放，也通过这种方式把它们都联系在了一起，形成一个举世

瞩目的工业共生系统。该园区以发电厂、炼油厂、制药厂和石膏制板厂4个厂为核心。

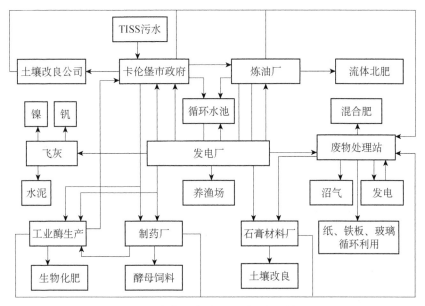

图8-3 卡伦堡生态工业园共生网络图

在工业园内,阿斯内斯火力发电厂是该园区产业链的核心。发电厂向炼油厂和制药厂供应了在发电过程中产生的蒸汽,使它们拥有生产所需的热能;再通过地下管道向卡伦堡全镇居民供热,这样使得镇上3500座燃烧油渣的炉子关闭,由此减少了大量的烟尘排放;供应中低温的循环热水,使大棚生产绿色蔬菜,余热经过生物净化处理,通过管道向发电厂输送,年输送发电厂70万立方米的冷却水,整个工业园区由于进行水的循环使用,每年减少25%的需水量。卡伦堡工业园区通过以上循环经济的实践,工业污染降低了,水污染减少了,浪费减少了,但利润却得到了提高。

园区内的管理人员队伍,在4个厂之间包括和园区以外的厂进行协调、组织、结算、监督,而且还对新的废物利用项目予以资金和技术的支持,这样能够有效地避免在物流、能流和信息流利益的动机驱动下,隐瞒危险排放废弃物、逃避废弃物排放税等会给社会造成巨大的危害的事情发生,即主要是通过对危险废弃物免征排放税,采取申报制度,使物流、能流和信息流优化配置,使循环生产有序进行。

卡伦堡工业园是在具体制度安排下、在其特定的资源背景下、在特定的企业技术经济关系下,形成的以闭环物质流为特征的循环经济发展模式,其不仅为世界循环经济发展提供了一个良好的发展范式,也为中国循环经济的发展,尤其是循环经济工业园的建设,提供了良好的经验与借鉴。

8.2.6.2 卡伦堡工业园成功的启示

借鉴卡伦堡工业园的成功经验，我们应着力构建具有中国特色的循环经济工业园。以下从五个方面对其进行阐述。

第一，应当明确中国循环经济工业园区的产业定位。这主要包括：将工业园定位为实现保护环境、节约资源、产业发展共赢的载体。

第二，应当明确园区的结构模式。园区内多家企业间相互以"废物"作为原料或者能源，形成产业链。

第三，政府应提供环境保障。政府应按照科学发展观的指导思想，以产业发展、资源利用和环境保护为目标，以市场为导向，以企业为主体，以经济效益为中心，以法律为保障，保持政策的可行性、一致性和连续性来制定法律和政策来保障工业园区。

第四，应当提升园区的科技发展水平。丹麦卡伦堡工业园能够成功发展的条件之一就是技术先进，有了技术就有了进步和改善的空间。

第五，应当着力培养企业及民众的循环经济意识和责任。对于企业生态道德的确立，最终还是要考虑其自身效益的提高。

卡伦堡工业园区是目前世界上工业生态系统发展循环经济典型的代表。这个工业园区的主体企业是发电厂、炼油厂、制药厂和石膏材料厂，以这四个企业为核心，通过贸易方式利用对方生产过程中产生的废弃物或副产品，作为自己生产中的原料，不仅减少了废物产生量和处理费用，还产生了很好的经济效益，使经济发展和环境保护处于良性循环之中。卡伦堡生态工业园的产生是自身发展演化的结果，是在丹麦的具体制度安排下、在卡伦堡地区特定的资源背景下、在特定的企业技术经济关系下形成的，在这些条件下先发展循环经济本身具有经济效益和社会效益。钦州广义城市生态创新与卡伦堡模式既有相同之处又有不同之处，卡伦堡模式是可以借鉴的。

8.3 案例对比、总结与启示

8.3.1 国内相关案例的对比分析

有关经济生态指标如表 8-4 所示。

表 8-4　经济生态指标

指标	贵阳观山湖区	深圳大鹏半岛	惠山城铁新城	临安
产业	观山湖区位于贵阳市西北部。2014年，被中国中小城市科学发展评价体系研究评选为全国"投资潜力百强区"，是贵阳国际会展中心所在地	高新技术产业、现代金融业、现代物流业三大支柱产业占GDP的比重增加，第三产业比重上升	新兴产业逐渐占领主导地位，确立了风力发电设备、光伏、生物医药、汽车零部件四大支柱产业	在传统的第一、第二、第三产业基础上，再增加"第零产业"和"第四产业"，形成由五次产业构成的产业体系
建筑	新城建设、低碳建筑		低碳建筑	
交通	集约高效的交通模式	绿色交通体系	低碳交通	绿色出行

以产业为对象，对比分析贵阳观山湖区、深圳大鹏半岛、惠山城铁新城、临安产业生态系统的联系，并从中汲取好的经验与方案，推动钦州产业生态系统更好更快地发展。

深圳是世界上产业化和城市化高速发展的城市，工业和服务业在深圳经济中占有重要地位。改革开放以来，经济增长和社会进步取得了令人瞩目的成就，产业结构和产业布局也逐步得到优化。

8.3.1.1　支柱产业规模持续扩大

2016年，高新技术产业、现代金融业、现代物流业三大支柱产业增加值占GDP的比重增加。其中，高新技术产品产值6560.02亿元，比上年增长12.2%，尤其是具有自主知识产权的高新技术产品产值达到62%。

交通运输物流业快速发展。一是全年深圳港港口货物吞吐量达21 409.87万吨，完成集装箱吞吐量2397.93万标箱，连续4年保持全球集装箱港口第3位。二是深圳机场已开通国内航线154条、港澳台地区航线4条、国际航线30条。全年机场旅客吞吐量4197.1万人次，同比增长5.7%。货邮吞吐量112.57万吨，同比增长11.0%；起降31.86万架次，同比增长4.3%。

金融和保险市场迅猛发展。全市国内金融机构年末统计人民币各项存款余额57 793.3亿元，比上年增长11.6%；贷款余额34 034.29亿元，增长25.4%。保险机构(含外资机构，下同)年末统计全年保费收入834.45亿元，比上年增长28.9%。

深圳市支柱产业规模的迅速扩展，对产业结构和模式以及深圳市的经济发展都做出了很大的贡献。

8.3.1.2　工业适度重型化战略全面启动

2016年，深圳市生产总值突破19 492.60亿元，比上年增长9.0%，产业适度重型化成效显著。比亚迪汽车研发中心建成启用，F6汽车正式下线，哈飞、标致合资项目积极推进，汽车产业集群及相关产业链初步形成，优势传统产业集聚基地建设加快。以发展汽车、精细化工、装备制造、生物医药为重点的工业适度重型化战略全面启动，工业生产稳步增长，第三产业比重上升。

8.3.1.3 生态产业体系建设初见成效

按照《深圳市循环经济"十三五"规划》，深圳市各区、各部门在产业发展、城市建设、社会管理方面认真践行循环经济理念，启动了一批循环经济试点项目，循环经济推广月活动和建筑节能示范试点全面展开，在重点行业或领域逐步形成了一批资源节约型、清洁生产型、生态环保型的企业和工业园区，生态产业体系建设等方面都初见成效。

对于将来大鹏区域产业生态系统的建设与发展，我们得出以下启示：①加强产业链建设，建立大鹏区域产业共生网络；②加强产业共生网络稳定性的管理；③发挥市场机制的作用，利用产业生态系统的自组织功能；④注重完善信息传递机制，增强区域产业生态系统信息透明度；⑤坝光产业的高息科技产品定位。

产业生态系统是实现产业生态化的有效手段，可以实现良好的经济效益和环境效益。因此，构建大鹏区域的产业生态系统可以成为保障区域生态安全的有效手段。但在产业生态系统构建的过程中，要加强产业共生网络稳定性和效益的分析，及时识别影响产业共生网络稳定运行的因素，并实施危机前管理，同时对于产业共生网络的经济和环境效益及时进行核算，要坚持大鹏半岛"保护与开发并重，保护优先"的原则，在发现产业发展对生态安全有不利影响时，及时发出生态安全预警，以避免产生产业生态系统"只经济不环保"的不利影响，切实实现大鹏区域又好又快发展。

鉴于目前生物质能、生物医药、新材料及新能源具有良好的发展前景，并且在惠山区及整个无锡市有稳定的产业基础，新城将从以下方面入手，并在此基础上融合先进的低碳生态技术，走生态工业的发展道路。

（1）发展生物质能产业，推动新能源应用。依托江南大学环境与土木实验中心，在该产业领域进行研发设计，推动生物质能等新能源在新城范围内的应用，并通过新城辐射到周边地区，甚至整个无锡市，开创全国先进的生物质能应用示范新城。

（2）以生物医药、新材料等在惠山区有一定产业基础的产业为主导产业，保持新城长远的发展前景，带动区域经济的发展。

（3）发展低碳生态技术的相关产业，支持新城生态工业的长足发展，如食品安全卫生检测与评价体系设计、低碳生态技术设计、绿色供应链系统设计、产品设计、建筑设计等，为生态工业的发展提供理论依据及技术支撑，并形成新城的特色产业。

城铁新城低碳产业发展策略：①政策引导。政府设置专门推进低碳经济的部门，把低碳经济的推进工作上升到政府的主要工作职能；制定并组织实施工业节能中长期规划，制定相关支持政策；推进节能监察、能效管理、合同能源、节能培训、节能技改等工作；制定低碳产业政策；推动合同能源管理；加强低碳技术保障；开展区域与国际合作。②市场驱动。构建碳交易平台，培育碳金融市场。在引领低碳节能减排和经济增长方式转变中，碳市场将发挥不可替代的作用，与一般金融活动相比，碳交易还是紧密连接了金融资本和基于绿色技术的实体经济。③企业社会责任。企业推行企业社会责任项目，削减企业碳足迹。企业把落实节能减排作为对国家和社会的承诺，建立从上到下的节能减排组织体系。新城内部企业建立企业社会责任合作机制，全面实施确保节能减排工作更高效。

在构建生态文明时代的产业体系中，临安市新增以环境建设为目的的"第零产业"和专门从事废弃物资源化、无害化的"第四产业"，使自然环境的保护和建设成为经济运行的组成部分，从而在保护环境的同时产生经济社会效益。

临安市发展"第零产业"的必要性。

（1）临安市自然生态保护与经济、社会发展之间矛盾日益尖锐。

（2）欧美发达国家的发展历史表明：传统的三次产业不能从根本上解决人类发展带来的环境问题。因此，处于工业文明发展阶段的临安市依靠现有的产业自身不能解决发展过程中带来的环境生态问题，必须调整传统的产业结构，转变发展模式，构建以环境建设为目的的"第零产业"。

（3）"第零产业"是新的经济增长点，可以促进就业和增加收入，也可带动相关产业的发展，完善临安市的产业链。临安市"第零产业"发展的起步阶段应以政府投入和引导为主，逐渐培育市场，强力打造能够持续、稳定运行的市场机制，形成以政府与市场双轮驱动、行业协会参与的临安特色的"第零产业"，使其成为临安市的朝阳产业，保障第一、第二、第三、第四产业的健康发展。依据临安市的生态资源、产业基础和未来的发展方向，其"第零产业"近期、中期和远期共筛选出六个重点发展行业。近期重点发展水源涵养业、山核桃土壤修复业和碳汇业，这三个产业是临安市"第零产业"较容易实施和实现市场化运作的行业，同时，探索森林游憩建设业的发展机制；中期重点发展森林游憩建设业，由于其单项服务功能价值难以准确货币化，根据临安市现阶段情况，比较适合在近期重点行业的市场经验和带动下发展，同时，探索养生、房地产、污水处理及回用有关的"涉零产业"的发展机制；远期重点发展养生和房地产两个"涉零产业"，由于养生和房地产属于森林生态系统综合服务功能的间接消费，它们的生态服务功能价值更难准确货币化，其相应的"涉零产业"更适合在中期森林游憩建设业生态服务功能价值准确评估的基础上发展。因此，近期探索阶段水源涵养、山核桃林土壤修复和碳汇三个行业为本规划的重点。临安市森林覆盖率占 76.6%，得天独厚的生态资源是临安市发展水源涵养业的良好基础（图 8-4）。

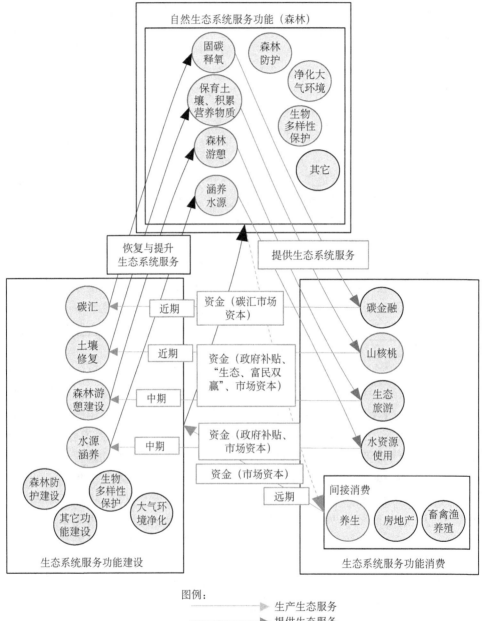

图 8-4 临安市"第零产业"运行模式图

临安市发展"第四产业"的必要性：发展"第四产业"是传统产业中减排、增效环节向专业化、规模化延伸的必然选择；发展"第四产业"是突破未来发展瓶颈的战略安排。《临安市国民经济和社会发展第十一个五年规划纲要》中明确提出"加快生态市建设，打造资源节约型和环境友好型社会"，一手抓环境保护，一手抓经济发展，初步探索如何构建生态经济体系。临安市各镇街开展的调研结果表明，临安市发展"第四产业"的各个重要节点和突破点已初步具备发展规模和条件，甚至某些特色产业已有运营成功的典范企业，包括一些污水处置与回用、山核桃蒲壳资源化、节能灯管玻璃及废汞回收等企业。

钦州市实施差异化、低成本的发展路径。与南（宁）北（海）防（城）错层、错位发展，积极吸引粤港澳等沿海发达地区产业转移，与东盟国家加强产业合作。

不同发展阶段，产业发展主导动力往往不同。目前，钦州市在产业选择上，应有一定的参选标准。

（1）增长极带动：当前钦州市产业发展的突出优势在于临港产业，故应以临港产业为导向，充分体现临海、临港的区位优势和保税港区带动的物流发展产业特色，发挥其辐射带动作用。

（2）区域协调：按照区域产业合理分工、促进产业聚集发展的原则，产业选择应注重与北部湾其他城市的配套，实现优势互补和错位发展，体现自身产业优势和特色。

（3）立足基础：借助新兴产业的发展持续提升钦州市原有的优势企业，在符合钦州市整体发展方向和与现有产业形成关联的基础上，形成优势产业的梯次升级和战略布局。

（4）环保优先：充分考虑钦州市的城市定位、生态功能、资源承载力和环境容量，尽可能降低工业和相关服务业发展对生态环境的不利影响。

（5）生态导向-生态工业区理念的应用：以可持续发展战略、循环经济理念和生态工业区建设原则为指导，以建设循环经济体系为目标，立足于钦州市经济及社会发展现状，结合已有的工业区发展规划，把循环经济产业体系构建和生态工业建设整合起来。

钦州市主导产业为石油化工业、食品加工业、林浆纸工业、能源工业和仓储物流业，潜在的主导产业有船舶制造业、新材料研发、信息工业产业和商贸服务业。关联产业：精细化工与专用化学品制造、塑料加工业、纺织服装业、环保产业、机械制造业、房地产业、旅游业等。实施工业向园区集中的发展策略，以工业园区为载体，培育特色产业集群，承接国际制造业转移，集约利用土地资源，走新型工业化道路，形成与市域城镇体系结构相协调、工业化与城市化良性互动的区域产业园区体系。依托钦州市开发开放优势，促进以口岸服务业、物流业为重点的现代服务业的发展，辐射带动市域商贸业、旅游业等的发展，提升服务业发展水平，规划形成综合性服务中心和专项服务业中心构成的三产发展总体空间格局。

以环境保护为对象，对比分析贵阳观山湖区、大鹏半岛、惠山城铁新城、临安在开发新能源、污染控制方面的政策与技术的异同（表 8-5），并从中汲取好的经验与方案，推动钦州市更好更快地发展。

表 8-5　自然生态指标

指标		贵阳观山湖区	大鹏半岛	惠山城铁新城	临安
水资源		位于贵阳观山湖区的观山湖和百花湖不仅成为该地区重要的生态资源，而且"绿水青山就是金山银山"，通过 UERI 表明，其水资源也为该地区的社会、经济和资源环境做出实际贡献	大鹏湾、大亚湾两大水系及一些中小型水库	全区 8 条省、市级河道	临安市是太湖和钱塘江两大水系的源头，南苕溪、中苕溪属太湖流域；天目溪、昌化溪属钱塘江流域
森林资源		丰富的亚热带资源，尤其是经过 UERI 研究论证的公有街道树木，为该地区做出了重要的贡献	深圳大鹏半岛排牙山和七娘山两个森林生态系统	—	—
环境保护	污染控制	水质、空气质量、声环境、固体废弃物、陆域、海洋污染控制	水资源指标、空气污染指标	节能照明、中水回用、噪声控制	水、固体废弃物、大气、噪声污染控制
	清洁能源	大力发展生物质能、风能、潮汐能、非粮燃料乙醇等清洁能源和可再生能源		光伏和风能、太阳能、生物质能等新能源	节能灯
自然生态保护		该地区拥有贵阳市重要的广义生态资源，其生态文明和资源保护在全国领先	大鹏半岛自然保护区	锡北运河湿地公园	2 个国家级自然保护区，一个国家级森林公园——青山湖，省级自然保护小区 12 个，市级自然保护小区 1 个

资料来源：宋雅杰、刘丰果根据相关文献整理。

深圳大鹏半岛的建设目标是成为具有国际一流水准的生态型滨海旅游度假胜地，故大鹏半岛的发展首先要保护良好的生态与景观资源，维护生态系统平衡。纪大伟等提出，半岛在建设节约型社会与发展循环经济方面，应引进节水、节能、中水回用和垃圾分类收集等先进设施；优先建设葵涌、大鹏和坝光污水处理厂，建设西冲、东冲等地区应急性污水处理设施，开展王母河水环境治理工程；引进以清洁能源为动力的公共交通工具；限期搬迁重污染企业等。为推进"魅丽深圳"建设，保护这片生态"净土"，大鹏新区决定遵循自然规律、在因地制宜和因损施策的基础上，采取多种措施实行生态灾害综合防治，针对山体破坏、裸露边坡、林相单一、生态效率较低等问题全面开展生态修复重建结构更加稳定、效益更加优化的生态系统。大鹏新区已制定淘汰低端产能方案，引导现有部分污染较严重的企业和项目转移。政府对大鹏新区的要求和发展目标，就是以生态保护为主，不考核经济指标，特别是 GDP 增长指标，坚持任何开发行为都要在保护的基础上进行。

惠山区为在"十二五"末实现Ⅲ类水体 60%的目标，需从以下几方面重点加强，如控源截污、河流清淤、调活水系、生态修复、点源监管、健全长效管理机制等。惠山区大力完善基础设施建设，实现污染控制和资源循环利用。目前，日处理生活和工业污水已超 5 万吨，已经建成收集污水管网 100 千米，服务面积 39 平方千米，服务人口 20 万。同时，污水处理厂安装了智能排污自动监控装置，可远程操作企业排水阀门开关。开发区内的生活垃圾也已实现了垃圾分类袋装化，收集后的生活垃圾经过压缩后，运往无锡惠联垃圾热电公司进行无害化处理。该公司利用生活垃圾焚烧余热发电，发电后产生的蒸汽则供给周围工厂用热。

惠山区发挥资金、政策等方面的优势，为新能源产业发展鸣锣开道：实施政产学研合作，全区每一个涉足光伏、风电产业的企业，都通过与科研院所的合作"借梯登高"；风电科技产业园为全区风电产业发展搭建了一个广阔的发展平台；惠山区与中国科学院电工研究所共建太阳光伏电子系统和风电系统检测和认证中心，成功引进国内最大的汽轮机大叶片制造中心等。2010 年，惠山区风电和光伏两大产业销售收入突破 200 亿元。目前，惠山区在光伏和风能两大新能源领域已形成完整的产业链。全区基本形成了包括硅棒拉制、切片、太阳能电池及组件、光伏发电系统应用在内的太阳能光伏产业链，拥有中彩科技、惠联高佳、尚品、鑫宝矽晶微粉等一批新兴光伏企业，年产单晶硅片 1800 万片、太阳能电池组件 150 兆瓦，电池片 80 万片。在风能领域，惠山区目前有瑞尔竹风、桥联冶金等 18 家设备研发和生产企业，包括塔杆、轴承座、齿轮箱、法兰、风叶、轮毂、调速电机等风能设备配套率达到 70%，年销售预计将达 10 亿元。此外，被誉为惠山光伏产业"四朵金花"的尚品太阳能、中彩科技、惠联高科、鑫宝矽晶 4 家企业，也已基本形成了包括硅棒拉制、切片、太阳能电池及组件、光伏发电系统应用在内的太阳能光伏产业链，成为无锡市光伏产业发展的重要力量。

　　高虹镇是临安市的节能灯生产基地，近年来通过户带户、村帮村，大力发展家庭个体私营节能灯企业，已经形成了"基础在一家一户，规模在千家万户"的产业集群。"高虹"这一地名成了节能灯品牌。为了提升临安市节能灯品牌价值，减少环境污染，必须克服企业规模小、技术装备水平低、产业化程度不高、布局分散、整体竞争力弱的问题，采取"扶大控小"（扶植大企业控制小企业）的方式，实现从分散型向集聚型、从个体企业向规模化、从粗放型管理向集约型管理的转变。目前，临安市节能灯产品主要集中于普通灯管，尚无整灯生产企业，对于LED灯的研发目前刚刚起步。应将高附加值的产品列为临安市节能灯行业未来的主导产品，政府加大扶持力度，以带动临安市的产业转型。为了尽快改变临安市相关企业对节能灯生产所产生的各类危险废物的收集与贮存不符合危险废物收集和贮存技术规范的要求，各节能灯企业加紧建立节能灯生产的全过程管理模式，从危险废物的产生、收集、贮存到处置的全过程加强环境监管。在政府的政策扶持和监管下，成立临安市节能灯行业协会，指导节能灯生产企业的规模整治、节能改造、产品升级和废弃物管理与处置（图8-5）。

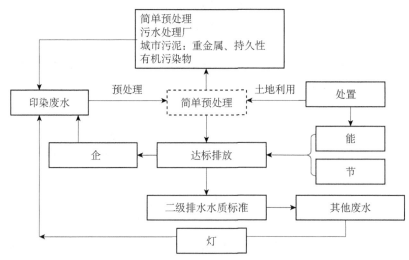

图8-5　节能灯行业协会运作模式

　　成立固体废物管理中心，建立废物交换信息平台。对全市固体废物进行全方位、全过程的监控，促进固体废物循环利用，防止固体废物特别是危险废物的非法转移，将固体废物管理工作推上一个新台阶。

　　以城市文化为分析对象，分析比对各个城市不同文化背景下的城市建设和发展（表8-6），为贵阳观山湖区塑造文化城市提供好的借鉴。

表 8-6　社会生态 IUEI 相关案例比较一览

指标	贵阳观山湖区	大鹏半岛	惠山城铁新城	临安
城市文化	山地文化、历史文化、生态文化、民俗文化	海洋文化、乡土建筑文化、咸头岭文化	惠山泥人、祠堂群文化	吴越文化、茶文化
旅游	观山湖区的观山湖和百花湖为贵阳市的重点旅游资源	建设滨海旅游度假区	以惠山古镇为主体，建设与保护世界文化遗产旅游点	向"引导性"生态旅游转变
城乡建设	城乡统筹发展			城乡一体化

大鹏半岛位于深圳东南部，区域内有 100 多个传统村落留存至今，大多规模较小，空间格局简单。传统村落作为村落变迁证物的历史价值，凝聚时代和地域特征的文化价值，具有沉淀历史和田园风光的景观价值，融于山林的生态环境价值等。隐藏其中的文化价值是传统村落的核心价值，是传统村落独特性的根本所在。乡土建筑和传统村落是特定人群与特定的自然和社会环境相博弈而产生的特定的文化成果。

无锡惠山泥人作为"最具有东方色彩的民间彩塑艺术"，是自然条件和社会环境相交织的成果。惠山泥人的兴起，与惠山祠堂群有着密切的关系。惠山一带山清水秀，自允许民间联宗立祠，惠山祠堂建筑就开始崛起，出现了牌坊高耸、祠堂林立的局面。与其他祠堂由族内人员看管不同，惠山的祠堂是雇佣族外人来看管，这些人被称为"祠丁"。祠丁生活清苦，其薪资不能维持生活。故在闲暇时制作一些泥人出售来补贴生活。随后，惠山泥人作坊越来越多，顾客欣赏品位的提升使得泥人工艺越来越精巧，名传四方。2006 年 5 月，惠山泥人入选第一批国家级非物质文化遗产保护名录，极大地促进了对惠山泥人的传承和保护。在漫长的历史长河中形成的非物质文化，蕴涵着丰富的政治、经济、社会、历史、文化信息，是一个民族的精神财富，也是社会得以延续的命脉和源泉。周和平在非物质文化遗产保护国际学术研讨会开幕式上的讲话中提到："一个民族的非物质文化遗产，往往蕴涵着该民族传统文化的最深根源，保留着形成该民族文化身份的原生状态，以及该民族特有的思维方式、心理结构和审美观念等。"为了惠山泥人的传承和发展，在保证真实性、整体性和传承性的基础上，鼓励传承人提高生产能力。同时政府要为惠山泥人组织生产、授徒传艺、展示交流等活动创造条件，积极为代表性传承人提供技艺展示、产品销售的渠道和平台，因地制宜地建立惠山泥人非物质文化遗产传习基地和面向社会公众开放的文化展示馆。同时，培养新一代传承人，对无锡惠山泥人传统文化元素进行提炼和创意设计，制作出更加符合新时代审美观念的要求的新产品及文化衍生产品，使无锡惠山泥人真正做到活态传承。对惠山泥人这一非物质文化遗产的保护和发展，对于促进和维护世界文化的多样性、创造性，促进人类共同的发展，建设社会主义先进文化和建设全面发展的社会主义和谐社会具有重大的现实意义。

无锡惠山祠堂群，目前已进入世界文化遗产待选范畴，这将成为无锡在传统文化方面的一张"王牌"。无锡惠山老街祠堂群以其浓缩的中国祠堂谱牒、堂号文化在国内独树一帜，是中华祠堂文化的"活化石"，体现了忠孝节义的儒教文化价值观，对中华谱牒学及祠堂文化研究起着重要作用，是国内乃至世界独有的文化现象。在惠山祠堂群的保护上，全力凸显祠堂群遗存，强化祠堂文化的典型性、代表性和人类文化活动的可持续性，重点突出祠堂群的唯一性、独特性，保护祠堂群形成、发展、演化的社会历史背景和历史文化环境，保护与祠堂群文化共生和衍生的历史文化遗存。

纵观以上海为龙头的长江三角洲都市群，作为长江三角洲都市圈中的临安市如何能从中脱颖而出？如何找准自己的定位？创建吴越文化名城是很好的战略选择。以文化名城为主体，对全市文化资源进行整合，共同打造临安文化的整体优势，从而提升区域形象竞争力，促进临安经济和社会跨越式发展。从一般意义上讲，吴越文化包含春秋时期吴国和越国的文化，泛指吴越地区即吴语地区的文化，包括吴越两国之前的古越文化，也包括吴越两国之后的各个历史阶段在该地区内存在发展的文化。绍兴等地也都提出传承吴越文化的口号，故临安为避免与其他城市产生雷同，突出其个性和特色，将吴越时期的钱王文化作为重点来发展。临安是钱王故里，钱王文化在此发生发展，影响广泛，是其他任何一个城市都不能比的。钱王文化相关的遗存包括：①钱王陵园，省级重点文物保护单位；②功臣山，目前浙江省内发现规模最大的钱王遗址之一；③钱王四喜鼎，临安特产美食之一，典出钱王。创建吴越文化名城的有力措施：①将文化理念融合到城市规划、建设、管理等各项工作中；②出台文化经济政策，注重体制和机制创新；③做好吴越名城的策划、宣传、公关等工作，全力打造吴越文化品牌；④主流特色文化钱王文化与其他各个历史时期的吴越文化及其支流文化相辅相成，共同发展。

结合我们在钦州市开展的 IUEI 项目，显而易见，文化城市是具有生命力的城市，钦州市有 1400 多年的历史，建设"文化钦州"，就是要站在新的历史起点上，进一步推动钦州文化的发展和繁荣。钦州市委党校副校长郭世松认为，建设文化钦州是增添城市魅力、助推城市腾飞的必由之路；建设"文化钦州"是弘扬城市精神、展示城市形象的务实之举。钦州市是具有鲜明特色和独特魅力的岭南古城、英雄故里、海豚之乡、坭兴陶都。钦州市还拥有中国楹联第一村"灵山大芦村"、浦北大朗书院等具有岭南风格的古建筑群，采茶、跳岭头、八音、烟墩大鼓等形式多样的具有北部湾地区特色的民间艺术。中国民族英雄——刘永福、冯子材的故居就坐落在钦州市，他们的爱国主义精神时刻激励着钦州人民保家卫国的坚定步伐。在《钦州市国民经济和社会发展第十一个五年总体规划及 2020 年远景目标纲要》中，明确指出加强文化建设要培育文化品牌，锻造文化精品，建设"文化钦州"。要挖掘钦州历史文化资源，打造"刘冯文化"、"陶艺文化"等一批文化品牌，培育和开发民间民俗文化。

在新机遇、新形势、新要求下，郭世松提出为加快文化钦州的建设需要：①大力弘扬钦州精神，铸造文化钦州灵魂；②完善公共服务体系，夯实文化钦州基础；③加快产业发展步伐，增添文化钦州实力；④营造文化建设氛围，树立文化钦州品牌。

8.3.2 国际相关案例的对比分析

8.3.2.1 国外生态城市建设的趋势

目前国外生态城市开发已经从传统的小城镇延伸到一些开发时间较长、城市空间较大、产业形态复杂的国际大都市。这些城市不仅包括发达国家的城市，也包括发展中国家的城市。纵观这些城市的生态环境建设过程，我们可以发现以下几大趋势。

一是发展紧凑型城市。紧凑型城市强调混合使用和密集开发的策略，使人们居住在更靠近工作地点和日常生活所必需的服务设施周围。其不仅包含着地理概念，更重要的是强调城市内在的紧密关系及时间、空间概念。紧凑型城市的思想主要包括高密度居住、对汽车的低依赖、城乡边界和景观明显、混合土地利用、生活多样化、身份明晰、社会公正、日常生活的自我丰富等八个方面。在蒂姆西·比特利看来，紧缩的城市形态无疑是生态城市得以实现的良好基础。土地的集约化利用，不仅减少了资源的占用与浪费，还使土地功能的混合使用、城市活力的恢复及公共交通政策的推行与社区中一些生态化措施的尝试得以实现。可以说，紧凑型城市开发模式的目标是实现城市的可持续发展。

二是以公共交通为导向开发。国外的一些生态城市在实践中都采取了一些创造性的改革措施以解决城市中人们过度依赖机动车所带来的局限及环境问题。确保城市公共交通的优先权是公共交通导向的主要原则，基于此，快速公共交通和非机动交通得到大力发展，私人小汽车的使用率有所降低。以公共交通导向为城市开发规划模式的巴西库里蒂巴市，城市化进程迅速，人口从 1950 年的 30 万增加到 1990 年的 210 万，但它在快速的城市化进程中却成功地避免了城市交通拥堵问题的产生。

三是生态网络化得到重视。国外的生态城市，尤其是一些亚洲和欧洲的城市，所进行的城市生态环境改善的实践值得人们特别关注。德国的弗赖堡把环境保护与经济的协调发展视为整个城市和区域发展的根本基础，制定了可行的环境规划、城市规划、能源规划和气候保护规划。日本千叶市高度尊重原有自然地貌，在城市地区对湖泊、河流、山地森林等加以精心规划并与市民交流活动设施紧密结合，辅之以相应的景观设计，形成了十几个大小不一、景观特色各异、均匀分布于城区的开放式公园。由于城市生态系统的网络化，生态系统与城市市民休闲娱乐空间规划得以紧密地结合起来。

四是引入了社区驱动开发模式。生态城市的成功最终是要依靠社区居民来实现的。社区驱动开发模式与公众参与密切相关，强化了公众作为城市的生产者、建设者、消费者、保护者的重要作用。新西兰的维塔克在生态城市蓝图中阐明了市议会和地方社区为实现这一前景所需要采取的具体行动，明确了市议会对生态城市建设的责任、步骤和具体行动。

五是大量采用绿色技术。国外的生态城市在开发过程中，将城市纳入生态系统中的主要组成部分加以考虑，高度重视城市的自然资源。可再生的绿色能源、生态化的建造技术同样在生态城市建设中得到了倡导。日本大阪市利用了大量最新技术措施来达到生态住宅的理想目标，如太阳能外墙板、中水和雨水的处理再利用；设施、封闭式垃圾分类处理及热能转换设施等。西班牙马德里与德国柏林合作，重点研究、实践城市空间和建筑物表面用绿色植被覆盖，雨水就地渗入地下等技术。同时还推广建筑节能技术材料，使用可循环材料等。这些举措改善了城市生态系统状况。

8.3.2.2 对中国城市建设的启示

通过对国外典型城市规划的总结对比，中国城市建设可以从中得到以下几点经验。

（1）城市规划要坚持低碳生态导向。借鉴新加坡公共交通导向的综合组团开发模式，中国城市规划要依据公共交通导向、土地利用疏密有致、居住与就业相邻、公共设施综合配套、生态绿地系统串联、空间结构可弹性增长等原则，走生态导向的变革之路。低碳生态导向的规划变革是深刻且系统的，涉及总体规划、控制性详细规划、修建性详细规划等各阶段城市规划的制定和管理。针对传统规划的核心任务，应在减少资源能源消耗、降低环境影响负荷、实现生产生活"低碳生态"等方面，做出系统考量和综合安排，以实现自然、经济、社会系统的综合平衡。针对城市规划工作方法变革，最为关键的是总体规划阶段的生态资源敏感意识和资源能源发展战略，控制性详细规划阶段的生态指标融入和落实，以及修建性详细规划阶段的生态城市设计方法运用。

（2）城市建设要坚持"功能""绿色"目标。城市建设要以城市规划为依据，最终服务于城市发展。在迈向生态文明的时代，城市建设应坚持"两条腿"走路：

一要增强城市载体功能，二要坚持绿色发展。据此，创建低碳生态城市的重点在于建设"绿色基础设施"（green infrastructure），其目标有三个：维持生态系统平衡、保障居民社会福利、挖掘创造经济价值。要按照"节能、节水、节材、节地和环境保护"的要求，以系统的配套政策、多元的投资体制、多样的合作方式，积极推进绿色基础设施建设，以实现"功能"和"绿色"目标。

（3）城市管理要坚持立法完备、执法严格、全民参与。从以上城市，特别是新加坡的经验来看，城市管理的本质是对各方利益的协调，通过减少各利益方的机会主义行为，实现城市公共利益最大化，从而最大限度地减少城市问题的发生。完备的环境立法是管理的根本，要依法管理，严格执行城市管理规定，强化管理的负激励，把城市建设成"fine cities"（双关，取"美好之都、罚款之都"之意）。要建立健全城市管理监督考核机制，大力推进城市管理法制化、科学化、现代化和精细化。同时，开展全民环境教育，提高公众环境意识和社会责任是解决长期以来问题的关键。可见，实现城市发展的低碳生态化过程，需要完善政策体系与管理体系，创建一个由政府、企业、社会组织和公民三方互动的管理模式和相应配套制度。

（4）城市发展要以建设"资源节约型、环境友好型"为目标。上述城市在城市建设中所采取的措施主要针对环境保护和资源利用方面，这恰好与中国"资源节约型、环境友好型"社会（简称"两型"社会）的建设目标相吻合。因此低碳生态城市发展应以"两型"社会为目标。在资源利用方面，坚持资源开发与节约并重，把节约放在首位的方针，以提高资源利用效率为核心，大力发展循环经济，逐步形成资源节约型的经济发展方式和生活消费模式；在能源利用方面，立足自身资源禀赋，因地制宜地开发利用太阳能、地热能、风能、海洋能、生物质能等新能源，优化能源结构，控制能耗总量，构建低碳能源消费体系；在环境保护方面，坚持预防为主、防治结合，强化从源头防治污染和保护生态，大力推行清洁生产，努力实现废物的循环利用，严格控制污染物排放总量，减少环境污染物排放，使城市发展在城市生态系统的承载能力的范围内。

8.4　国内外经验对钦州市广义生态城市建设的启示

前面提到的这些城市，在土地利用模式、交通运输方式、社区管理模式、城市空间绿化等方面进行了有益的探索，为世界其他国家的生态城市建设提供了范例，对于钦州市广义生态城市建设也有着重要的借鉴价值，我们可以得到如下启示。

8.4.1　城市生态环境承载能力是城市发展的重要基础

从生态学角度来看，城市发展及城市人群赖以生存的生态系统所能承受的人类活动强度是有限的，也就是说，城市发展存在生态极限。建设生态城市，实现城市经济社会发展模式转型，必须坚持城市生态承载力原则，科学地估算城市生态系统的承载能力，并运用技术、经济、社会、生活等手段来保持和提高这种能力，合理控制与调整城市人口的总数、密度与构成，综合考虑城市的产业种类、数量结构与布局，重点关注直接关系到城市生活质量与发展规模的环境自净能力与人工净力，关注城市生态系统中资源的再利用问题。

8.4.2　广义生态城市建设需要加强区域合作和城乡协调发展

一个城市只注重自身的生态性是不够的，只想着自己的发展，不惜掠夺外部资源或将污染转嫁于周边地区的做法是与生态化发展理念背道而驰的。城市间、区域间乃至国家间必须加强合作，建立伙伴关系，技术与资源共享，形成互惠共生的网络系统。

8.4.3　广义生态城市建设需要有切实可行的规划目标作保证

国外的生态城市建设都制定了明确的目标，并且以具体可行的项目内容作为支撑。面对纷繁复杂的城市生态问题，国外生态城市的建设从开始就注重对目标的设计，从小处入手，具体、务实，直接用于指导实践活动。美国的伯克利被誉为全球生态城市建设的样板，其实践就是建立在一系列具体的行动项目之上，如建设慢行车道，恢复废弃河道，沿街种植果树，建造利用太阳能的绿色居所，通过能源利用条例来改善能源利用结构，优化配置公交线路，提倡以步代车，推迟并尽力阻止快车道的建设等。清晰、明确的目标，既有利于公众的理解和积极参与，也便于职能部门主动组织规划实施建设，保证了生态城市建设能够稳步推进并不断取得实质性的成果。

8.4.4　广义生态城市建设需要以发展循环经济为支撑

从某种意义上讲，发展循环经济是实现城市经济系统的生态化的重要支撑力量，是建设生态城市成功与否的关键。将可循环生产和消费模式引入生态城市建设过程是生态城市建设的重要内容。日本的九州市从 20 世纪 90 年代初开始实施以减少垃圾、实现循环型社会为主要内容的生态城市建设，提出了"从某种产业产生的废弃物为别的产业所利用，地区整体的废弃物排放为零"的构想。澳大利亚的怀阿拉市则制定了传统的能源保证与能源替代、可持续的水资源使用和污水的再利用等建设原则，解决了长期困扰该市的能源与资源问题。

8.4.5　广义生态城市建设需要有完善的法律政策及管理体系作基础

国外的生态城市目前均制定了完善的法律、政策和管理上的保障体系，确保生态城市建设得以顺利健康地发展。这些城市政府通过对自身的改革，包括政府的采购政策、建设计划、雇佣管理及其他政策来明显减少对资源的使用，从而保证城市自身可持续性的发展。并且，在已有的生态城市经济区内，很多城市政府已认识到可持续发展是一条有利可图的经济发展之路，可以促进城市经济增长和增强竞争力。例如，一些国外城市建立了生态城市的全球化对策和都市圈生态系统的管理政策等。这些都给予了生态城市快速健康发展强有力的保障和支撑。

8.4.6　广义生态城市建设需要有公众的热情参与

国外成功的生态城市在建设过程中都鼓励尽可能广泛的公众参与，无论是从规划方案的制定、实际的建设推进过程，还是后续的监督监控，都有具体的措施保证公众的广泛参与。城市的建设者或管理者都主动地与市民一起进行规划，有意与一些行动团队特别是与环境有关的团队合作，使他们在一些具体项目中既能合作又能保持相对独立。这种做法在很多城市收到了良好的效果。可以说，广泛的公众参与是国外生态城市建设得以成功的一个重要环节。

从上述生态城市的典型案例中可以看出，生态城市既需要良好的"硬环境"，又需要人与人之间和谐共处的"软环境"。优美的环境是公众对生态最基本的要求，不论是像温哥华、新加坡一样的大都市，还是如同阿拉伯联合酋长国的马斯达尔生态城这般实验社区。政府在如何创建优美宜人的居住环境上均下足了功夫。生态城市应具备完备的物质基础，包括城市公共设施、交通、住房、安全、减灾、就业、就医、福利等各个方面，这是生态城市的硬件设施，也是生态城市建设的必然阶段。同时，重视对城市生态的内涵建设，强调城市的人文环境和文化氛围。如温哥华在对城市环境进行整治的过程中更加注重营造亲切宜人的城市氛围，并通过具体的手段竭力为公众创造出一种崭新的生活方式。总体来说，以上案例为钦州市建设生态城市提供的参考经验有以下几方面。

（1）发展循环经济。国内外的循环经济生态城市及"零碳城市"都是建立在循环经济工业模式基础上的，其他模式的生态城市建设也都把循环经济作为城市可持续发展的重要支撑。

（2）注重城市绿化。综观国内外生态城市建设的实践，从新加坡的花园城市，到中国黄石市的城市绿化，所有的生态城市都把增加绿化面积作为城市建设的重要目标之一。

（3）规划先行。科学的生态城市规划为城市可持续发展和建设提供了系统的、宏观的、前瞻性的指导，能够有效地抑制无序发展、人治行政及掠夺破坏行为对可持续发展的阻碍与干扰，是生态城市建设成功的重要前提和保障，其中典型的西雅图模式及各城市的城市规划都起到了重要作用。

（4）以公共交通为导向进行城市开发。以公共交通引导城市发展的模式被认为是比较成功的城市发展模式。以上的四个案例都在城市公共交通发展方面下了较大功夫。

（5）提倡集约型城市空间结构。传统的无序扩张、摊大饼式的城市发展方式不仅导致了较高的经济成本和社会成本，而且增加了稀缺土地资源的浪费。提倡"紧凑型、高密度、组团型"的城市发展模式，从而解决城市空间扩展带来的交通环境污染、资源浪费等问题是各个城市发展的首选。

（6）树立科学的城市可持续发展观。坚定不移地走低能耗、低污染、高产出的可持续发展道路。

（7）实行城乡一体化规划，促进城乡平等协调发展。规划应加强城市与区域的联系，由单纯的城市规划向城乡一体化规划转变。调整产业结构，缩小城乡差距。

（8）健全生态城市发展的有效机制。在城市发展过程中，要逐步实现由传统发展观向生态发展观的转变，发展生态经济、循环经济，注重自然环境。

（9）完善生态城市应用研究的政策、技术、资金保障体系。加强与国外先进城市的交流，了解国外生态城市建设的最新动态，大力培养科技人才，健全生态城市建设方面的科技队伍，建立有效的生态适用技术研究开发机制。

（10）加强公共教育、文化建设，普及生态知识。要加大教育投入，加强文化建设，加快教育发展和提高全民素质，开发人力资源。使越来越多的公民自觉自愿地加入到生态城市建设中来。

参考文献

奥德姆，巴雷特. 2008. 生态学基础. 陆健健，等译. 北京：高等教育出版社.

崔宜明. 2012. 孔子与"天人之辩". 上海师范大学学报（哲学社会科学版），41（4）：5-16.

蔡泽东. 2009. 论政治生态学的生态观. 乐山师范学院学报，24（3）：122-124.

陈昌笃. 1990 中国的城市生态研究. 生态学报，10（1）：92-93.

曹开军. 2014. 基于矿产资源可持续开发利用的环境经济政策研究. 矿业工程，12（1）：1-4.

理查德·莱文. 2011. 中国大学飞速发展的一个象征. 人民日报，4-25（6）.

陈国义. 2008. 中国建筑节能标准体系研究概述. 中国建设信息，（6）：28-31.

陈业材. 1982.《世界自然资源保护大纲》简介. 环保科技，（2）：45-46.

邓小泉，杜成宪. 2009a. 教育生态学研究二十年. 教育理论与实践，（13）：12-16.

戴振平，王国发，王桓，等. 2006. 中国建筑节能标准体系的研究. 门窗，（4）：20-23.

邓小泉. 2009b. 中国传统学校教育生态系统的历史变迁. 上海：华东师范大学.

方旭东. 2005. 他人的痛——对万物一体之仁说的沉思. 学术月刊，（2）：70-75.

范国睿. 1995. 美英教育生态学研究述评. 华东师范大学学报（教育科学版），（2）：83-89.

方炳林. 1981. 生态环境与教育. 台北：维新书局.

范国睿. 1997. 高等教育改革与发展中的可持续发展战略. 上海高教研究，（10）：21-25.

方然. 1997. 教育生态的理论范畴与实践方向. 云南师范大学学报（哲学社会科学版），（1）：
　　57-64.

范国睿. 2000. 教育生态学. 北京：人民教育出版社.

国务院办公厅. 2003. 中国 21 世纪初可持续发展行动纲要.（2005-08-12）. http://www.gov.cn/
　　zwgk/2005-08/12/content_22186.htm.

高涵，周明星. 2014. 教育生态学的历史演进与学科定位. 湖南农业大学学报（社会科学版），
　　15（1）：93-96.

郭世松. 2013. 试论文化钦州建设. 钦州学院学报，（1）：10-14.

胡俊. 1995. 中国城市模式与演进. 北京：中国建筑工艺出版社.

黄光宇，陈勇. 1997. 生态城市概念及其规划设计方法研究. 城市规划，（6）：17-20.

贺祖斌. 2005. 高等教育生态论. 桂林：广西师范大学出版社.

黄鼎军. 2010. 三大文化品牌提升钦州城市品位. 当代广西,（6）：50-51.

胡靖姗. 2011. 我国高等教育生态研究现状综述. 北方文学,（8）：117.

姜萍萍, 程宏毅. 2013. 广西日报评论员：构建新支点，开启新征程.（2013-07-30）. http://cpc. people.com.cn/pinglun/n/2013/0730/c78779-22382357.html.

景乾坤. 2006. 西北民族地区政治生态与政治发展研究. 兰州：西北师范大学硕士学位论文.

蓝万炼, 陈赟, 黄志刚. 2004. 高速公路对城镇发展的影响分析. 衡阳师范学院学报, 25（6）：94-98.

劳伦斯·克雷明. 2000. 教育生态学. 吴鼎福, 诸文蔚, 译. 南京：江苏教育出版社.

李华林. 2008. 广西关于实施科学发展三年计划的决定（全文）.（2008-09-12）. http://www. gxnews.com.cn/staticpages/20080912/newgx48c9ab2a-1662933.shtml.

刘锋. 2006. 科学发展观学习读本. 人民日报, 2006-07-17（8）.

刘玉安, 丁建丽, 吐尔逊·古丽, 李谢辉. 2006. 生态旅游规划及其可持续发展实例分析——以石河子地区为例. 安徽教育学院学报,（3）：70-73.

刘云刚. 2002. 中国资源型城市的发展机制及其调控对策研究. 长春：东北师范大学.

刘阳. 2012. 开启文化强市建设新航程. 钦州日报, 2012-4-28（007）.

林柏成. 2014. 关于在广西钦州发展建立自由贸易港区的若干思考. 经济研究导刊（22）：239-241.

林婷, 庞冠华. 2015. 广西北部湾经济区发展规划（全文）.（2015-05-22）. http://gx.people. com.cn/n/2015/0522/c371361-24965939.html.

李聪明. 1989. 教育生态学导论：教育问题的生态学思考. 台北：台湾学生书局.

雷沛鸿. 1938. 广西地方文化的研究一得. 武昌：华中大学.

厉春元. 2007. 高等教育生态系统的构成及其预警系统模型分析. 当代教育论坛,（17）：91-92.

李秀兰. 2007. 推进钦州特色文化建设的几点思考. 传承,（6）：106-107.

李业锦, 张文忠, 田山川, 余建辉. 2008. 宜居城市的理论基础和评价研究进展. 地理科学进展,（3）：101-109.

梁保国, 乐禄祉. 1997. 教育的生态文化透视. 高等教育研究,（5）：22-29.

罗伊·莫里森. 2016. 生态民主. 刘仁胜, 张甲秀, 译. 北京：中国环境出版社.

马赤宇. 1995. 清华大学人居环境研究中心成立. 城市规划通讯,（23）：11.

马世骏, 王如松. 1984. 社会-经济-自然复合生态系统. 生态学报, 4（1）：1-9.

邱柏生. 2009. 高校思想政治教育的生态分析. 上海：上海人民出版社.

任凯, 白燕. 1992. 教育生态学. 沈阳：辽宁教育出版社.

孙儒泳, 陈永林. 1991. 马世骏教授对生态科学的重要贡献. 生态学报, 11（3）. 193-196.

宋雅杰. 2014. 城市环境危机管理：以深圳大鹏半岛为例. 北京：科学出版社.

世界环境与发展委员会.1997.王之佳,柯金良,译.我们共同的未来.长春:吉林人民出版社.

孙中山.1998.建国方略.郑州:中州古籍出版社.

宋改敏,陈向明.2009.教师专业成长研究的生态学转向.现代教育管理,(7):49-52.

唐建荣.2005.生态经济学.北京:化学工业出版社.

滕琪.2008.展示交流 借智兴业——记第二届海峡绿色建筑与建筑节能博览会.(2008-11-07).http://www.szibr.com/news/details.aspx?ModuleNo=020102&NewsID=421.

王如松.2013.生态整合与文明发展.生态学报,33(1):1-11.

王灵梅,张金屯.2003.火电厂生态工业园生态规划研究——以朔州火电厂生态工业园为实例.环境保护(12):25-29.

魏亮.1992.浅析全球环境与经济发展.世界经济与政治,(6):22-28.

王玲,胡涌,粟俊红,柳小玲.2009.教育生态学研究进展概述.中国林业教育,27(2):1-4.

吴鼎福.1988.教育生态学诌议.南京师大学报(社会科学版),(2):33-36.

万殿明.2015.房地产企业差异化战略研究.南京:东南大学硕士学位论文.

王如松,周鸿.2004.人与生态学.昆明:云南人民出版社.

吴鼎福,诸文蔚.1990.教育生态学.南京:江苏教育出版社.

徐东云,张雷,兰荣娟.2009.城市空间扩展理论综述.生产力研究,(6):168-170.

徐春.2010.对生态文明概念的理论阐释.北京大学学报(哲学社会科学版),47(1):61-63.

许玮,廖常规.2010.《周礼》中的林业生态思想.才智,(24):223-224.

许阳.2014.教育生态学视角下大学英语课堂构建研究.中国电力教育,(2):262-263.

徐中民,程国栋,邱国玉.2005.可持续性评价的ImPACTS等式.地理学报,(2):198-208.

奚洁人.2007.科学发展观百科辞典.上海:上海辞书出版社.

邢晗.2014.解读人类聚居学和人居环境科学概论——其对建筑学科研究的意义.陕西建筑,(6):4-6.

叶峻.2012.社会生态学与协同发展论.北京:人民出版社.

袁增伟,毕军.2006.产业生态学最新研究进展及趋势展望.生态学报,26(8):2709-2715.

张世英.2007.中国古代的"天人合一"思想.求是,(7):34-37.

庄贵阳.2005.环境经济学发展前沿报告.北京:中国社会科学院世界经济与政治研究所.

周鸿.2001.人类生态学.北京:高等教育出版社.

中国资源科学百科全书编辑委员会.2000.中国资源科学百科全书.青岛:中国石油大学出版社.

张娟,杨昌鸣.2010.废旧建筑材料的资源化再利用.建筑学报,(S1):109-111.

朱亚梅.2014.我国高等教育生态化管理刍议.课程教育研究,(19):6.

张凤丽.2010.教育生态学视野中的学校发展研究.福州:福建师范大学硕士学位论文.

中国大百科全书总编委会. 2009. 中国大百科全书. 2 版. 北京：中国大百科全书出版社.

周莉, 任志远. 2011. 基于 GIS 的人居环境自然适宜性研究——以关中—天水经济区为例. 地域研究与开发，30（03）：128-133.

Aitkenhead-Peterson J，Volder A. 2010. Urban Ecosystem Ecology. Madison：Book and Multimedia Publishing Committee.

Andre Gorz. 1983. Ecology as Politics. London：Pluto Press.

Brown L R. 1981. Building a Sustainable Society. New York：W. W. Norton.

Bowers C A. 1993. Education，Cultural Myths，and the Ecological Crisis：Toward Deep Changes. New York：State University of New York Press.

Bowers C A，Flinders D J. 1990. Responsive Teaching：An Eecological Approach to Classroom Patterns of Language，Culture，and Thought. New York：Teachers College Press.

Chapin F S 3rd，Zavaleta E S，Reynolds H L，et al. 1998. Consequences of changing biodiversity. Nature，405（6783）：234-242.

Carson R L. 1962. Silent Spring. NewYork：Houghton Mifflin Company.

Faber M. 2008. How to be an ecological economist. Ecological Economics，66（1）：1-7.

Frosch R A. 1992. Industrial ecology：A philosophical introduction. Proceedings of the National Academy of Sciences of the United States of America，89（3）：800.

Goldsmith E，Allen R. 1972. A Blueprint for Survival. London：Ecosystems Ltd.

Haeckel E. 1866. Generelle Morphologie der Organismen—Allgemeine Grundziige der organischen Formen-Wissenschaft，mechanisch begriindetdurch die von Charles Darwin reformierte Descendenz-Theorie，Zweiter Band：Allgemeine Entwickelungsgeschichte der Organismen. Berlin：Verlag von Georg Reimer.

Hawley A H. 1986. Human ecology：A theoretical essay. Contemporary Sociology，17（2）：137.

Holland J. 1996. Hidden Order. New York：Harper Collins.

Machlis G E，Force J E，Burch W R Jr. 1997. The human ecosystem Part I：The human ecosystem as an organizing concept in ecosystem management. Society & Natural Resources，10（4）：347-367.

Meadows D H，Meadows D L，Randers J，et al. 1972. The Limits to Growth. Washington：Potomac Associates.

Miller J P. 1996. The Holistic Curriculum. Toronto：Ontario Institute for Studies in Education Press.

Orr D W. 1991. Ecological Literacy：Education and the Transition to a Postmodern World. New York：State University of New York Press.

Pickett S T A，Burch W R Jr，Dalton S E，et al. 1997. A conceptual framework for the study of human ecosystems in urban areas. Urban Ecosystems，1（4）：185-199.

Park R E，Burgess E W. 1921. Introduction to the Science of Sociology. Chicago：The University of Chicago Press.

Park R E，Burgess E W，Mckenzie R D. 1968. The City. Chicago：The University of Chicago Press.

Soleri P. 1999. Arcology：The City in the Image of Man. Tucson：The Cosanti Foundation.

Tansley A G. 1935. The use and abuse of vegetational concepts and terms. Ecology，16（3）：284-307.

后记

　　经过中国广西壮族自治区钦州市政府、钦州学院、其他相关高校和美国全球环境促可持续发展研究所（积世德）的共同努力，在钦州市人民政府合作研发经费的支持及钦州学院的具体管理下，为期三年（2013～2016 年）的"广义城市生态创新研究"项目已取得阶段性的可喜成果。该项目基于广义生态文明科学发展和人类生态科学视角，从创新广义生态学理论和实践现实需求出发，根据钦州市城市生态发展的实际和目标，对比分析国内外生态城市典型案例，系统分析和研究广义生态城市创新、发展生态论证和教育生态实践，进行全方位探讨，从而有针对性地推出以钦州市为特例的广义城市生态创新理论框架、研发路径、评估体系、实践方法和发展建议，并努力落实"广义生态—魅力钦州""发展生态—实干钦州""教育生态—智慧钦州"，促成积世德与钦州市的互动。"广义城市生态创新研究"项目针对广义生态学理论提出了新的见解，探讨了城市创新经验，为钦州广义生态城市发展提供了施政参考，也为自下而上构筑广义生态和生态文明的"全球命运共同体"，以及为探讨中美在"广义城市生态创新"领域的交流、互动做出了应有贡献，并为后续的研发构筑了宽广的平台。

　　回顾"广义城市生态创新研究"项目的研究进程，我们总结出如下三点主要收获。

　　第一，提出并倡导在广义生态学指导下将城市生态的理论和实践相统一的研究方法，成功地推出广义城市生态创新的钦州模式，并获得相关经验。

　　第二，采用广义生态学的观点和方法，结合生态学发展历程，创新性地剖析和探讨发展生态学，提出"认知-践行-改革""创新-运用-调整"等发展生态学基本过程理论，继而在实践上与钦州城市发展的过程相结合，丰富了发展生态学的创新案例。

　　第三，将钦州地区的教育实践与过去十余年积世德的中美教育实践相结合，开拓性地提出了教育生态学的含义及实践案例。

　　在上述广义生态学理论与实践发展研究的基础上，本项目提出前瞻性倡议，即在孙中山"建国方略"中勾画的以钦州为中心，三向辐射中国西南、东南和南海的思路指引下，凸显和发展钦州社会、经济及资源环境优势，构建钦州城市可持续发展范例,进而提出新的两向辐射的内涵——向西南延伸,构建以贵州为代表的"筑钦绿色陆海发展生态走廊";向东南进取,构建以深圳国际低碳城为标志的"钦深美丽城市低碳人居制高点"。即在聚焦智慧钦州的构建与发展,聚焦北部湾地区教育生态学的理论创新与实践落实的基础上,为将钦州建成广义生态城市做出积极贡献。

在项目进入阶段性结题之际,我们高兴地注意到本研究所倡导的深入对广义生态学与科学发展观的理论研究、中国北部湾地区(尤其是钦州)的实践研究都取得了进展;我们力荐的"钦州广义城市生态创新示范"的案例也在实践上迈出重要一步,先后于"生态文明贵阳国际论坛 2014—2016 年年会""亚洲与太平洋地区环境与可持续发展未来领导人 2014 年培训会"等平台上得到成功推出并获得良好反馈。

2015 年 6 月,"广义城市生态创新研究"项目初步现场调研结束后,项目规划时确定的研究团队成员出现大的变动,原钦州学院青年教师田义超、高国霞、刘丰果、陈鹏等人先后考取博士研究生或外调其他院系,项目研发团队面临重建的艰巨任务及其他挑战。为确保项目的顺利推进,我们及时从中国其他高校的教师和学生队伍中选拔多位研发人员,重建了"广义城市生态创新研究"团队。其间,先后有北京大学宋豫秦教授推荐的博士研究生陈妍、硕士研究生李重阳,天津理工大学李健教授推荐的博士研究生王庆山、硕士研究生邓传霞,我们选拔的北京语言大学本科生曾诗然,以及钦州学院推荐的本科生黄秋萍、马莲芳、杨娟娟、刘艺萍、李圣吉等同学积极参与到本研究项目中,并做出了应有贡献。这里尤其要提及的是,江南大学环境科学与工程学院院长刘和教授对本项目给予了大力支持,委派骨干教师参与本项目研发报告的撰写,为本书的成稿及出版做出了关键的贡献。其中,参与初稿撰写的项目组成员及其工作体现为:江南大学成小英(第 7 章)、任红艳(第 4 章、第 8 章);原钦州学院刘丰果(第 3 章、第 8 章)。

项目结题后,团队成员陆续返回各自单位。本项目的最终研究成果在集结出版的过程中又面临框架完善、数据更新、文献整理等具体任务,北部湾环境演变与资源利用教育部重点实验室主任、广西师范学院教授胡宝清博士应邀作为本书的共同作者,积极参与书稿的修改完善工作,为书稿的最终完成做出了重要贡献。其间,实验室张建兵博士、闫妍博士、硕士生黄馨娴等也为书稿的修改和完善付出了辛勤的劳动。

与此同时,广西壮族自治区钦州市、贵州省贵阳市观山湖区的政府工作人员,钦州二中、北京师范大学贵阳附属中学、贵阳第一实验中学的师生,以及钦州市、观山湖区下辖部分社区群众志愿者不同程度地参与了本项目在贵州的创新延伸和后续验证,为推广和发展本研究提供了支持并做出了贡献。自 2014 年起,生态文明贵阳国际论坛（Eco-Forum Guiyang）组委会和有关部门为本项目提供了交流和互动平台。贵阳市观山湖区人民政府也不失时机地在广义城市生态创新研究成果的基础上启动了"城市生态资源创新"（Urban Ecosystem Resource Initiative, UERI）研究项目。

此外，为本研究报告（中英文）做出贡献的包括：东北大学外国语学院副院长邓建华副教授及其学生；辽宁沈阳华商晨报刘庆总编辑及其同事；美国积世德研究所在纽黑文市举办的教育生态实践"Education Ecosystem Practice"培训参与者，如时为重庆大学环境学院毕业生、现美国斯坦福大学环境学院研究生张逸洲同学，时为东北育才学校高三毕业生邱实、贾晶旭（先后被美国斯坦福大学录取）；贵阳第一实验中学汪愿欣、海口第一实验中学学生杜雨洁等中学生。

在此，对关心、支持、参与本项目的社会各界领导及同仁表达最诚挚的敬意和由衷的感谢。我们将会在"广义城市生态创新研究"项目研发取得阶段性成果的基础上继续放眼未来，坚定地秉持光明求实、厚德载物、自强不息的理念，理论联系实际，结合当今有利的发展时机，循着"全球命运共同体""一带一路"倡议等发展思路，力求在中美广义生态、城市发展和教育系统的整合发展中做出自己的贡献。

在本书付梓之际，谨对为本研究项目及本书顺利出版做出积极贡献的各位表示由衷的感谢，特别是肖鸶子女士（钦州市前任市长）、徐书业教授、陈锦山教授、王国红博士、梁好翠教授、尹艳镇教授、冯丽教授、吴炳俊博士（钦州学院）、胡宝清教授（广西师范学院）、王有幸主任（钦州市教育局）、William R Burch 教授、Gordon T Geballe 副院长、Colleen Murphy-Dunning 主任（耶鲁大学），以及对我的工作给予无限理解与支持并主动承担家庭责任的我的夫人陈岩女士。

宋雅杰

于美国耶鲁大学 Stirling Memorial Library

2018 年 1 月 28 日